计算机常用工具软件教程

袁雪梦 ◎ 主编
谢珊 孟颖 ◎ 副主编

清华大学出版社
北京

内 容 简 介

本书旨在为学生提供计算机领域最基础的工具和应用知识。本书涵盖了广泛的主题,从网络浏览器到文本编辑器,从命令行工具到终端仿真工具,以及图形图像处理工具、原型设计工具,再到虚拟化工具和系统工具,全面帮助学生掌握这些关键技能。

全书共 8 个项目:项目一讲解了浏览器的下载、安装和使用方法;项目二讲解了 EmEditor、Sublime Text 等文本编辑器的使用方法;项目三介绍了命令行工具 CMD 和 PowerShell 的基本命令和使用技巧;项目四介绍了终端仿真工具 SecureCRT 和 MobaXterm;项目五讲解了图形图像处理工具的基本使用方法;项目六介绍了原型设计工具 Axure RP 和 Adobe XD;项目七介绍了虚拟化工具 VMware Workstation;项目八演示了常见的系统工具,帮助学生更好地维护计算机性能和资源。全书提供了大量任务案例和习题,帮助学生巩固所学知识。

本书是一本全面的计算机常用工具软件教材,培养学生在计算机领域的基本操作技能,为他们的职业发展和学术研究奠定坚实的基础。本书结构清晰,内容翔实,无论是作为相关专业教材还是自学参考书,读者都将受益匪浅。

版权所有,侵权必究。举报:010-62782989,beiqinquan@tup.tsinghua.edu.cn。

图书在版编目(CIP)数据

计算机常用工具软件教程 / 袁雪梦主编. -- 北京:清华大学出版社, 2024.9. -- ISBN 978-7-302-67269-2

Ⅰ. TP311.56

中国国家版本馆 CIP 数据核字第 2024H5W607 号

责任编辑:贾 斌 左佳灵
封面设计:何凤霞
责任校对:徐俊伟
责任印制:刘海龙

出版发行:清华大学出版社
网　　址:https://www.tup.com.cn,https://www.wqxuetang.com
地　　址:北京清华大学学研大厦 A 座　邮　　编:100084
社 总 机:010-83470000　邮　　购:010-62786544
投稿与读者服务:010-62776969, c-service@tup.tsinghua.edu.cn
质量反馈:010-62772015, zhiliang@tup.tsinghua.edu.cn
课件下载:https://www.tup.com.cn, 010-83470236

印 装 者:小森印刷霸州有限公司
经　　销:全国新华书店
开　　本:185mm×260mm　印　张:12.75　字　数:330 千字
版　　次:2024 年 9 月第 1 版　印　次:2024 年 9 月第 1 次印刷
印　　数:1~2000
定　　价:59.80 元

产品编号:106219-01

前言

本书是一本全面介绍计算机常用工具软件的教材。本书根据教育部关于计算机及相关专业常用软件应用的要求，结合当前计算机工具软件的发展变化编写而成，采用模块化教学方式，通过大量实例操作引导学生掌握各类工具软件的基本使用方法。

本书共8个项目，主要内容有：浏览器工具的下载、安装与使用；文本编辑器的下载、安装与使用；命令行工具的使用；终端仿真工具的下载、安装与使用；图形图像处理工具的下载、安装与使用；原型设计工具的下载、安装与使用；虚拟化工具的下载、安装与使用；系统工具的使用。

本书内容丰富，既包含计算机基础知识的讲解，又有大量的操作实践。文本描述简洁明了，配有大量操作截图，每个知识点和技能都对应明确的学习目标，层层递进，帮助学生逐步掌握知识。本书可作为高等学校计算机、云计算、大数据以及软件技术等相关专业的基础教材。

本书由贵州电子科技职业学院的袁雪梦担任主编并完成统筹工作，谢珊、孟颖担任副主编，四川讯方信息技术有限公司的王东和陶秋雨参与编写。

由于编者水平有限，书中难免存在不足之处，欢迎广大同行和读者批评指正。

编　者

2024年5月

目 录

项目一 浏览器工具 ………………………………………………………………… 1

  任务一 Edge 浏览器的下载、安装和使用 …………………………………… 1
    任务目标 …………………………………………………………………… 2
    任务实施 …………………………………………………………………… 2

  任务二 Firefox 的下载、安装和使用 ………………………………………… 8
    任务目标 …………………………………………………………………… 8
    任务实施 …………………………………………………………………… 8

  任务三 Chrome 的下载、安装和使用 ………………………………………… 16
    任务目标 …………………………………………………………………… 16
    任务实施 …………………………………………………………………… 17

  任务四 浏览器插件的安装和使用 …………………………………………… 23
    任务目标 …………………………………………………………………… 23
    任务实施 …………………………………………………………………… 23

项目二 编辑器工具 ………………………………………………………………… 32

  任务一 Notepad++的下载、安装和使用 …………………………………… 32
    任务目标 …………………………………………………………………… 32
    任务实施 …………………………………………………………………… 33

  任务二 Visual Studio Code 的下载、安装和使用 ………………………… 40
    任务目标 …………………………………………………………………… 41
    任务实施 …………………………………………………………………… 41

  任务三 EmEditor 的下载、安装和使用 ……………………………………… 47
    任务目标 …………………………………………………………………… 48
    任务实施 …………………………………………………………………… 48

  任务四 Sublime Text 的下载、安装和使用 ………………………………… 54
    任务目标 …………………………………………………………………… 54
    任务实施 …………………………………………………………………… 54

  任务五 HxD 的下载、安装和使用 …………………………………………… 60
    任务目标 …………………………………………………………………… 60
    任务实施 …………………………………………………………………… 61

  任务六 010 Editor 的下载、安装和使用 …………………………………… 65
    任务目标 …………………………………………………………………… 66

　　　　任务实施 ·· 66

项目三　命令行工具 ·· 73

任务一　命令行工具 CMD 的使用 ·· 73
　　　　任务目标 ·· 73
　　　　任务实施 ·· 74

任务二　命令行工具 PowerShell 的使用 ·· 77
　　　　任务目标 ·· 77
　　　　任务实施 ·· 78

项目四　终端仿真工具 ·· 87

任务一　PuTTY 的下载、安装和使用 ·· 87
　　　　任务目标 ·· 88
　　　　任务实施 ·· 88

任务二　SecureCRT 的下载、安装和使用 ·· 92
　　　　任务目标 ·· 92
　　　　任务实施 ·· 93

任务三　MobaXterm 的下载、安装和使用 ·· 99
　　　　任务目标 ·· 99
　　　　任务实施 ·· 99

项目五　图形图像处理 ·· 108

任务一　Adobe Photoshop 的下载、安装和使用 ·· 108
　　　　任务目标 ·· 109
　　　　任务实施 ·· 109

任务二　GIMP 的下载、安装和使用 ··· 117
　　　　任务目标 ·· 117
　　　　任务实施 ·· 117

项目六　原型设计工具 ·· 123

任务一　Axure RP 的下载、安装和使用 ·· 123
　　　　任务目标 ·· 124
　　　　任务实施 ·· 124

任务二　Adobe XD 的下载、安装和使用 ··· 128
　　　　任务目标 ·· 129
　　　　任务实施 ·· 129

项目七　虚拟化工具 ·· 136

任务一　VMware Workstation 的下载和安装 ··· 136
　　　　任务目标 ·· 137

任务实施 137
任务二　VMware Workstation 安装 CentOS 虚拟机 144
　　任务目标 144
　　任务实施 145
任务三　VMware Workstation 安装 Windows 虚拟机 160
　　任务目标 160
　　任务实施 160

项目八　系统工具 183

任务一　任务管理器的使用 183
　　任务目标 184
　　任务实施 184
任务二　Sysinternals Suite 的下载和使用 187
　　任务目标 188
　　任务实施 188
任务三　AIDA64 的下载和使用 190
　　任务目标 191
　　任务实施 191

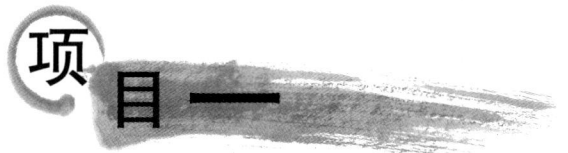

浏览器工具

项目介绍

浏览器(Web Browser)是用于访问和浏览万维网(WWW)的软件应用程序。它实现了用户与互联网之间的交互界面,使用网络协议(如 HTTP)向 Web 服务器发送请求,并将接收到的网页内容进行渲染展示,使用户可以便捷地浏览互联网上的文字、图片、音视频等内容。

浏览器的主要组成部分如下。

(1) 用户界面:地址栏、书签栏等,实现浏览器的操作控制。
(2) 渲染引擎:解析并呈现 HTML、CSS 等网页内容的核心组件。
(3) 网络请求模块:使用 HTTP/HTTPS 协议向服务器发送网络请求。
(4) 数据存储:包括缓存、Cookie、会话存储等。
(5) 插件/扩展支持:用于扩展浏览器功能的插件框架。

典型的浏览器包括 Edge、Firefox、Chrome 等。浏览器让普通用户也能无障碍访问互联网,是计算机软件不可或缺的一部分。

学习目标

掌握 Edge 的下载、安装与基本使用方法。
掌握 Firefox 的下载、安装与基本使用方法。
掌握 Chrome 的下载、安装与基本使用方法。
掌握常用的浏览器插件的下载、安装与基本使用方法。

技能目标

能够熟练使用浏览器浏览网页,充分利用浏览器提供的各种功能。

任务一 Edge 浏览器的下载、安装和使用

Edge 浏览器是微软推出的新一代浏览器,取代了旧版本的 Internet Explorer,采用 Chromium 开源项目作为浏览器内核,支持扩展程序,提供简洁流畅的浏览体验。Edge 实现了与 Windows 10 系统的深度集成,支持网页标注工具,通过 Cortana 语音助手实现语音

控制浏览器,并增强了浏览器的安全与隐私保护。简单来说,Edge 是微软对跨平台时代浏览器需求的回应,它轻快流畅,安全易用。

任务目标

1．知识目标

➢ 了解 Edge 浏览器的背景,它取代了旧版本的 IE 浏览器。
➢ 学会 Edge 的基本设置,如主页、收藏夹、隐私模式等。

2．能力目标

➢ 能够使用 Edge 浏览网页,利用 Edge 的标注、收藏等功能。
➢ 能够通过 Edge 下载并管理文件,保护计算机安全。
➢ 能够解决 Edge 的常见问题,如扩展安装等。

任务实施

1．Edge 浏览器的下载和安装

Windows 10 系统自带 Edge 浏览器,打开"开始"菜单可找到。也可以从微软官网或 Windows Store 安装最新版本的 Edge。

(1) 下载 Edge 浏览器安装包。

首先在任意浏览器搜索 windows store,找到微软官网应用商店,如图 1-1 所示。

图 1-1　微软官网应用商店

(2) 在搜索框搜索 edge,选择"立即体验"选项,如图 1-2 所示。

(3) 单击"下载",进入下一步,如图 1-3 所示。

(4) 选择 Windows 10 或者 Windows 11 版本下载,如图 1-4 所示。

图 1-2　搜索 edge

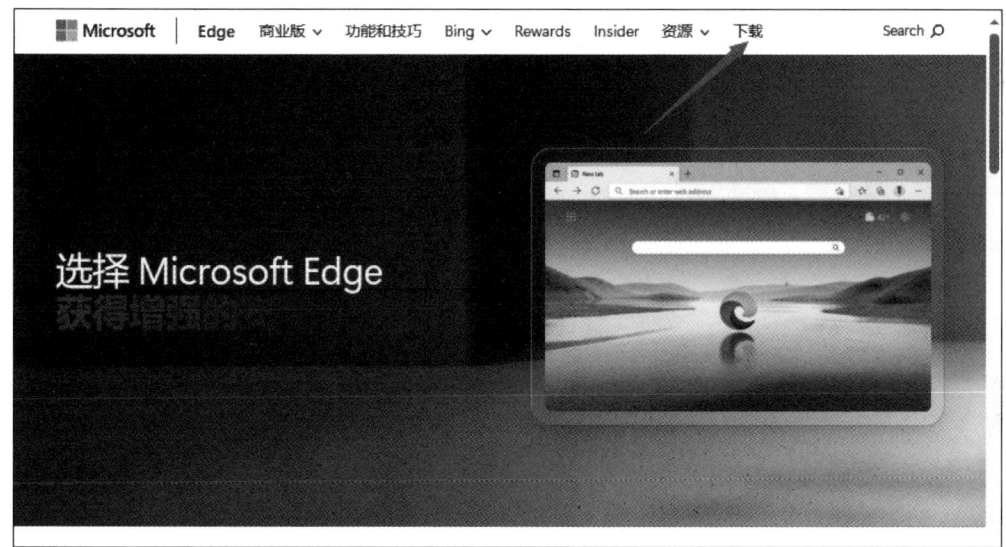

图 1-3　下载 Edge

（5）单击"接受并下载"按钮，如图 1-5 所示。

（6）打开下载的 Edge 浏览器的安装程序，如图 1-6 所示。

（7）双击下载好的安装程序之后会出现安装包下载界面，如图 1-7 所示。

（8）安装完成单击"关闭"按钮，如图 1-8 所示。

2．Edge 浏览器的基本设置

（1）设置默认搜索引擎：单击浏览器右上角的三个点，打开设置窗口，在搜索框搜索"搜索引擎"，如果默认搜索引擎不是"必应"，那就单击选择框，选择"必应"搜索引擎，如图 1-9 所示。

图 1-4　下载 Windows 10 或 Windows 11 版本

图 1-5　接受并下载

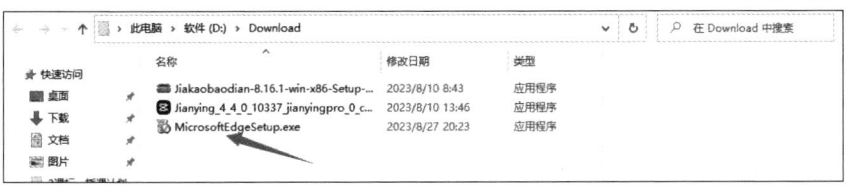

图 1-6 双击开始安装

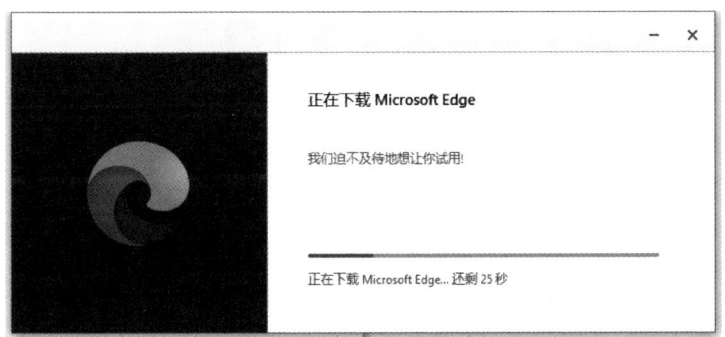

图 1-7 开始安装

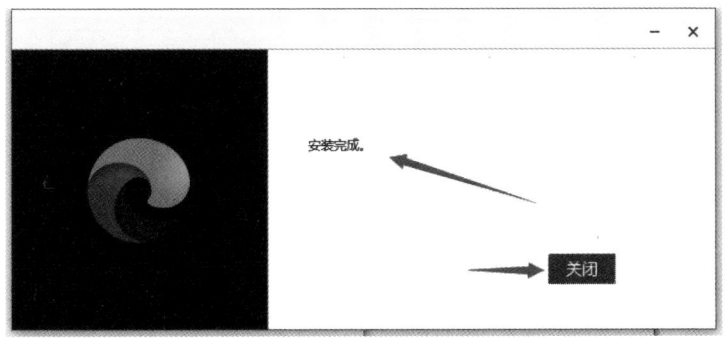

图 1-8 安装完成

图 1-9 改为必应搜索引擎

（2）管理收藏夹：单击星形图标可以添加收藏夹。收藏某个链接以后，可以快速将其打开，如图1-10所示。

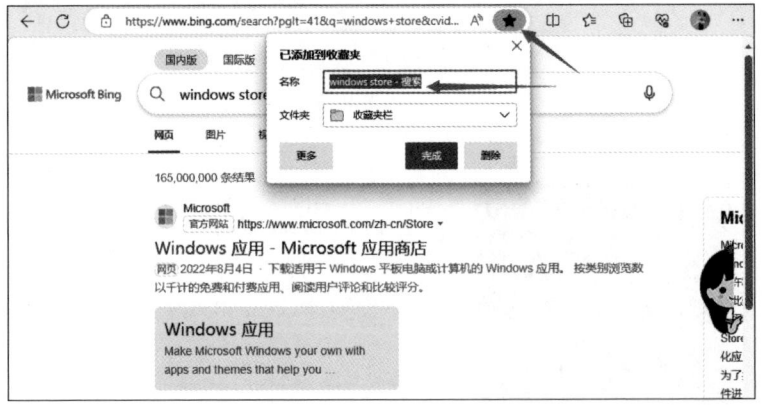

图1-10　管理收藏夹

（3）辅助功能设置：这里以边栏设置为例，用户可以选择打开边栏或者关闭边栏，在设置页面中搜索"边栏"即可看到相应选项，如图1-11所示。

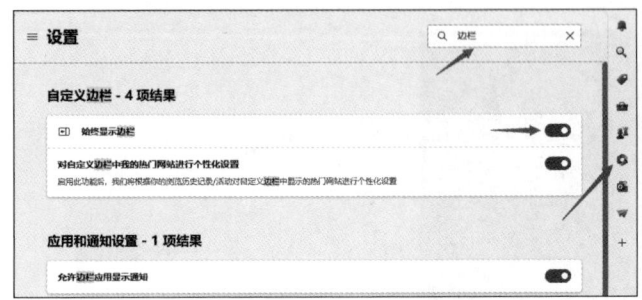

图1-11　边栏设置

3．Edge浏览器的使用

（1）智能地址栏：支持搜索术语自动补全，如图1-12所示。

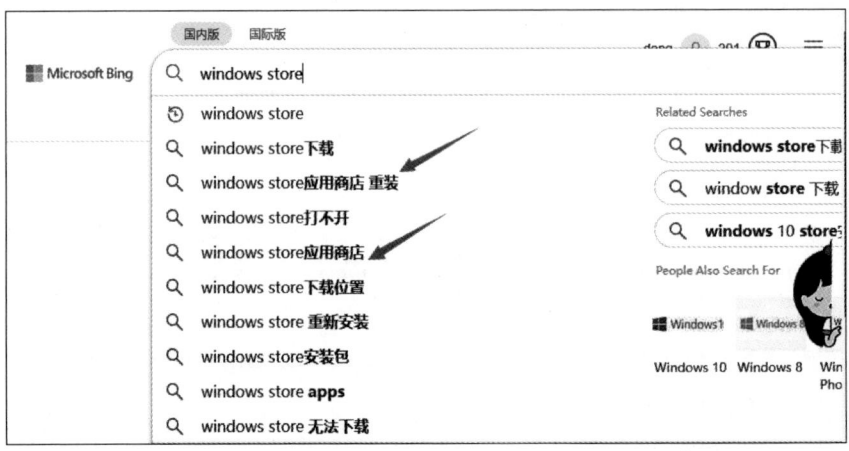

图1-12　搜索术语自动补全

（2）阅读模式：去除页面中的无关内容，优化阅读体验，比如可以使用 Edge 打开 PDF 文件进行阅读，如图 1-13 所示。

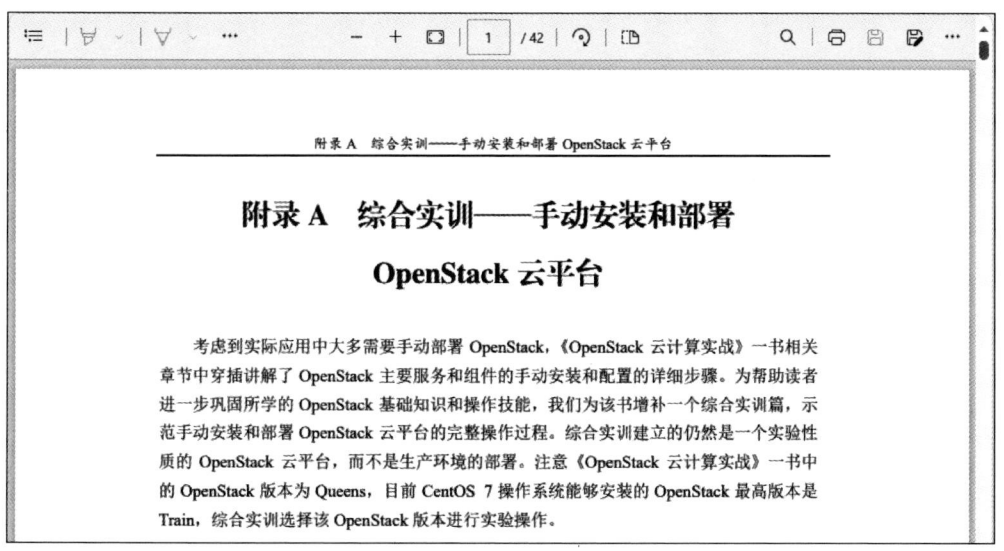

图 1-13　阅读模式

（3）下载管理：单击下载图标可以查看下载情况，单击浏览器右上角的三个点，再单击下载弹窗的三个点进行下载设置，如图 1-14 所示。

图 1-14　下载管理设置

（4）更改浏览器下载位置，默认是 C 盘，可以改成其他路径，如图 1-15 所示。

图 1-15　更改下载位置

任务二　Firefox 的下载、安装和使用

Firefox 是一款免费开源的跨平台浏览器，由非营利 Mozilla 基金会开发，它支持大量扩展程序，提供高度自定义功能，追求浏览的速度、安全与隐私。Firefox 使用自己的 Gecko 渲染引擎，支持多种操作系统，开发活跃，版本迭代快速。总体来说，Firefox 是一款高度可定制的浏览器，它注重用户体验与隐私保护，推荐使用。

任务目标

1．知识目标

➢ 了解 Firefox 浏览器的发展历史。
➢ 掌握 Firefox 的功能特点，如扩展插件丰富、定制性高等。
➢ 学会 Firefox 的基本设置，如导入导出书签等个性化设置。

2．能力目标

➢ 能够使用 Firefox 浏览网页、管理书签等。
➢ 能够根据需要安装适合的扩展程序，定制个性化浏览器。

任务实施

1．下载 Firefox 浏览器

（1）打开你的计算机浏览器，搜索 Mozilla 官方网站，如图 1-16 所示。

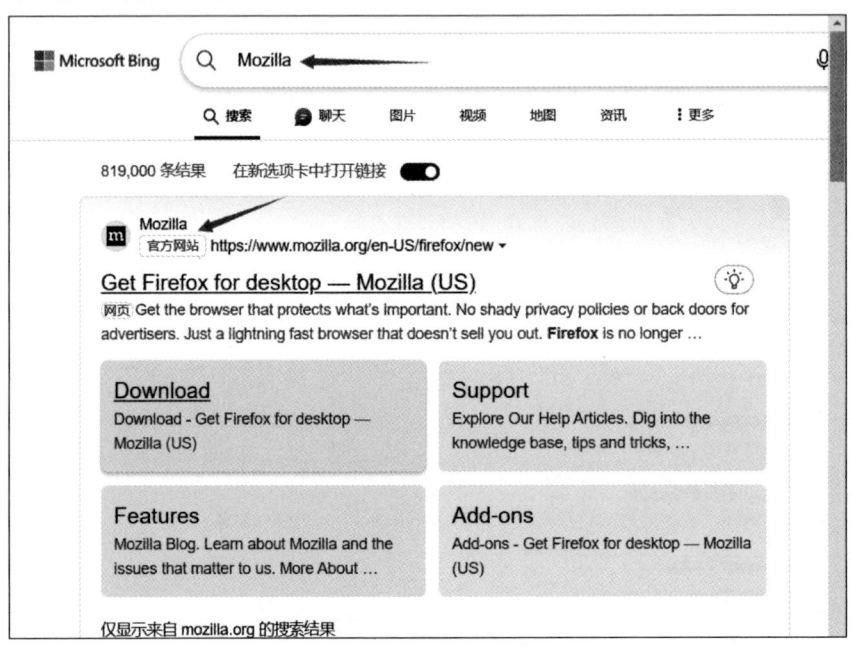

图 1-16　搜索 Mozilla 官方网站

（2）在页面上找到并单击 Download Firefox（下载）按钮，如图 1-17 所示。

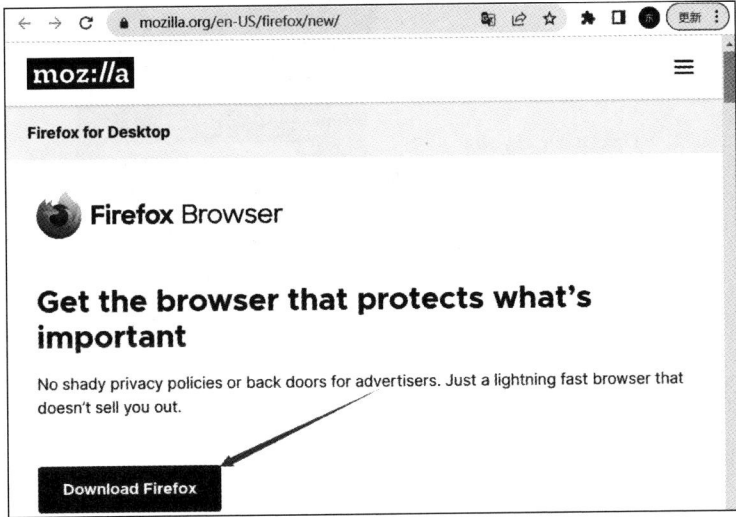

图 1-17　下载 Firefox

（3）下载完成后会在文件夹中显示，如图 1-18 所示。

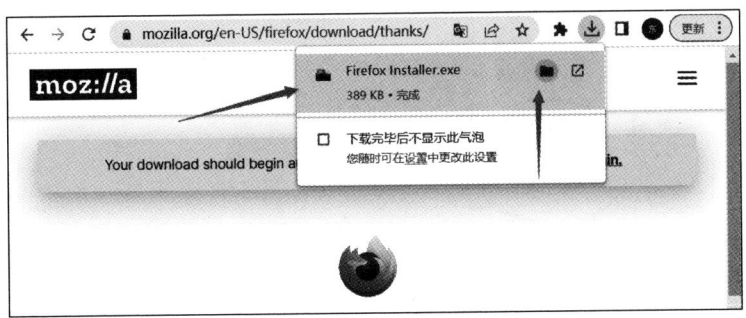

图 1-18　下载完成

2. 安装 Firefox 浏览器

（1）找到下载的安装文件（通常在"下载"文件夹中），如图 1-19 所示。

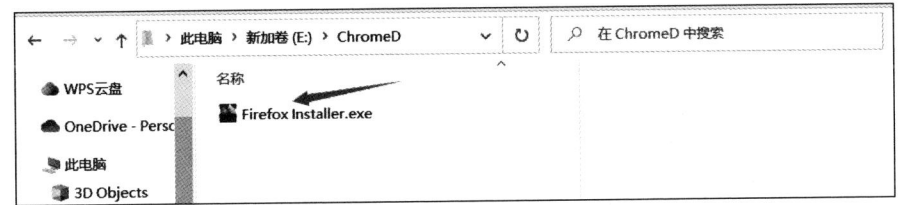

图 1-19　下载好的文件

（2）双击安装文件，开始安装，如图 1-20 所示。

（3）按照安装向导的指示，选择想要的安装选项，并单击 Skip this step（下一步）按钮，如图 1-21 所示。

（4）选择简体中文，如图 1-22 所示。

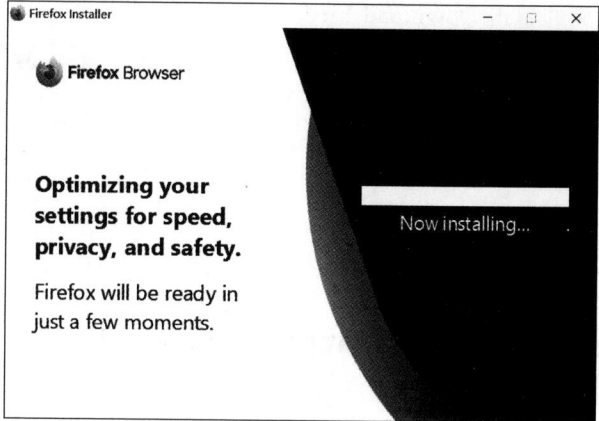

图 1-20 开始安装 Firefox

图 1-21 单击 Skip this step 按钮

图 1-22 选择简体中文

(5) 跳过数据导入,如图 1-23 所示。

图 1-23　跳过数据导入

(6) 完成安装后,单击"开始上网冲浪"按钮,即可开始上网,如图 1-24 所示。

图 1-24　完成安装

3. 启动 Firefox 浏览器

(1) 在计算机桌面或开始菜单中找到 Firefox 图标,如图 1-25 所示。

(2) 双击图标,启动 Firefox 浏览器。

图 1-25　Firefox 图标

4．设置 Firefox 浏览器

（1）打开 Firefox 浏览器后，单击右上角的菜单按钮（三条横线），如图 1-26 所示。

图 1-26　单击菜单按钮

（2）在"常规"选项卡中，可以设置默认的首页、新标签页和下载文件的保存位置，如图 1-27 所示。

（3）单击"浏览"按钮可以更改下载位置，默认是保存在 C 盘，如图 1-28 所示。

（4）在"隐私与安全"选项卡中，可以设置浏览器的隐私与安全选项，如图 1-29 所示。

（5）在"常规"选项卡中，向下滑动鼠标，找到"语言与外观"，在这里可以选择浏览器的主题和字体大小，如图 1-30 所示。

（6）在"同步"选项卡中，可以选择是否使用 Firefox 账户同步书签、历史记录和其他设置，如图 1-31 所示。

5．使用 Firefox 浏览器

（1）在浏览器窗口的顶部，可以找到导航按钮（前进、后退、刷新等）和书签工具栏，如图 1-32 所示。

项目一　浏览器工具　13

图 1-27　常规设置

图 1-28　更改下载文件的保存位置

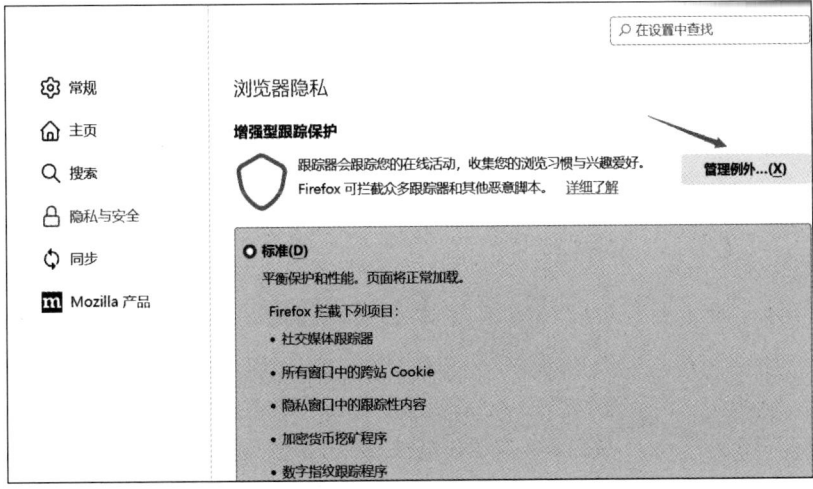

图 1-29　设置隐私与安全

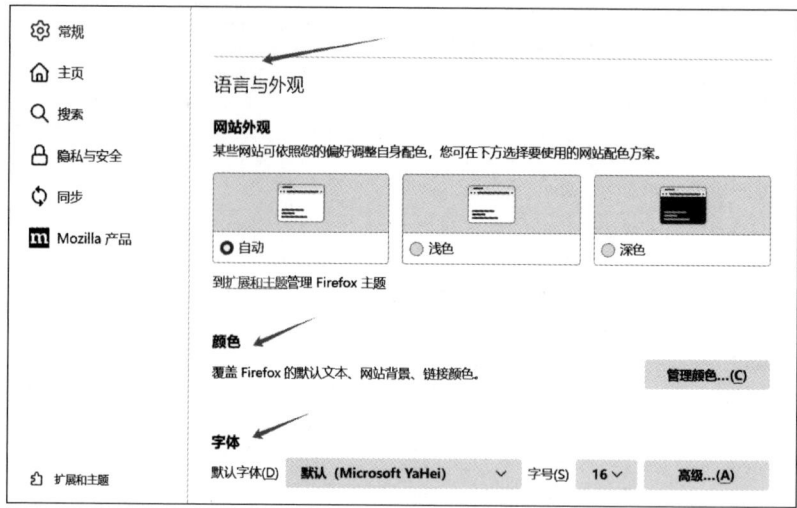

图 1-30　设置浏览器外观

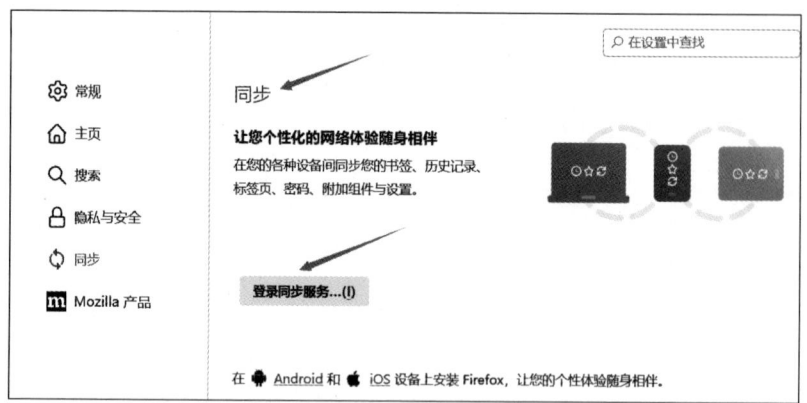

图 1-31　同步设置

图 1-32　顶部的快捷方式

(2) 可以使用标签页来同时浏览多个网页。单击"＋"按钮或按 Ctrl＋T（Windows 系统）/Command＋T（macOS 系统）打开新标签页，如图 1-33 所示。

图 1-33　通过快捷方式打开新标签页

(3) 如果想要保存一个网页，可以单击地址栏后面的星形图标，将其添加到书签中，如图 1-34 所示。

图 1-34　快捷保存网页到书签

(4) 如果遇到问题或需要更多帮助，可以单击右上角的菜单按钮，选择"帮助"来获取支持，如图 1-35 所示。

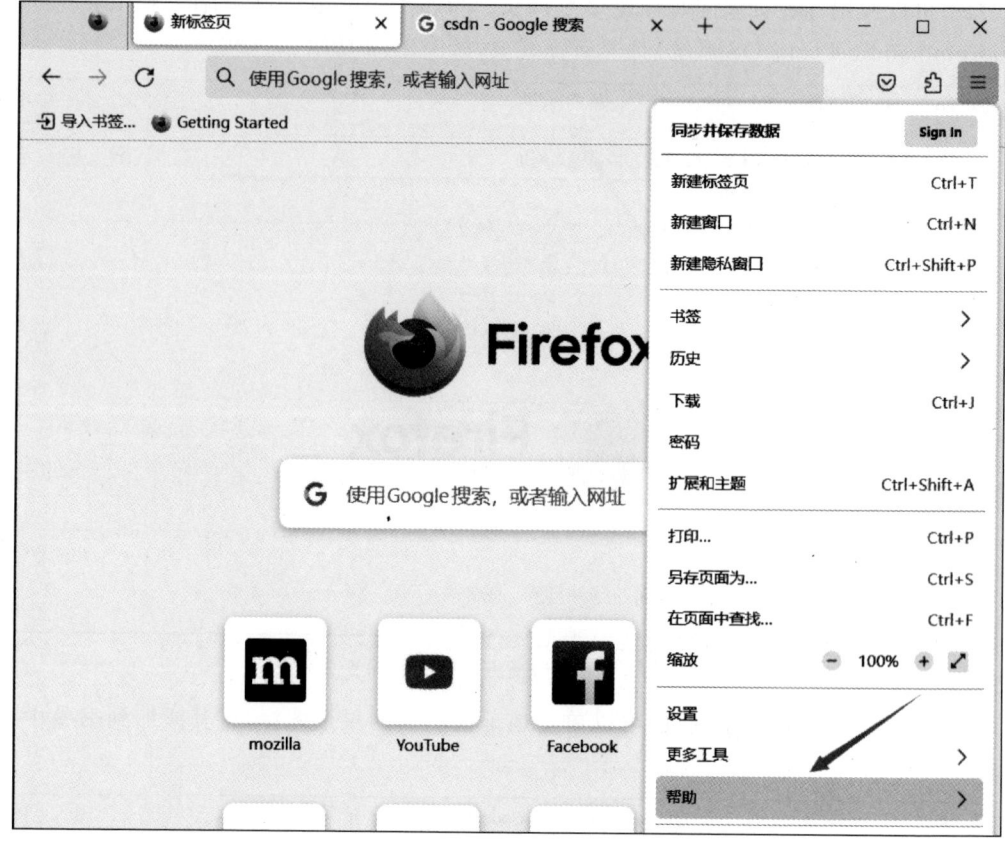

图 1-35 选择帮助来获取支持

任务三 Chrome 的下载、安装和使用

Chrome 是谷歌公司开发的一款免费网页浏览器,它快速、稳定、安全,拥有简洁流畅的界面和丰富的应用程序,并且内置了强大的谷歌搜索引擎。Chrome 使用 Blink 浏览器引擎和 V8 JavaScript 引擎,支持多种插件和扩展程序,让浏览网页更便捷。它还可以与 Android 手机良好同步,支持跨设备浏览。

任务目标

1. 知识目标

➢ 了解 Chrome 浏览器的发展历史。
➢ 掌握 Chrome 的功能特点,如插件丰富、可跨设备同步等。
➢ 学会 Chrome 的基本设置,如主题、搜索引擎等个性化设置。

2. 能力目标

➢ 能够使用 Chrome 浏览网页,管理收藏夹和下载内容。

➢ 能够根据需要安装 Chrome 插件,提高浏览效率。

任务实施

1. 下载 Chrome 浏览器

(1) 打开任意浏览器(如 Edge 或 Firefox 等),如图 1-36 所示。

图 1-36 打开任意浏览器

(2) 在浏览器的地址栏中输入 chrome 并按 Enter 键,如图 1-37 所示。

图 1-37 搜索 chrome

(3) 单击"下载 Chrome"按钮,如图 1-38 所示。

(4) 单击"接受并安装"按钮,如图 1-39 所示。

(5) 下载安装程序,如图 1-40 所示。

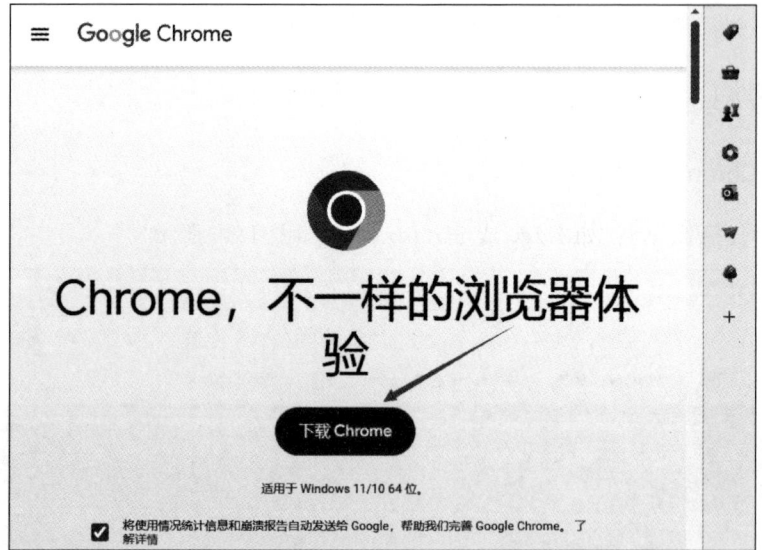

图 1-38　单击"下载 Chrome"按钮

图 1-39　接受并安装 Chrome

图 1-40　下载 Chrome 的安装程序

2．安装 Chrome 浏览器

（1）下载完 Chrome 安装程序后，双击安装该程序，如图 1-41 所示。

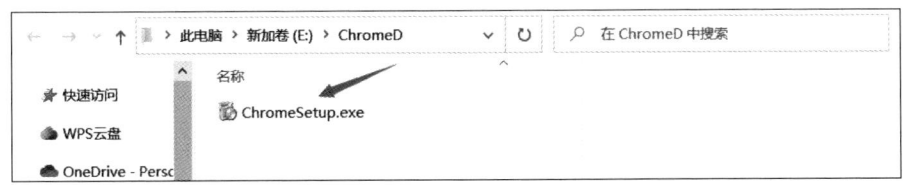

图 1-41　双击 Chrome 安装程序

（2）安装程序启动之后，首先会下载完整的安装包，下载完成后会自动安装 Chrome 浏览器，如图 1-42 所示。

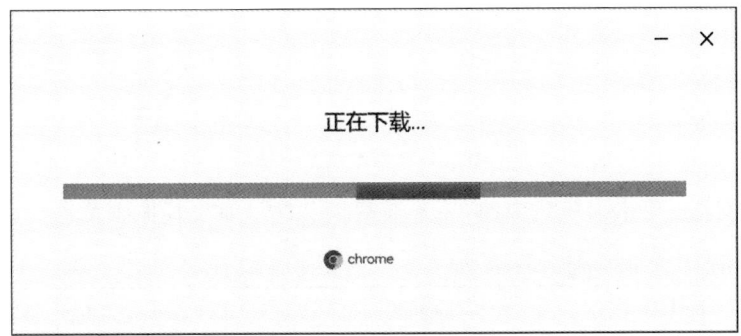

图 1-42　正在下载 Chrome

（3）等待程序安装。安装完成后，Chrome 浏览器会自动打开，如图 1-43 所示。

图 1-43　Chrome 浏览器界面

3. Chrome 浏览器基本设置

（1）设置默认搜索引擎：如果默认搜索引擎是 Google，中国大陆是无法使用，所以要修改成国内可以使用的搜索引擎，打开设置，单击"搜索引擎"选项卡，选择 Bing，如图 1-44 所示。

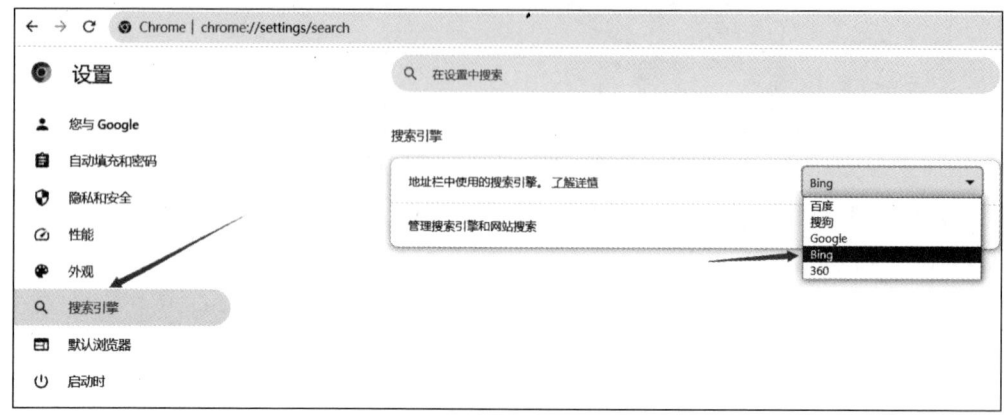

图 1-44　修改搜索引擎

（2）导入书签：单击菜单栏中的"导入书签和设置"，导入其他浏览器的书签，如图 1-45 所示。

图 1-45　导入书签

（3）修改新标签页：在设置的"外观"部分可以修改新标签页的显示，如图 1-46 所示。

（4）更改 Chrome 浏览器的下载地址，默认是下载到 C 盘，可以根据自己的情况进行更改，如图 1-47 所示。

4. 使用 Chrome 浏览器

（1）在浏览器的地址栏中输入网址，如图 1-48 所示。

（2）可以在搜索框中输入关键字进行搜索，或者在浏览器的书签栏中单击书签直接访问常用网站，如图 1-49 所示。

（3）与其他浏览器一样，也可以在 Chrome 中打开新的选项卡，在同一浏览器窗口中并行浏览不同的网页，如图 1-50 所示。

项目一 浏览器工具

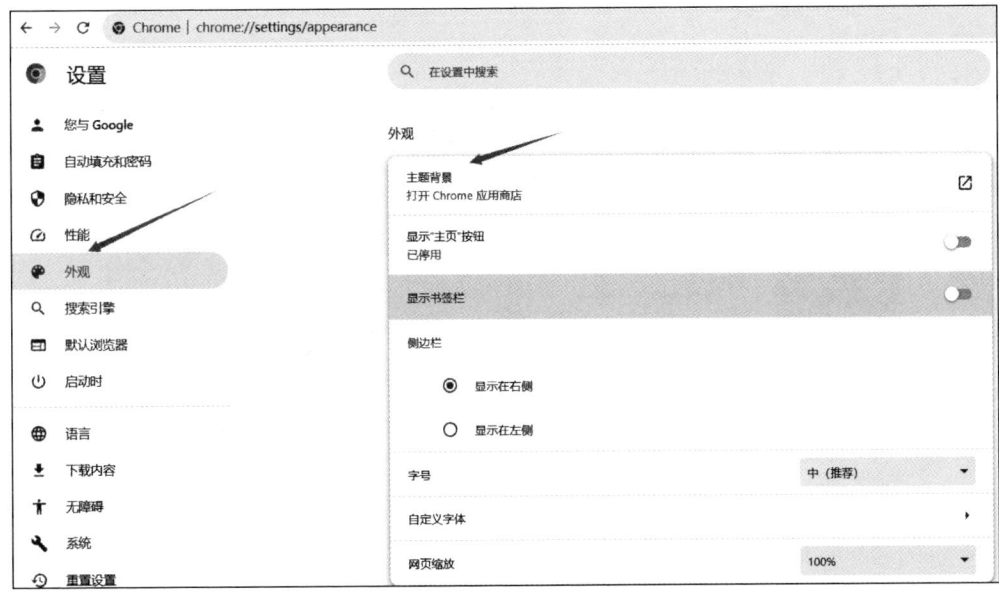

图 1-46 修改新标签页

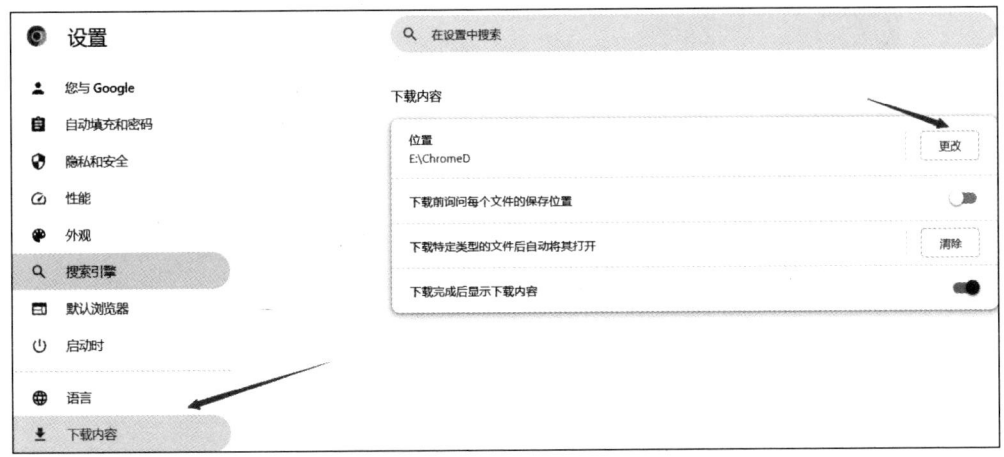

图 1-47 更改 Chrome 浏览器的下载地址

图 1-48 输入网址

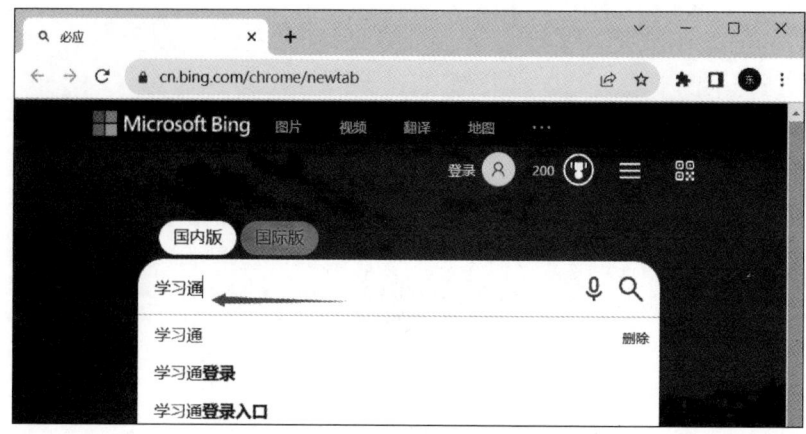

图 1-49 输入关键字

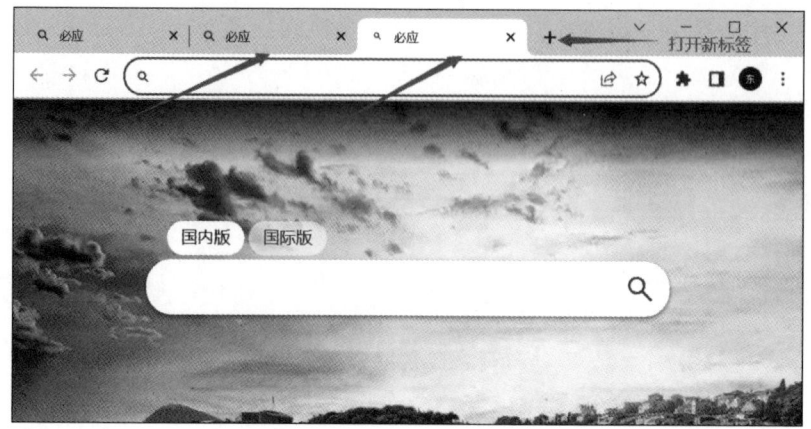

图 1-50 打开新标签页

（4）在浏览器右上角单击菜单按钮，有更多设置和工具选项，如书签管理、历史记录、浏览器设置等，如图 1-51 所示。

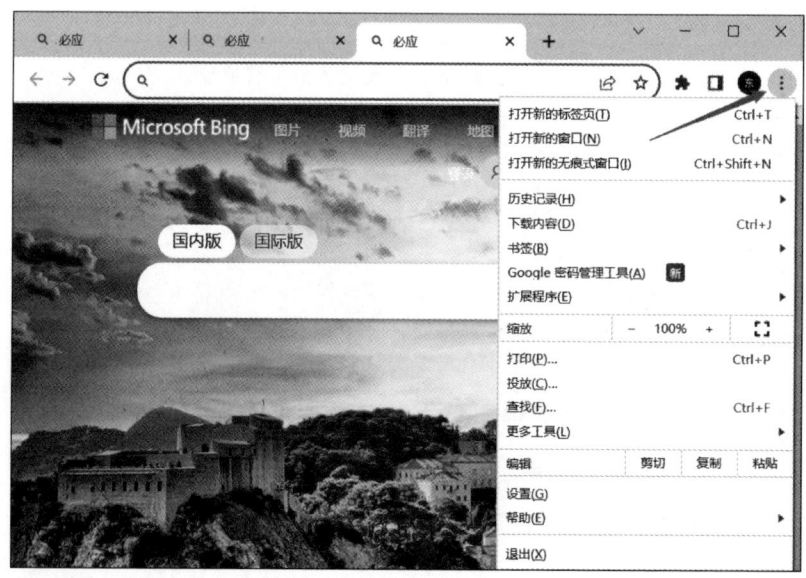

图 1-51 单击菜单查看更多选项

任务四 浏览器插件的安装和使用

浏览器插件是可以添加到浏览器并扩展其功能的小程序,它们可以实现诸如广告屏蔽、页面翻译、下载管理等浏览器本身并不提供的功能。安装插件后,就可以在浏览器中使用插件提供的功能,从而优化浏览网页时的体验。现在的浏览器普遍支持插件,合理利用插件可以让我们的网络生活更便捷高效。

任务目标

1．知识目标

➢ 了解什么是浏览器插件。
➢ 掌握常见插件的功能,如 Adblock Plus、Grammarly 等。
➢ 学会插件的安装、管理和使用方法。

2．能力目标

➢ 能够根据需要找到并安装合适的浏览器插件。
➢ 能够利用插件提高上网效率。
➢ 能够解决插件故障和卸载问题。

任务实施

这里以 Firefox 浏览器为例,其他浏览器用法基本相同,首先单击右上角的扩展图标,如图 1-52 所示。

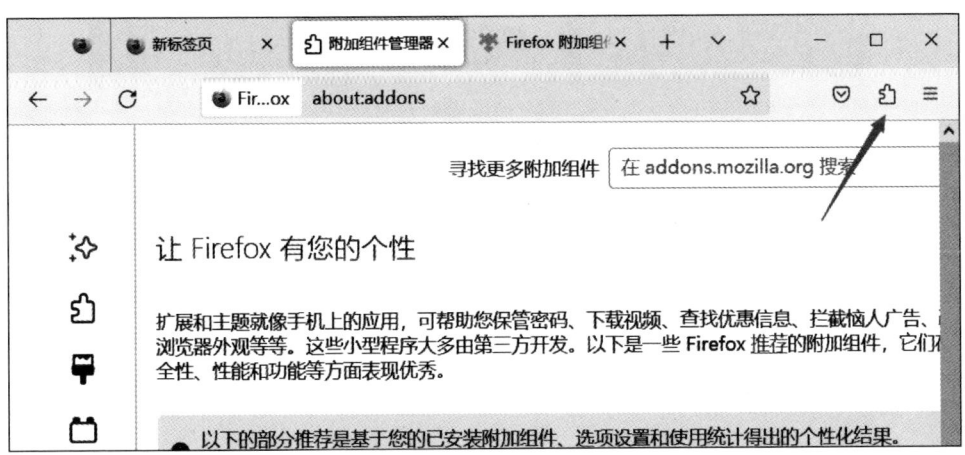

图 1-52 单击扩展图标

选择扩展选项卡,单击下载扩展的链接,如图 1-53 所示。

搜索需要的插件,如图 1-54 所示。

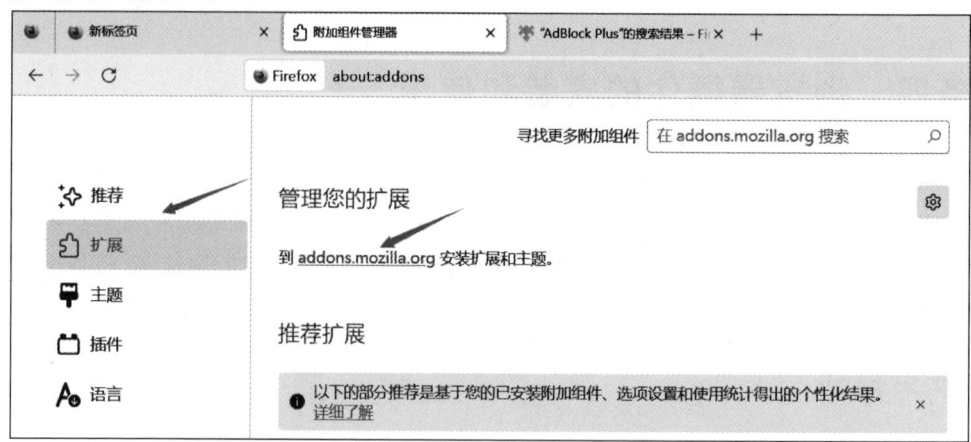

图 1-53　单击下载扩展的链接

图 1-54　搜索需要的插件

1．Adblock Plus

Adblock Plus 是一个非常受欢迎的广告拦截插件，可以有效地屏蔽网页上的广告，提供更清爽的浏览体验。

（1）搜索 Adblock Plus 插件，如图 1-55 所示。

（2）安装 Adblock Plus 插件到 Firefox，如图 1-56 所示。

（3）确认添加插件，如图 1-57 所示。

（4）允许此扩展在隐私窗口中运行，如图 1-58 所示。

（5）查看安装的插件，如图 1-59 所示。

（6）实测：启动 Adblock Plus 插件之前访问站长工具，如图 1-60 所示。

启动 Adblock Plus 插件之后访问站长工具，可以看到所有广告都被屏蔽了，如图 1-61 所示。

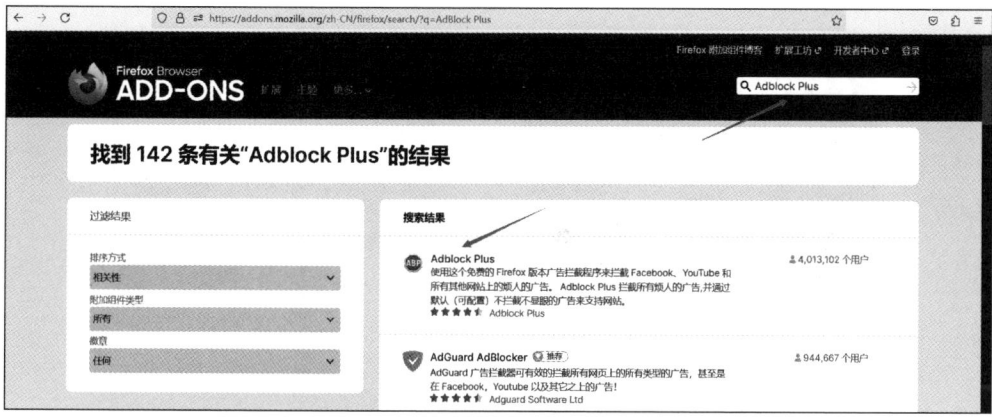

图 1-55　搜索 Adblock Plus 插件

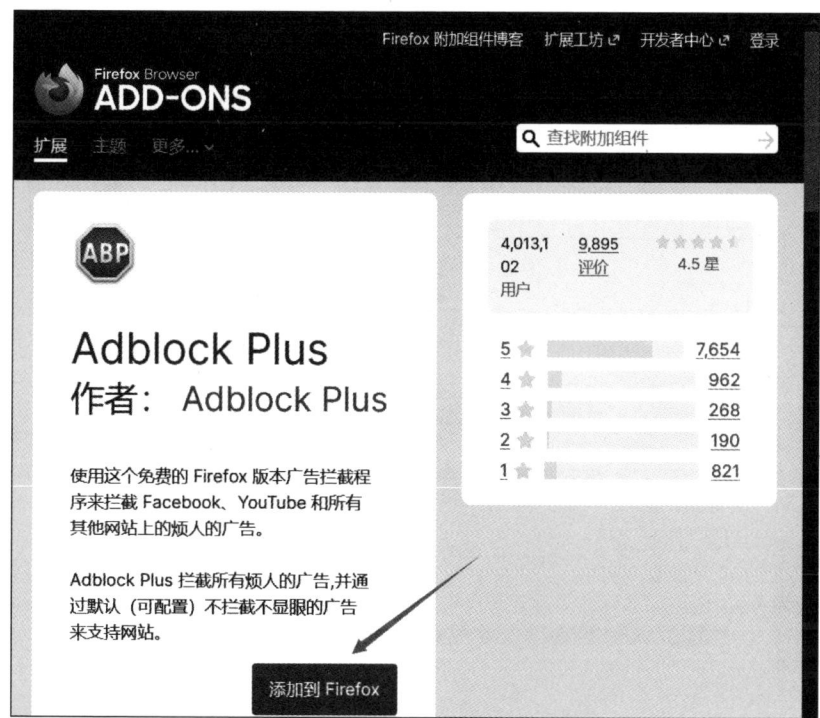

图 1-56　安装 Adblock Plus 插件到 Firefox

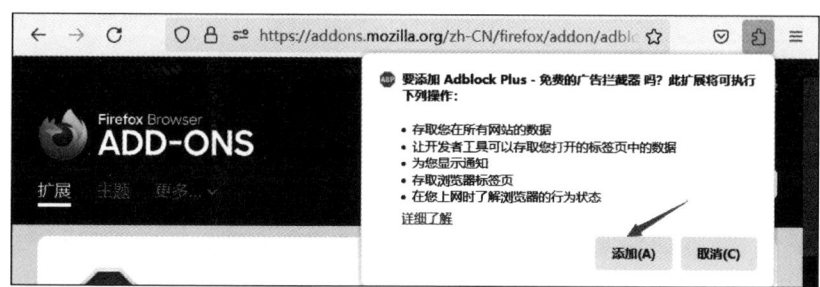

图 1-57　确认添加插件

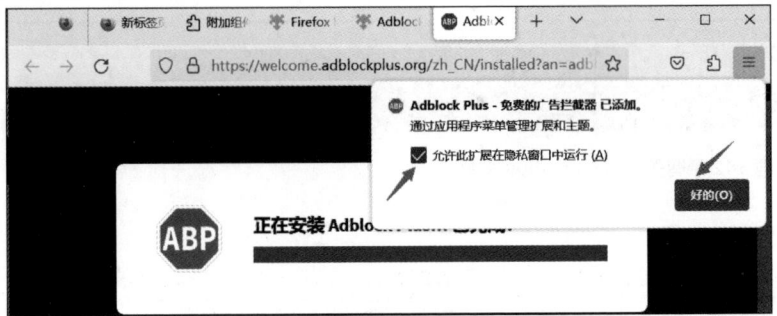

图 1-58　允许此扩展在隐私窗口中运行

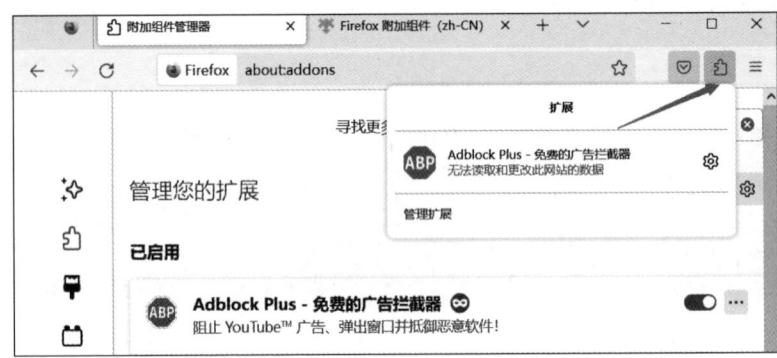

图 1-59　查看安装的插件

图 1-60　启动插件之前访问站长工具

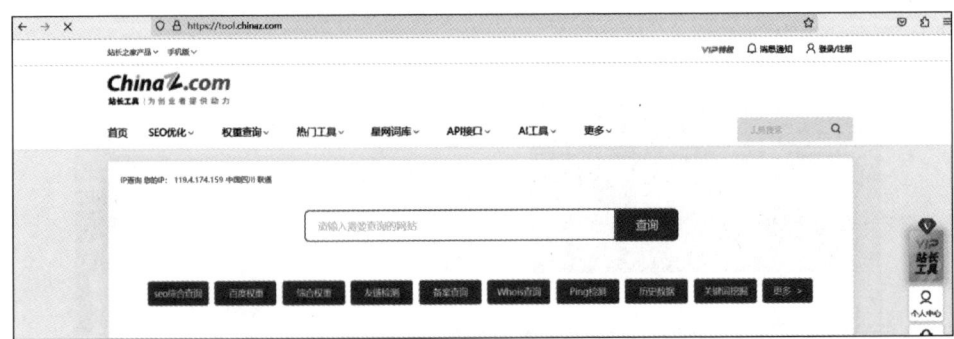

图 1-61　启动插件之后访问站长工具

2. Grammarly

Grammarly 是一个语法和拼写检查插件,可以在用户写作时提供实时的纠错建议,帮助用户提高写作质量,避免拼写和语法错误。

(1) 添加过程基本上和前面一样,首先搜索插件,如图 1-62 所示。

图 1-62　搜索插件

(2) 添加插件,如图 1-63 所示。

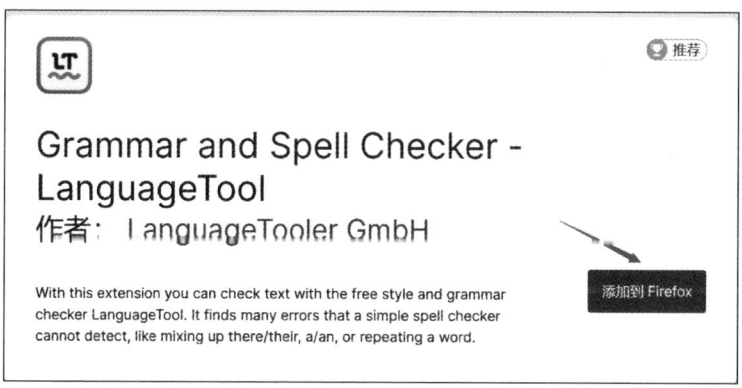

图 1-63　添加插件

(3) 查看添加的插件,如图 1-64 所示。

3. 划词翻译

这个插件可以帮助用户在浏览网页时划词翻译,提供快速的英文翻译功能,方便用户阅读英文资料。

(1) 搜索插件,如图 1-65 所示。

(2) 添加插件,如图 1-66 所示。

(3) 测试一下插件功能,如图 1-67 所示。

图 1-64　查看添加的插件

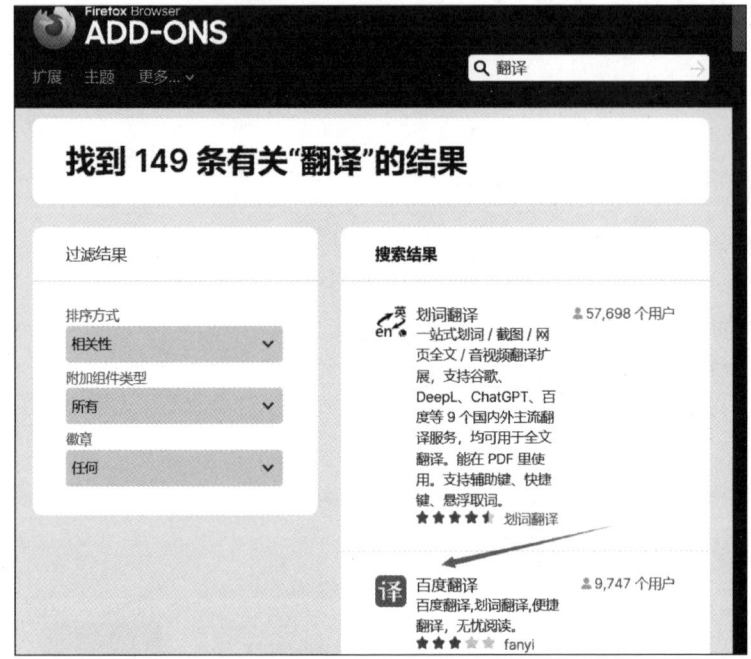

图 1-65　搜索插件

图 1-66　添加插件

项目一　浏览器工具

图 1-67　测试插件

4．迅雷下载

可以使用迅雷 11 接管 Firefox 的下载请求，同时右键菜单内也会增加"使用迅雷下载"菜单项。

（1）搜索插件，如图 1-68 所示。

（2）查看添加的插件，如图 1-69 所示。

课后练习

练习一：下载和安装 Firefox 浏览器

使用已有浏览器下载并安装 Firefox 浏览器，完成安装后使用 Firefox 浏览器进行搜索练习，修改浏览器下载目录，进行浏览器主题、外观以及字体设置等。

练习二：下载和安装 Chrome 浏览器

使用已有浏览器下载并安装 Chrome 浏览器，完成安装后使用 Chrome 浏览器进行搜索练习，修改浏览器下载目录和搜索引擎等，进行浏览器主题、外观以及字体设置等。

练习三：完成浏览器插件的安装与使用

为安装好的 Chrome 浏览器或者 Firefox 浏览器安装 Adblock Plus 和迅雷下载插件，

图 1-68 搜索插件

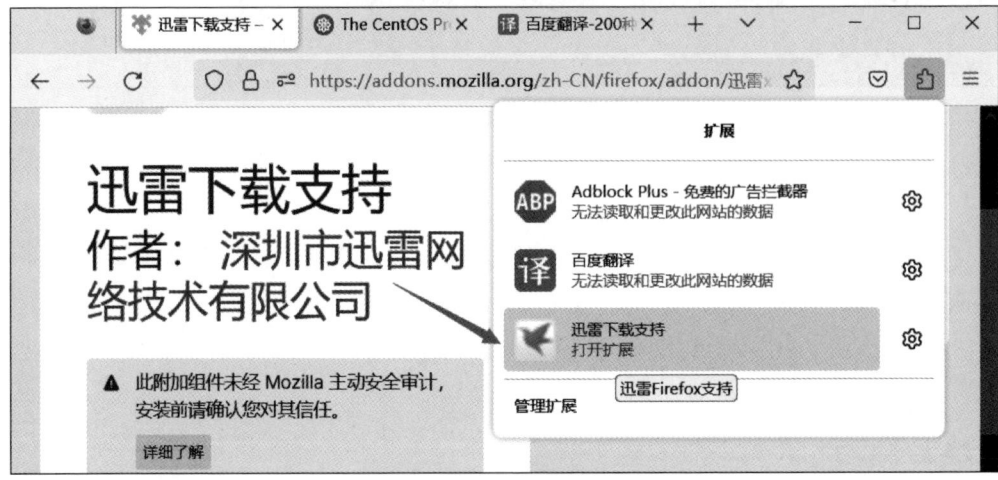

图 1-69 查看添加的插件

启动插件后测试插件功能。

能力提升

1. 其他浏览器的下载安装与使用

除了本书提到的 Edge 浏览器、Chrome 浏览器和 Firefox 浏览器，还有很多其他浏览器，可以根据已学知识，尝试下载安装其他浏览器，如世界之窗浏览器、夸克浏览器等。

2. 其他浏览器插件的安装与使用

浏览器插件的数量非常多,除了已经介绍的这几个,还有很多浏览器插件。通过前面学习的安装浏览器插件的知识,可以尝试下载和安装其他浏览器插件,下面列举的几个常用的浏览器插件。

(1) Flash Video Downloader。

功能介绍:用于下载网页视频,大多数视频格式和 Flash 都可以下载,如图 1-70 所示。

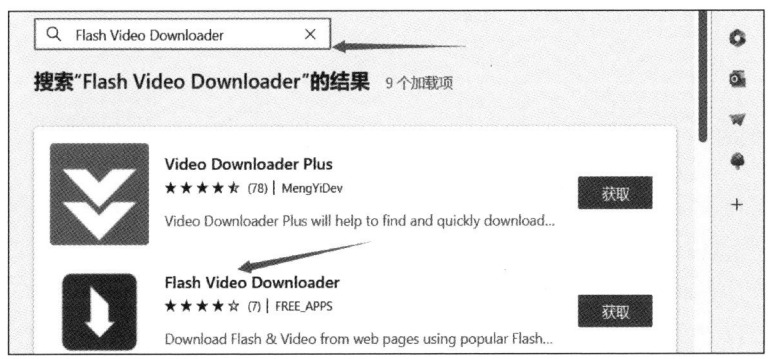

图 1-70　Flash Video Downloader

(2) 彩云小译——网页翻译插件。

功能介绍:彩云小译双语对照网页翻译插件是针对谷歌浏览器开发的一款网页翻译工具,可以一键高效获取母语阅读体验,如图 1-71 所示。

图 1-71　搜索获取彩云小译

项目二 编辑器工具

项目介绍

编辑器工具是一种计算机软件,用于创建、编辑和管理文本文件和源代码文件。它们提供了一个用户友好的界面,使程序员和文本编辑人员能够轻松地输入、修改和组织文本。编辑器工具通常具有语法高亮功能,帮助用户识别代码中的关键元素,并提供自动完成、代码折叠和错误检查等功能,以提高生产力和代码质量。常见的编辑器工具有 Visual Studio Code、Sublime Text、Notepad++等。编辑器工具的功能和特性可以根据用途和用户需求而异,但它们的共同目标是简化文本处理任务,提供更高效的工作环境。

任务一 Notepad++的下载、安装和使用

Notepad++是一款免费的源代码编辑器,它的主要功能和特点如下。
- 语法高亮和代码折叠:支持多种编程语言和标记语言的语法高亮显示,并可以折叠代码块。
- 支持插件扩展:可以安装各种插件来扩展编辑器功能,如比较差异、自动完成、语法检查等。
- 轻量快速:Notepad++体积小,启动速度快,对系统资源占用少。
- 操作简便:提供简洁的图形用户界面,支持常用的编辑操作,如搜索替换、列编辑等。
- 使用免费:Notepad++是完全免费使用的开源软件。

任务目标

1. 知识目标

- 了解 Notepad++的功能特点,包括语法高亮、文本比较等。
- 掌握 Notepad++的下载、安装方法以及界面菜单功能。
- 学会 Notepad++的基本设置和使用技巧,设置如字体、缩进等。

2. 能力目标

- 能够使用 Notepad++打开和编辑各种语言的源代码文件。

➢ 能够利用 Notepad++ 的搜索替换、项目管理等功能提升编辑效率。
➢ 能够使用 Notepad++ 的宏记录功能，定制适合自己的编辑器。

任务实施

1. 下载和安装

（1）下载 Notepad++。打开 Web 浏览器，访问 Notepad++ 官方网站，如图 2-1 所示。

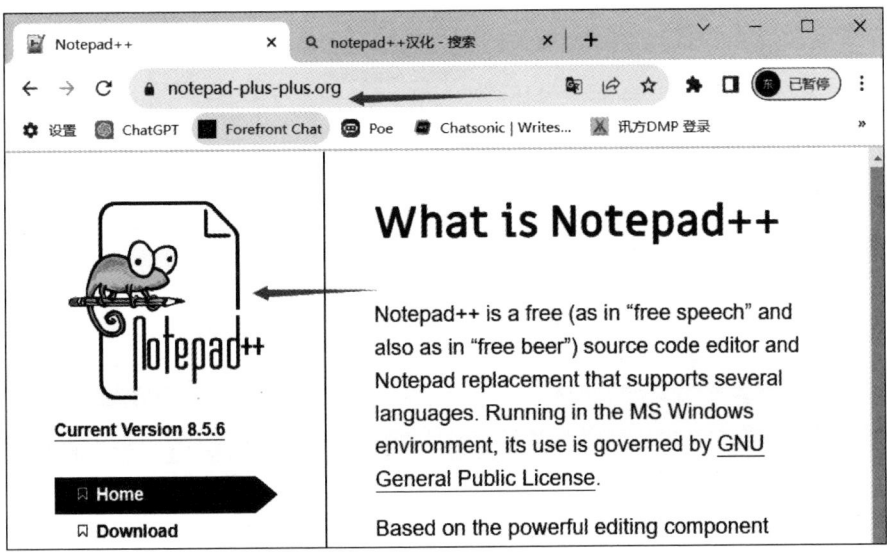

图 2-1　Notepad++ 官方网站

（2）单击页面上的下载链接。在下载页面可以选择不同版本的 Notepad++，请选择适合自己的操作系统的版本，如图 2-2 所示。

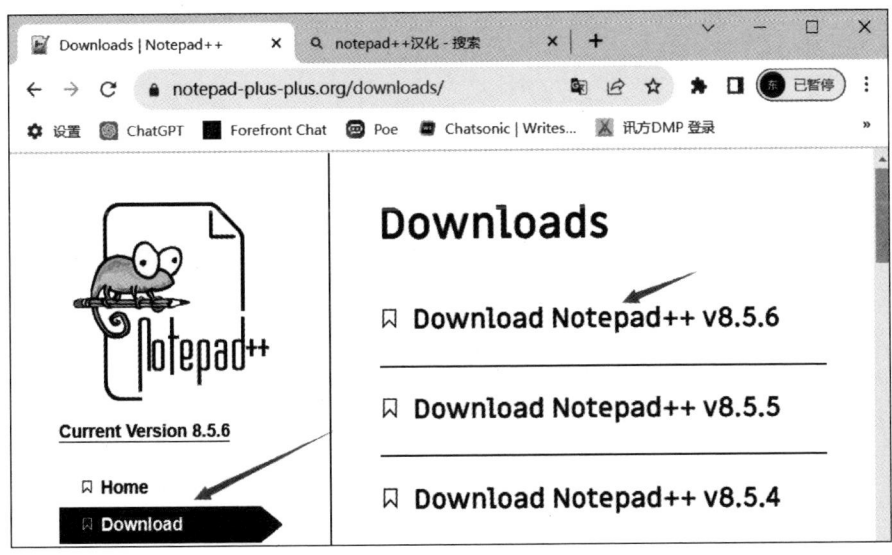

图 2-2　选择版本

（3）单击 DOWNLOAD 按钮，下载 Notepad++ 安装程序，如图 2-3、图 2-4 所示。

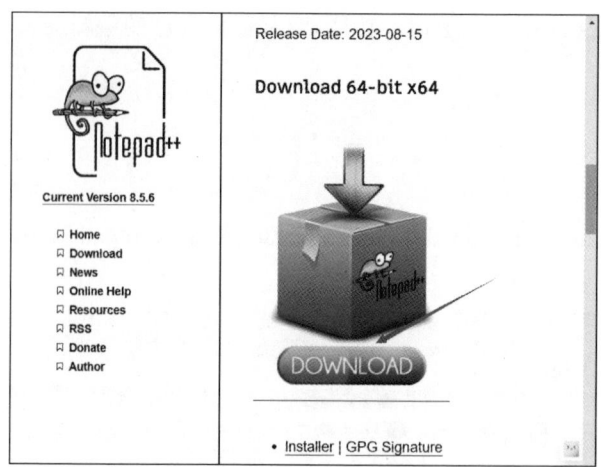

图 2-3　下载 Notepad++ 安装程序 1

图 2-4　下载 Notepad++ 安装程序 2

（4）安装 Notepad++。打开下载好的 Notepad++ 安装程序，如果系统要求权限，请授予安装程序所需的权限，如图 2-5 所示。

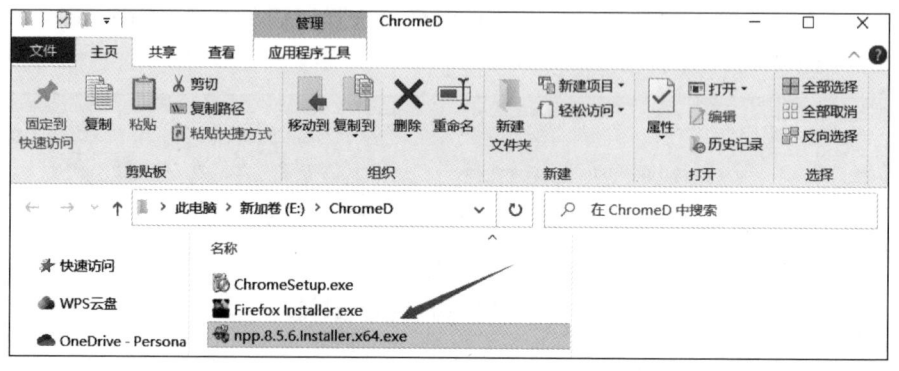

图 2-5　打开 Notepad++ 安装程序

（5）选择安装语言与安装位置，建议使用默认设置，如图 2-6 所示。
（6）阅读并接受许可证协议，然后单击"我接受"按钮，如图 2-7 所示。
（7）选择是否要创建桌面快捷方式，然后单击"安装"按钮，如图 2-8 所示。
（8）安装完成后，确保选中"运行 Notepad++ v8.5.6"复选框，然后单击"完成"按钮，如图 2-9 所示。

项目二 编辑器工具 35

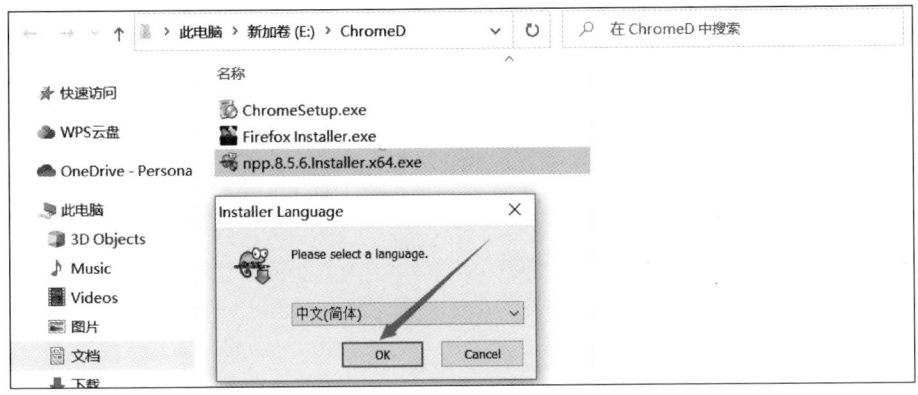

图 2-6 选择安装语言与安装位置

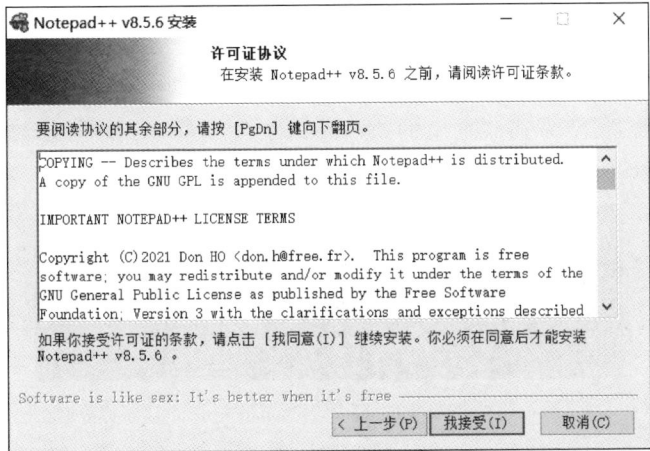

图 2-7 许可证协议

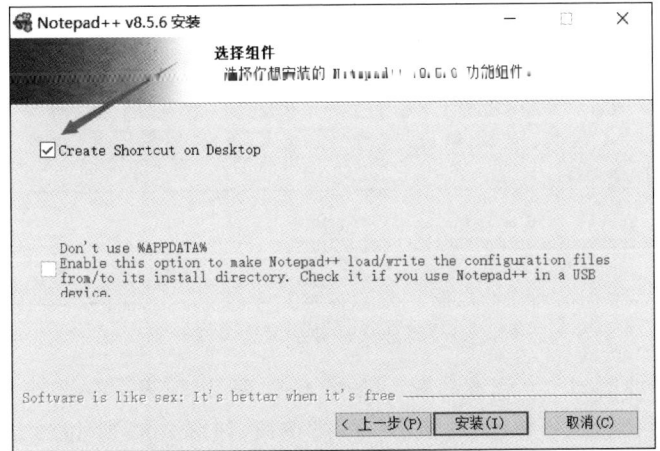

图 2-8 选择是否要创建桌面快捷方式

2. 使用 Notepad++

现在,让我们开始学习如何在 Notepad++ 中进行基本操作。

图 2-9　安装完成

(1) 打开 Notepad++。

在 Windows 环境下，双击桌面上的 Notepad++ 图标，或者通过开始菜单中的快捷方式打开它，如图 2-10 所示。

图 2-10　打开 Notepad++

(2) 创建和保存文件。

在 Notepad++ 中，选择"文件"→"新建"选项来创建一个新文件。

在新文件中编写文本或代码，如图 2-11 所示。

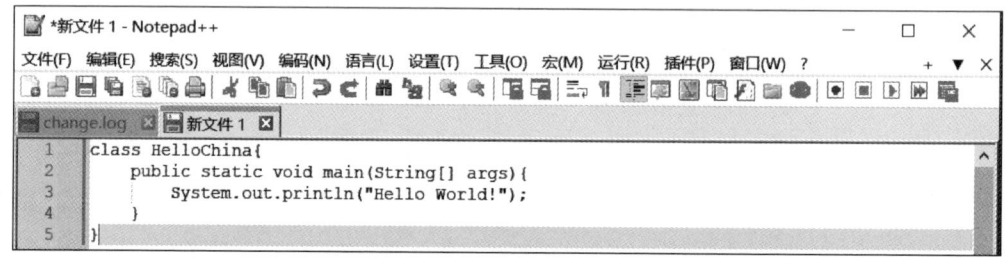

图 2-11　新建文件并编写文本或代码

(3) 使用快捷键 Ctrl+S 或者选择"文件"→"保存"选项来保存文件。在弹出的对话框中选择文件的保存位置和名称，然后单击"保存"按钮，如图 2-12 所示。

(4) 编辑文本。

Notepad++ 提供了丰富的文本编辑功能，包括查找和替换、多行编辑等。

使用快捷键 Ctrl+F 打开"查找"对话框，可以查找特定文本，如图 2-13 所示。

使用快捷键 Ctrl+H 打开"替换"对话框，可以查找并替换文本，如图 2-14 所示。

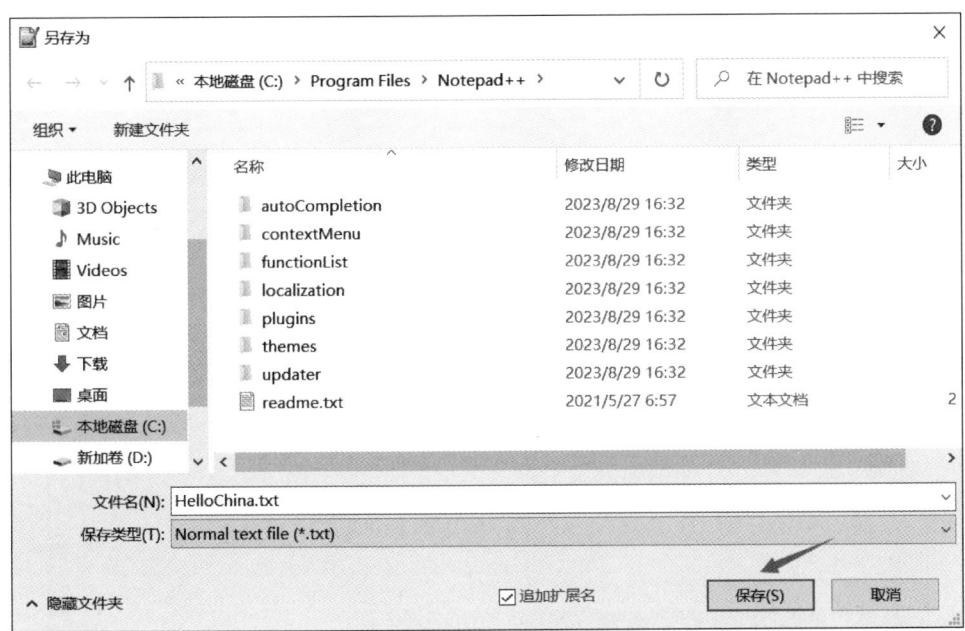

图 2-12　保存文件并选择路径

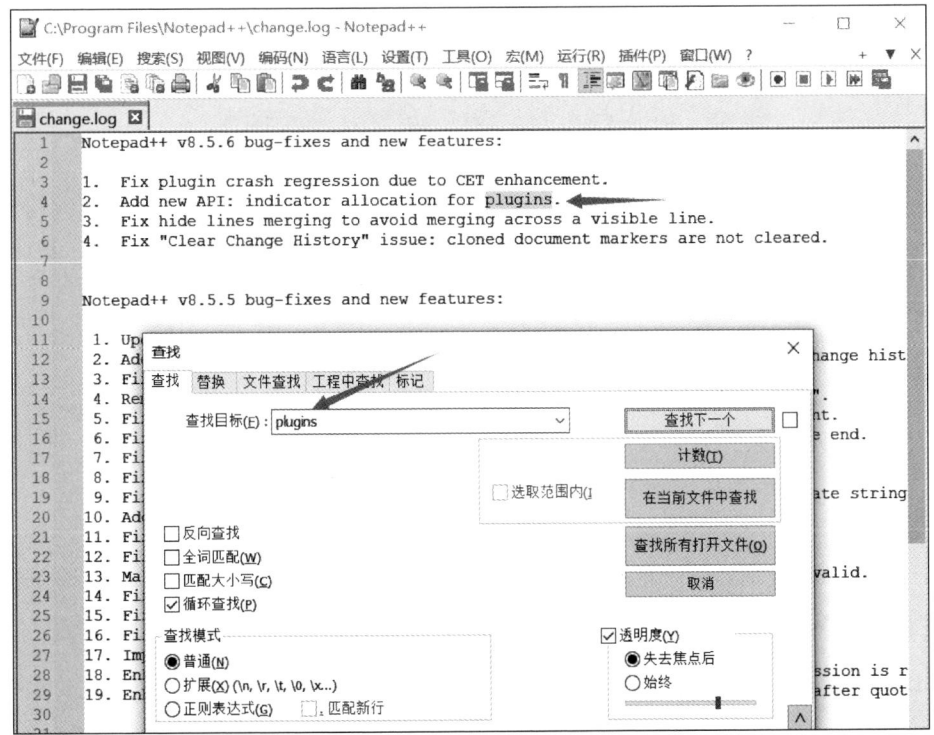

图 2-13　使用快捷键 Ctrl+F 查找特定文本

使用 Alt+鼠标左键拖动可以进行多行编辑，如图 2-15 所示。
其他编辑功能可以在"编辑"菜单下找到，如图 2-16 所示。

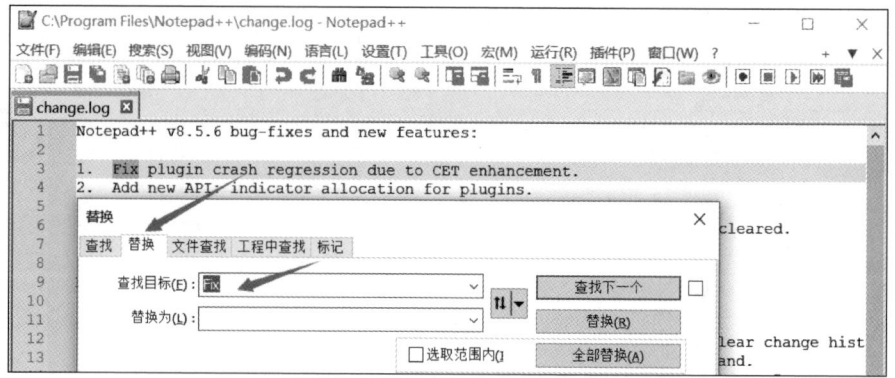

图 2-14 使用快捷键 Ctrl+H 查找并替换文本

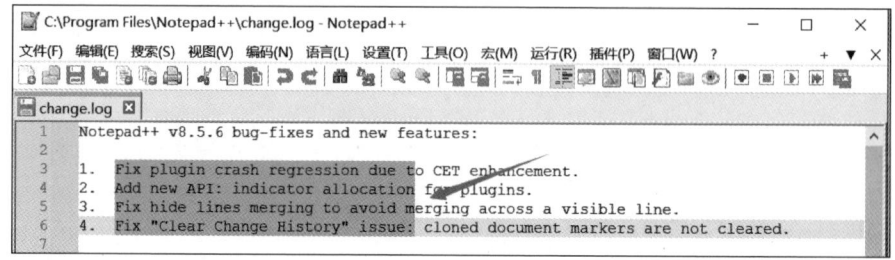

图 2-15 多行编辑

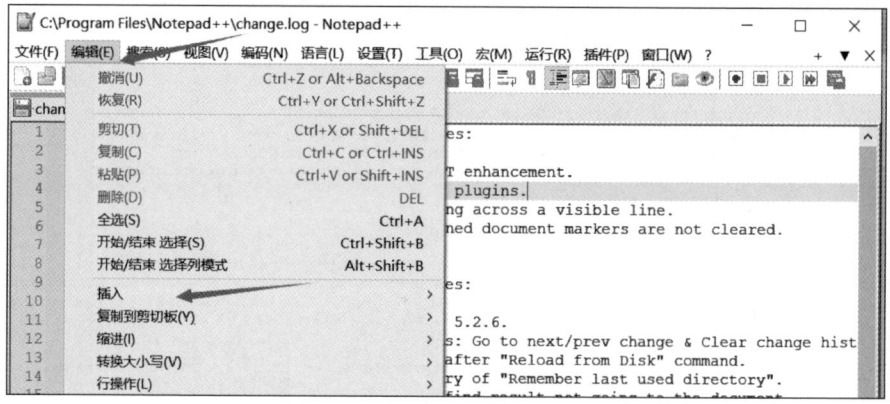

图 2-16 "编辑"菜单

(5)使用插件。

Notepad++ 支持插件,可以根据需要安装并配置插件。

选择"插件"→"插件管理"选项来打开插件管理器,如图 2-17 所示。

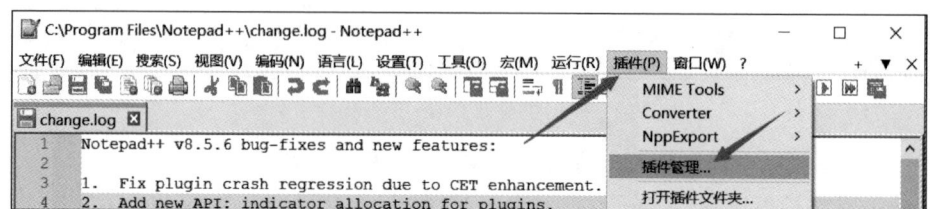

图 2-17 打开插件管理器

在插件管理器中，可以查看已安装的插件和可用的插件，如图 2-18、图 2-19 所示。

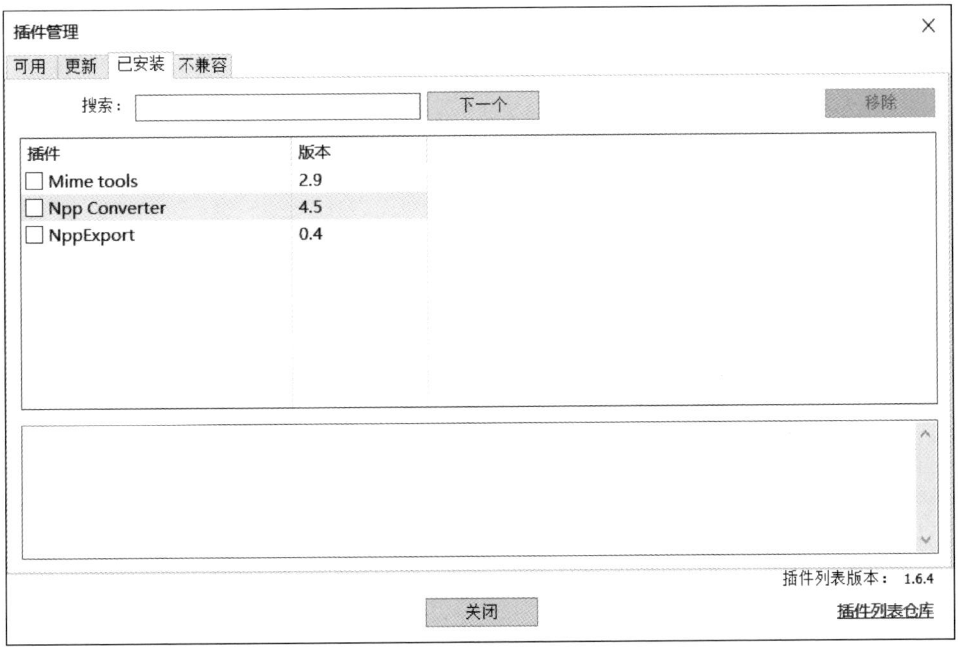

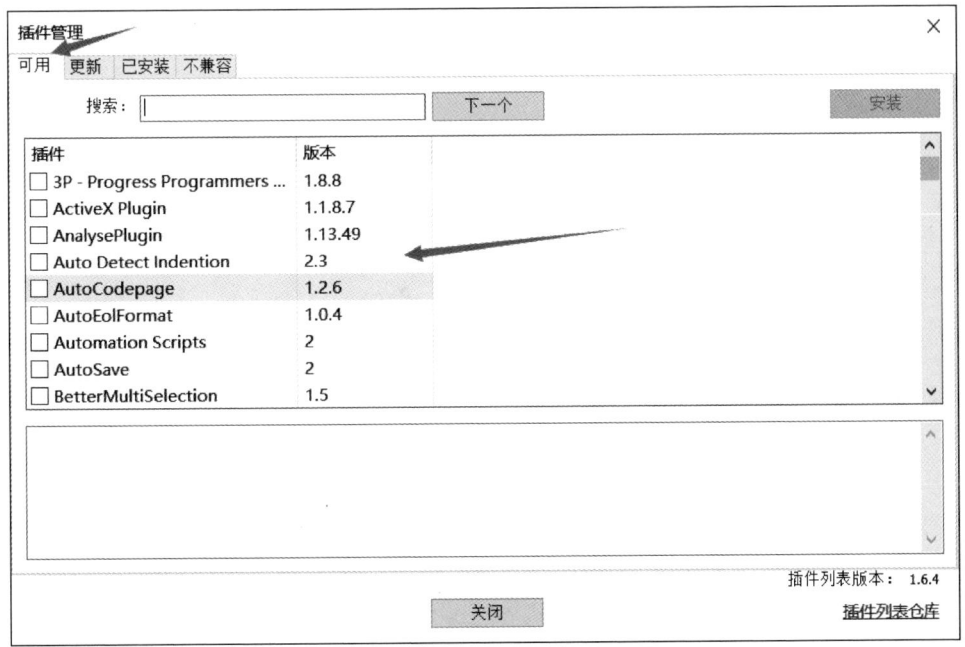

图 2-18　插件管理器 1

图 2-19　插件管理器 2

选择需要的插件，然后单击"安装"按钮，如图 2-20 所示。
（6）更多资源。
Notepad++ 官方文档中有详细的教程，适合深入学习，如图 2-21 所示。

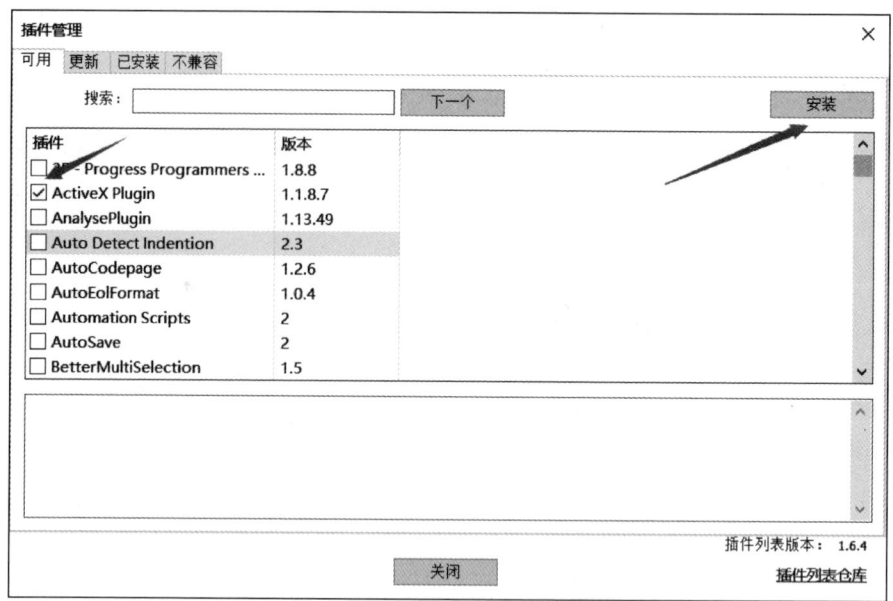

图 2-20　勾选需要的插件并确认安装

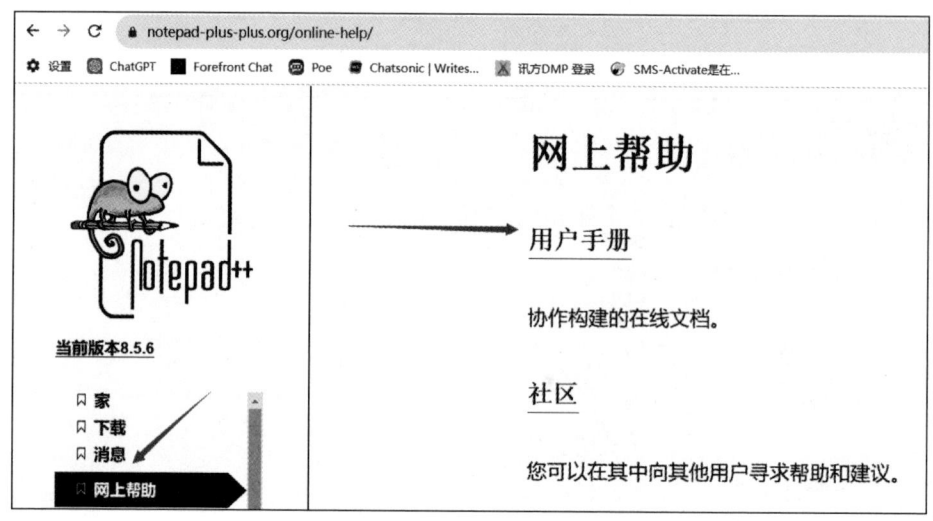

图 2-21　Notepad++ 官方文档

任务二　Visual Studio Code 的下载、安装和使用

Visual Studio Code 简称为 VS Code，是一款由微软开发的免费、开源的轻量级代码编辑器。它在开发者社区中非常受欢迎，具有强大的功能和很强的扩展性，适用于多种编程语言和开发场景。

VS Code 的特点如下。

> 跨平台性：VS Code 可在 Windows、macOS 和 Linux 环境下运行，确保开发者在不同操作系统上都能获得一致的体验。

- 强大的扩展生态系统：通过扩展插件，开发者可以根据自己的需求定制编辑器，以支持各种编程语言、工具和框架。
- 智能代码补全和错误检查：VS Code 提供了智能代码建议和实时错误检查功能，有助于提高代码的质量和生产力。
- 集成终端：内置终端使开发者可以在编辑器内运行命令和脚本，而无须切换到终端窗口。

任务目标

1. 知识目标

- 了解 VS Code 的功能特点，包括跨平台、语法高亮、扩展插件等。
- 掌握 VS Code 的下载、安装方法，知道不同系统的安装方式。
- 学会 VS Code 的基本设置和使用方法，如自定义快捷键、主题切换等。

2. 能力目标

- 能够根据自己的需求，选择合适的 VS Code 版本。
- 能够熟练使用 VS Code 进行前端和后端代码的编写。
- 能通过扩展插件提升 VS Code 的代码编辑和管理能力。

任务实施

1. 下载和安装

（1）下载 Visual Studio Code。

打开 Web 浏览器，访问 Visual Studio Code 官方网站，如图 2-22 所示。

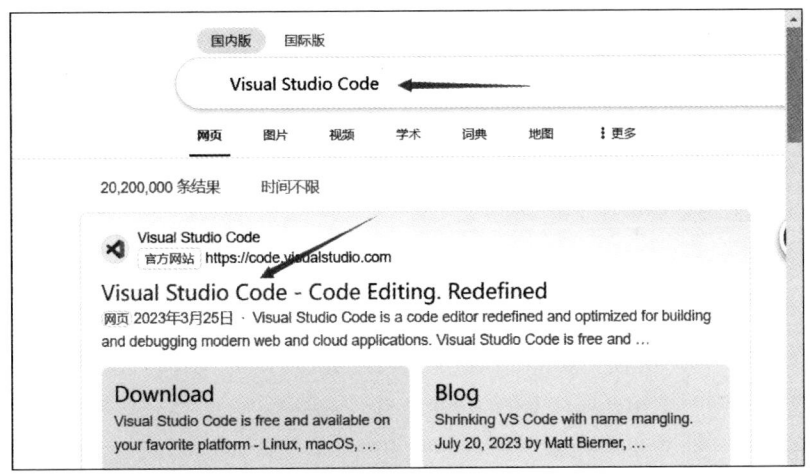

图 2-22　访问 Visual Studio Code 官方网站

（2）选择合适的版本。

根据自己的操作系统选择合适的版本（Windows、macOS、Linux）。大多数学校的计算机会使用 Windows 操作系统,所以我们以 Windows 为例进行演示,如图 2-23 所示。

图 2-23　选择合适的版本

(3) 单击 Windows 版本的下载按钮,下载安装程序,如图 2-24 所示。

图 2-24　下载安装程序

2. 安装 Visual Studio Code

(1) 打开下载好的安装程序。

如果系统要求权限,请授予安装程序所需的权限,如图 2-25 所示。

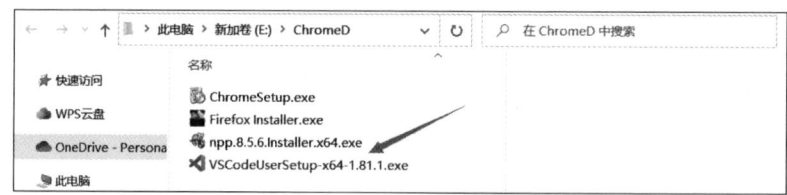

图 2-25　打开安装程序

(2) 阅读并接受许可协议,然后单击"下一步"按钮,如图 2-26 所示。

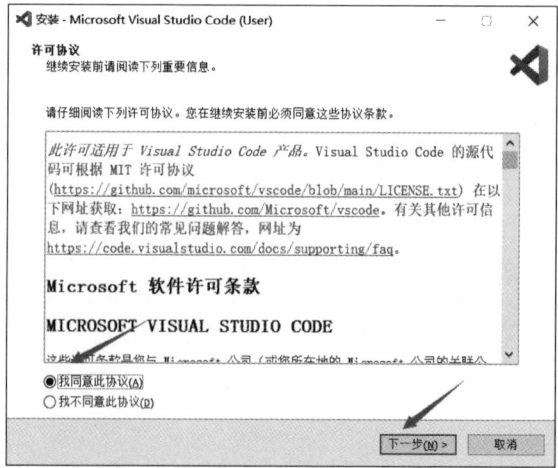

图 2-26　阅读并接受许可协议

（3）选择安装语言和安装位置，建议使用默认设置，然后单击"下一步"按钮，如图 2-27 所示。

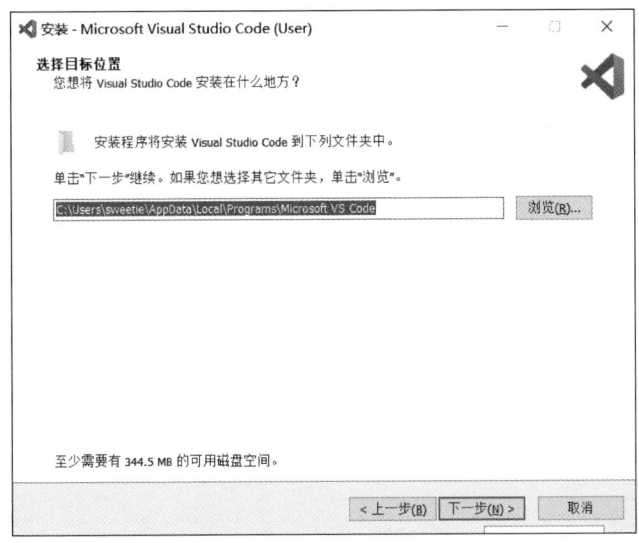

图 2-27　选择安装语言和安装位置

（4）选择是否要创建桌面图标和快速启动图标，然后单击"下一步"按钮，如图 2-28 所示。

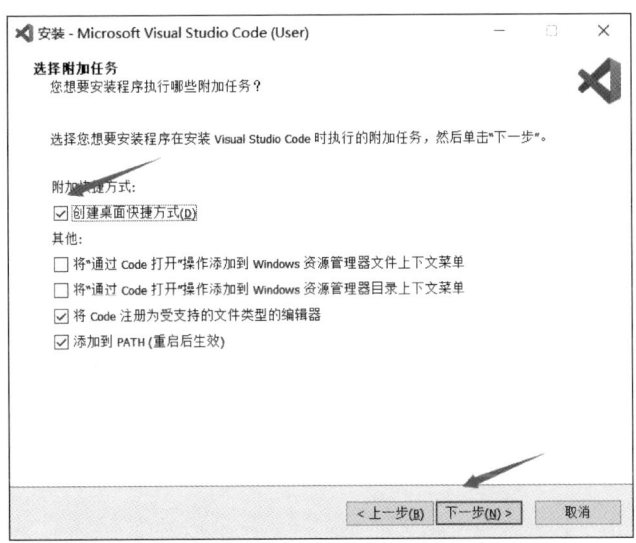

图 2-28　选择是否要创建桌面图标和快速启动图标

（5）单击"安装"按钮开始安装，如图 2-29 所示。

（6）安装完成后，确保选中"运行 Visual Studio Code"复选框，然后单击"完成"按钮，如图 2-30 所示。

3．使用 Visual Studio Code

现在，让我们开始学习如何在 Visual Studio Code 中进行基本操作。

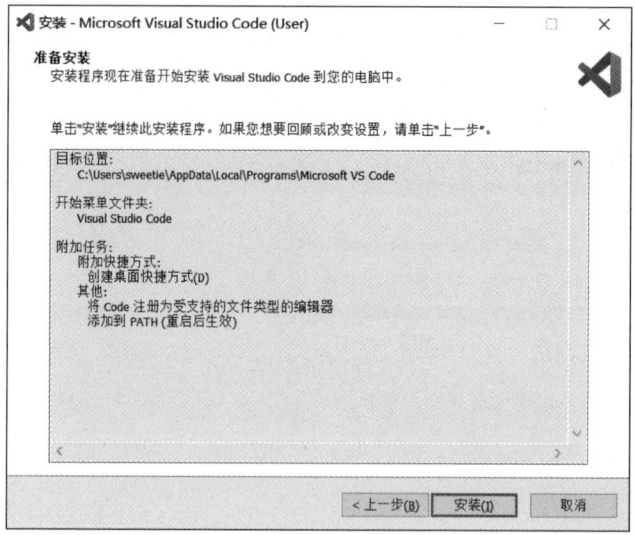

图 2-29　开始安装

图 2-30　安装完成

（1）打开 Visual Studio Code。

在 Windows 环境下，双击桌面上的 Visual Studio Code 图标，或者通过开始菜单中的快捷方式打开它，如图 2-31 所示。

图 2-31　打开 Visual Studio Code

（2）创建和保存项目。

创建新的项目文件夹，例如，可以在桌面上创建一个名为"MyCode"的文件夹，如图 2-32 所示。

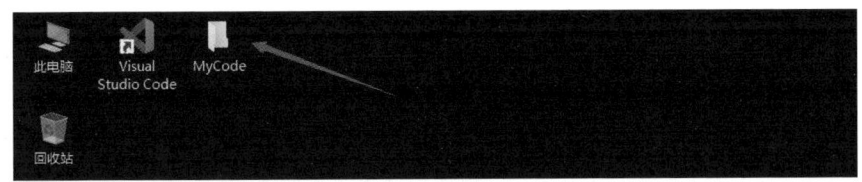

图 2-32　创建项目文件夹

在 VS Code 中,选择 File→Open File 选项,然后选择项目文件夹(MyCode),如图 2-33 所示。

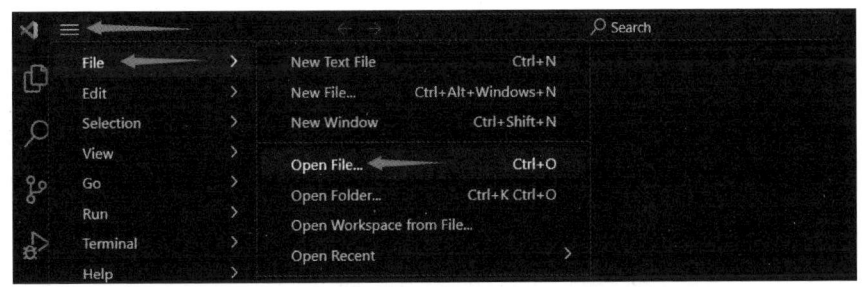

图 2-33　在 VS Code 中打开文件夹

在项目文件夹中创建新的代码文件,例如,可以创建一个名为"main.py"的文件,如图 2-34 所示。

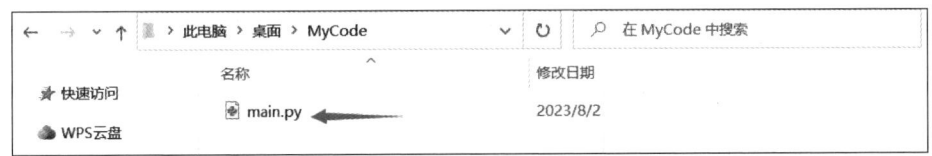

图 2-34　在项目文件夹中创建新的代码文件

打开上一步创建的文件,在文件中编写代码,如图 2-35 所示。

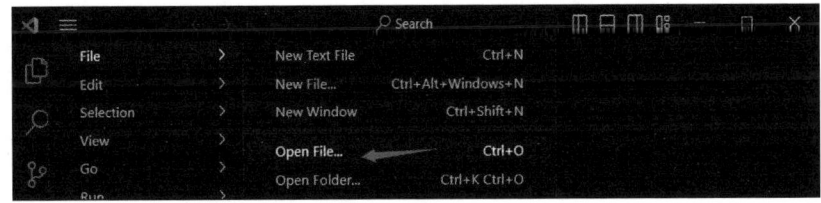

图 2-35　编写代码

找到上面创建的文件并打开,如图 2-36 所示。

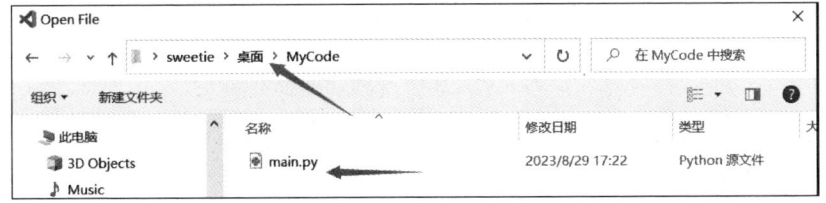

图 2-36　打开创建的文件

打开之后就可以在文件中编写代码了，如图 2-37 所示。

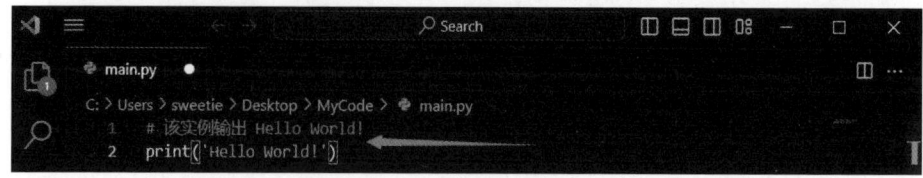

图 2-37　编写代码

使用快捷键 Ctrl+S 或者选择 File→Save 选项保存代码，如图 2-38 所示。

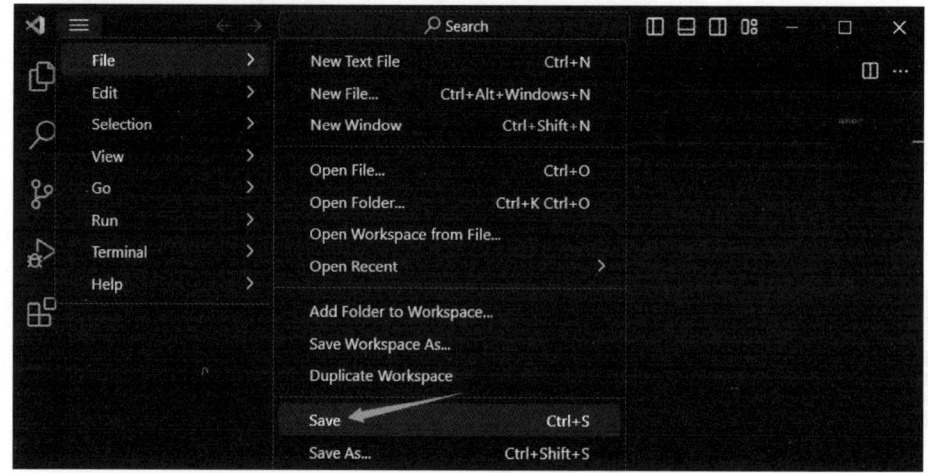

图 2-38　保存代码

（3）使用扩展。

VS Code 支持各种扩展，以提高开发效率，可以根据需要安装并配置扩展。

单击"扩展"图标（左侧侧边栏的四方块图标），如图 2-39 所示。

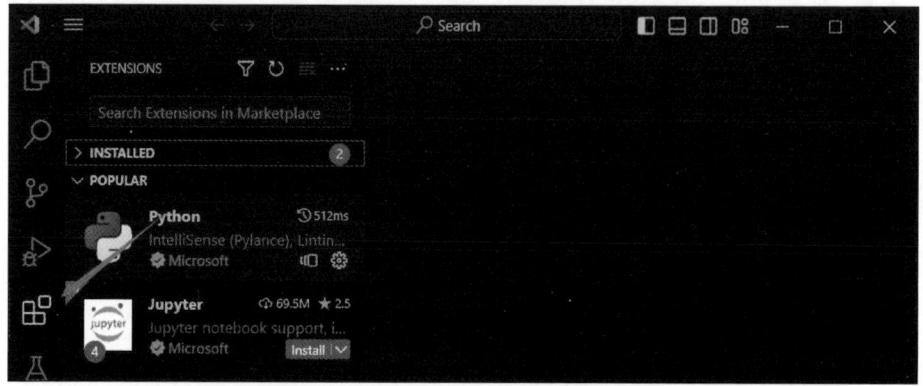

图 2-39　单击"扩展"图标

在搜索栏中输入需要的扩展，然后单击 Install 按钮，如图 2-40 所示。

（4）更多资源。

Visual Studio Code 官方文档中有详细的教程，适合深入学习。

在浏览器中搜索 Visual Studio Code 官方文档，如图 2-41 和图 2-42 所示。

项目二　编辑器工具

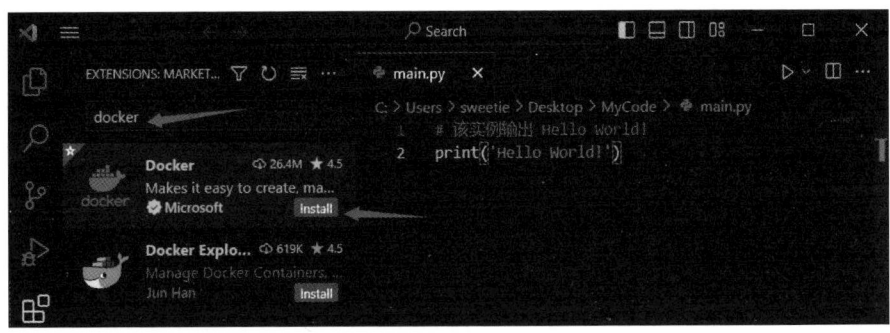

图 2-40　单击 Install 按钮

图 2-41　Visual Studio Code 官方文档 1

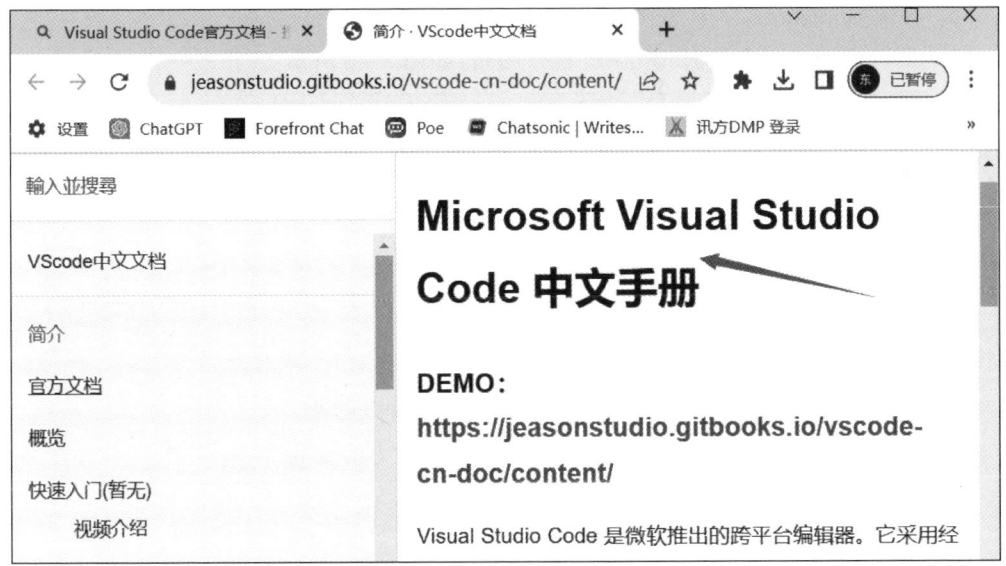

图 2-42　Visual Studio Code 官方文档 2

任务三　EmEditor 的下载、安装和使用

EmEditor 是一个跨平台的文本编辑器,主要功能和特点如下。

➢ 跨平台支持:EmEditor 支持 Windows、Linux、macOS 等主流操作系统。

- 语法高亮：支持代码语法高亮，如 Java、Python 等 40 余种语言。
- 插件扩展：提供插件扩展接口，支持安装各种插件来扩展编辑器功能。

任务目标

1. 知识目标

- 了解 EmEditor 的功能特点，包括跨平台支持、语法高亮、插件扩展等。
- 掌握 EmEditor 的下载、安装方法，知道在各个操作系统中的安装方式。
- 学会 EmEditor 的基本设置和使用方法，如界面布局、快捷键、主题切换等。

2. 能力目标

- 能根据自己的使用需求，选择合适的 EmEditor 版本进行安装。
- 能够熟练使用 EmEditor 进行文本编辑和代码编辑。
- 能通过插件扩展和快捷键设置来提高编辑效率。

任务实施

1. 下载和安装

（1）下载 EmEditor。

打开 Web 浏览器，访问 EmEditor 官方网站，如图 2-43 所示。

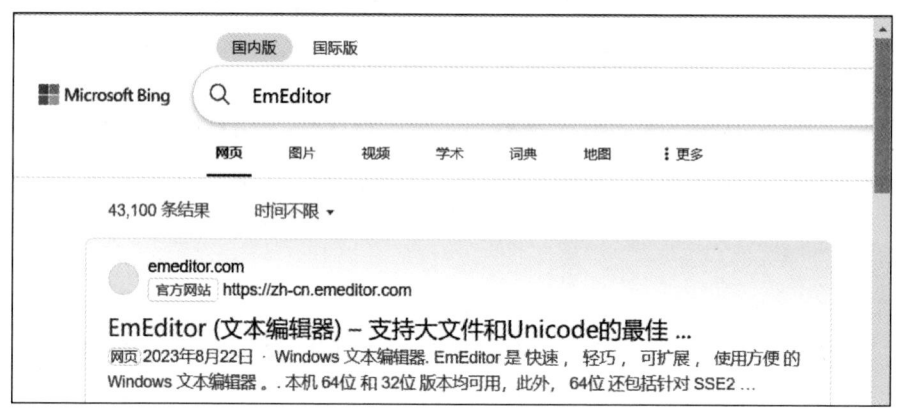

图 2-43　访问 EmEditor 官方网站

单击页面上的下载链接，如图 2-44 所示。
单击"下载"按钮来下载 EmEditor 安装程序，结果如图 2-45 所示。
（2）安装 EmEditor。
打开下载好的 EmEditor 安装程序，如图 2-46 所示。
如果系统要求权限，请授予安装程序所需的权限。
选择安装语言和安装位置，建议使用默认设置。
单击"下一步"按钮，如图 2-47 所示。
阅读并接受许可协议，然后单击"下一步"按钮，如图 2-48 所示。

项目二　编辑器工具

图 2-44　单击下载链接

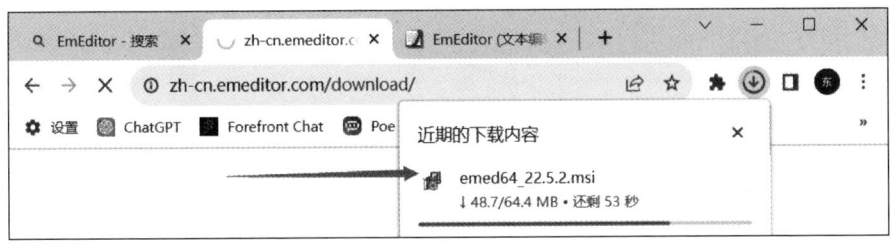

图 2-45　下载 EmEditor 安装程序

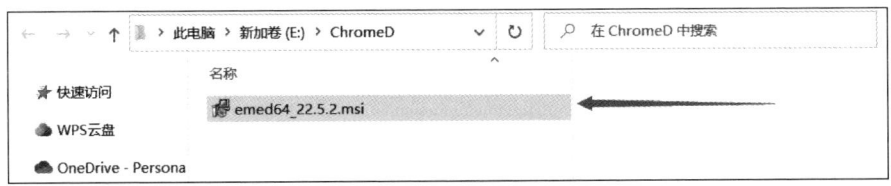

图 2-46　打开 EmEditor 安装程序

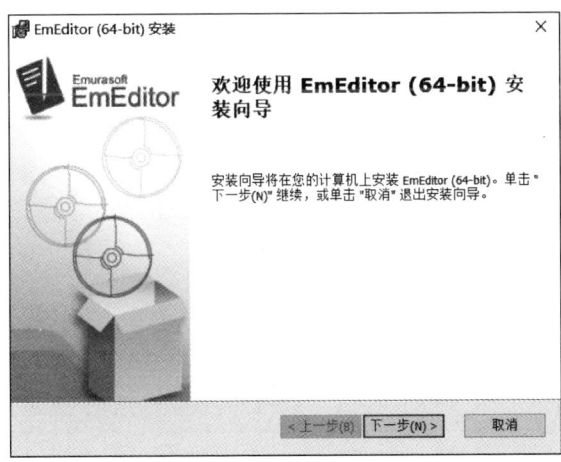

图 2-47　安装向导

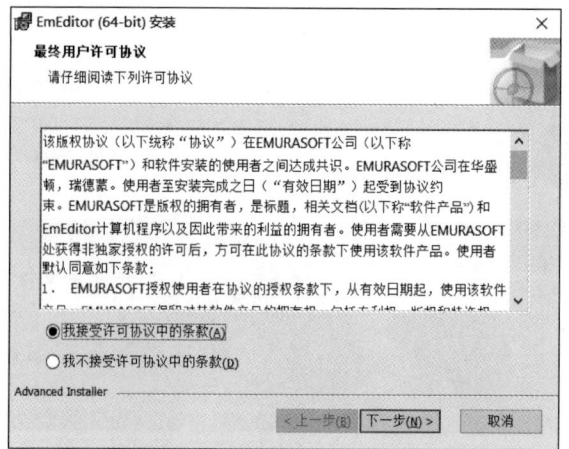

图 2-48　阅读并接受许可协议

选择"典型"安装,如图 2-49 所示。

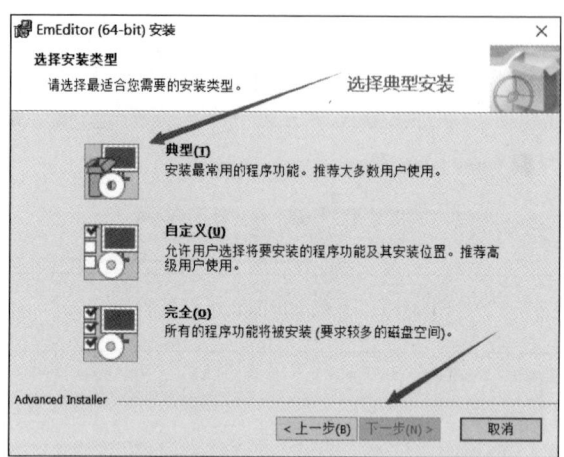

图 2-49　选择安装方式

单击"安装"按钮开始安装,如图 2-50 所示。

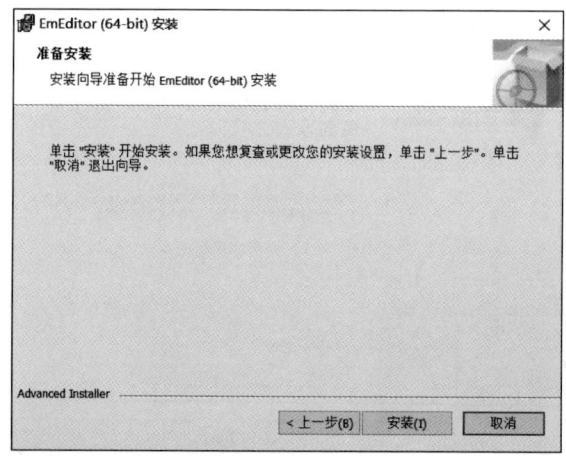

图 2-50　开始安装

安装完成后,确保选中"启动 EmEditor"复选框,然后单击"完成"按钮,如图 2-51 所示。

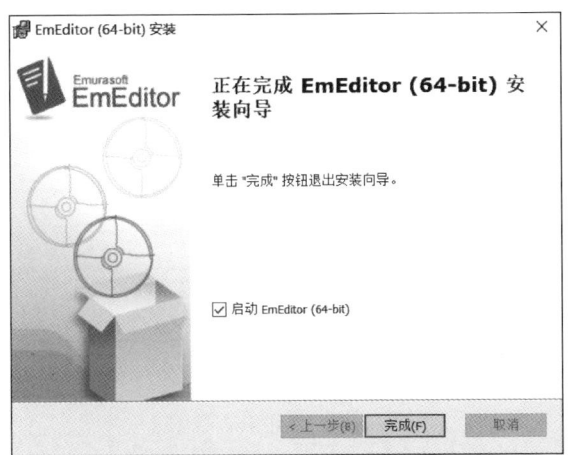

图 2-51　安装完成

2．使用 EmEditor

现在,让我们开始学习如何在 EmEditor 中进行基本操作。

(1) 打开 EmEditor。

在 Windows 环境下,通过开始菜单中的快捷方式打开 EmEditor,如图 2-52 所示。

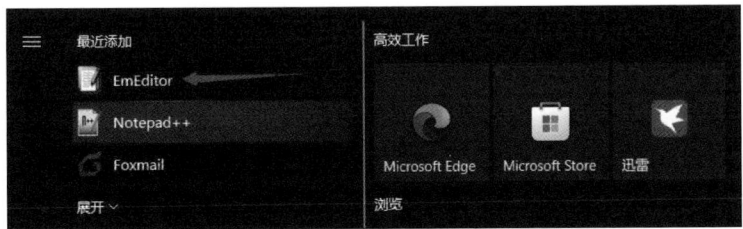

图 2-52　打开 EmEditor

(2) 创建和保存文件。

在 EmEditor 中,选择"文件"→"新建"选项来创建一个新文件。

在新文件中编写文本或代码,如图 2-53 所示。

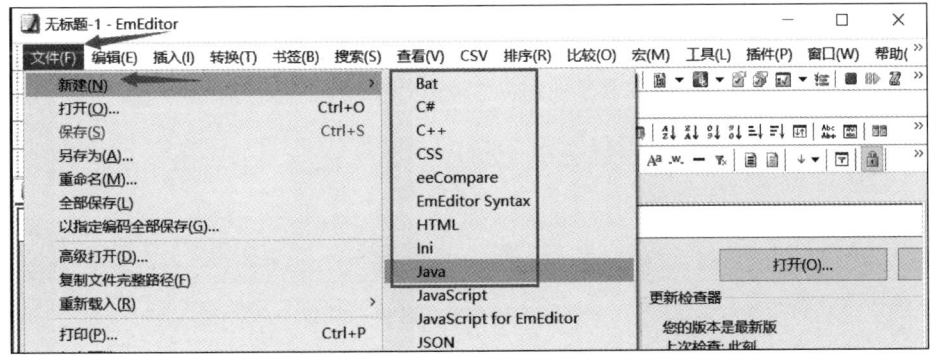

图 2-53　新建文件并编写文本或代码

这里我们创建一个 Java 文件（编辑器会自动创建一个方法），如图 2-54 所示。

```
/* Name it "Hello.java"
 * Compile it by running "javac Hello.java"
 * Run it by typing "java Hello"
 */

class Hello {
    public static void main(String args[])
    {
        System.out.println("Hello, world!");
    }
}
```

图 2-54　创建 Java 文件

使用快捷键 Ctrl+S 或者选择"文件"→"保存"选项来保存文件，如图 2-55 所示。

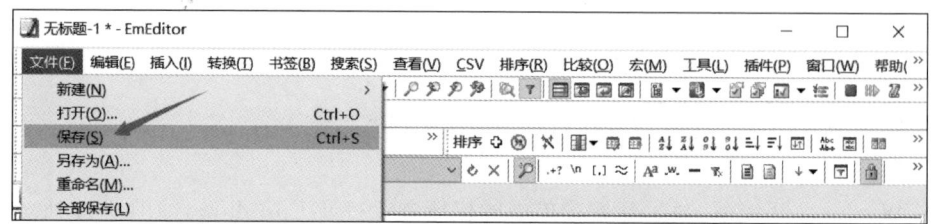

图 2-55　保存文件

在弹出的对话框中选择文件的保存位置和名称，然后单击"保存"按钮，如图 2-56 所示。

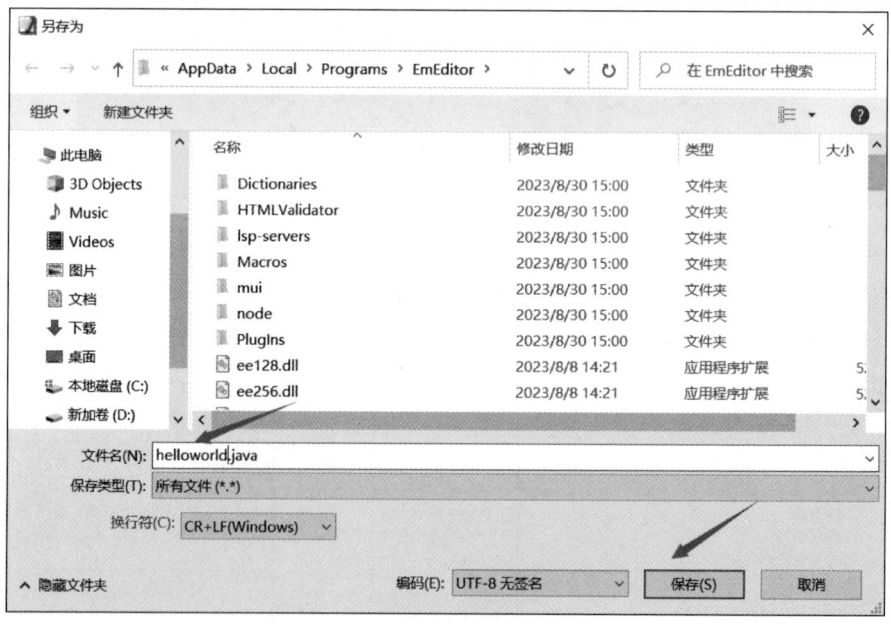

图 2-56　选择位置和名称后保存

（3）编辑文本。

EmEditor 提供了丰富的文本编辑功能，包括查找和替换、拆分和合并文本等。

使用快捷键 Ctrl+F 打开"查找"对话框,可以查找特定文本,如图 2-57 所示。

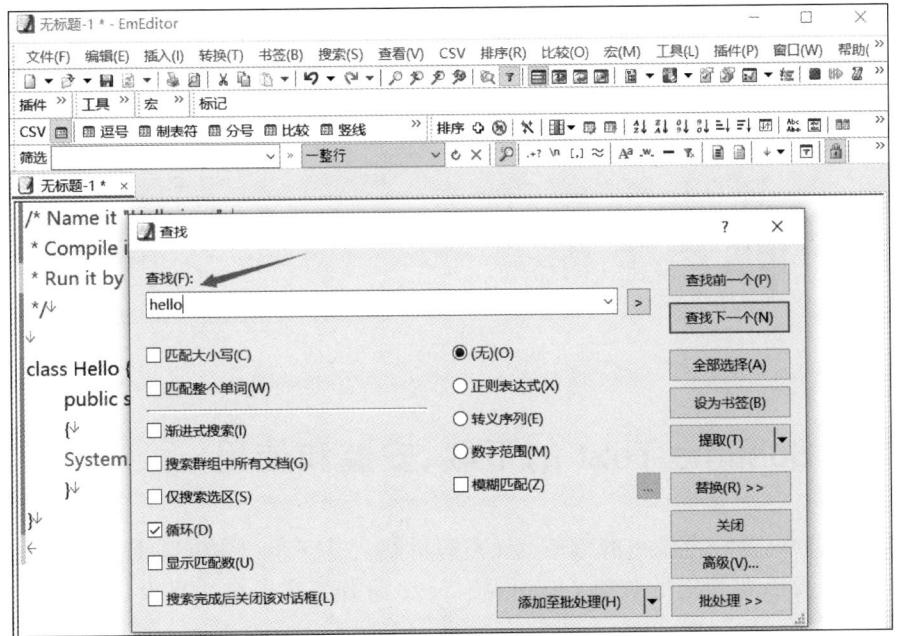

图 2-57　查找特定文本

使用快捷键 Ctrl+H 打开"替换"对话框,可以查找并替换文本,如图 2-58 所示。

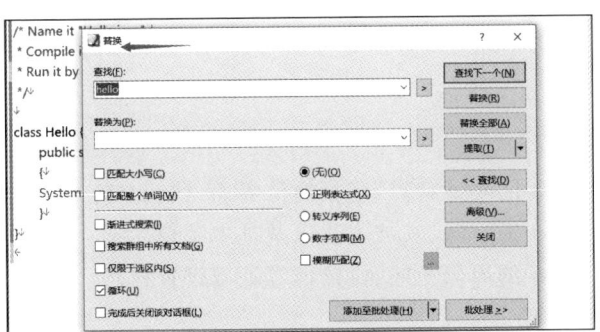

图 2-58　查找并替换文本

其他编辑功能可以在"编辑"菜单下找到,如图 2-59 所示。

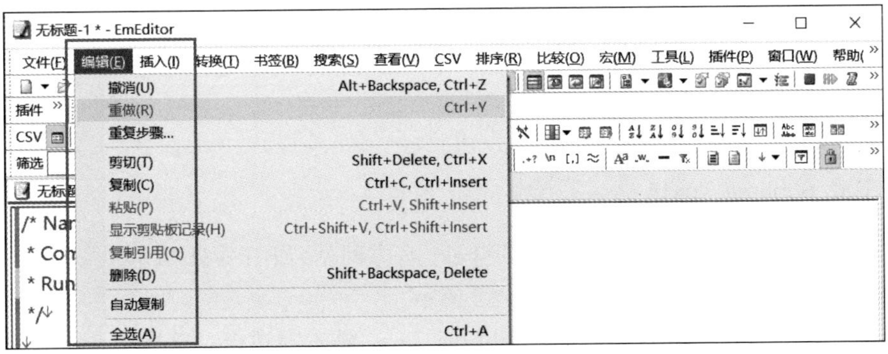

图 2-59　其他编辑功能

(4)更多资源。

EmEditor 官方文档中有详细的教程,适合深入学习,如图 2-60 所示。

图 2-60　EmEditor 官方文档

任务四　Sublime Text 的下载、安装和使用

Sublime Text 是一个流行的跨平台文本编辑器,它具有以下功能和特点。
- 简洁的界面和快速的响应:Sublime Text 拥有简洁干净的界面,启动和响应速度很快。
- 强大的编辑功能:支持代码缩进、自动完成、自定义语法高亮、多行同时编辑等。
- 支持插件扩展:可以安装各种插件来扩展编辑器功能,如代码检查、代码格式化等。

任务目标

1. 知识目标

- 了解 Sublime Text 的功能特点,包括简洁界面、代码高亮、插件扩展等。
- 掌握 Sublime Text 的下载、安装方法以及基本菜单功能。
- 学会 Sublime Text 的界面布局、快捷键等基础设置技巧。

2. 能力目标

- 能够使用 Sublime Text 打开和编辑各种语言的源代码文件。
- 能够利用 Sublime Text 的多行编辑、项目管理等功能提升编辑效率。
- 能够通过安装插件来扩展编辑器的语法检查、自动完成等能力。

任务实施

1. 下载 Sublime Text

(1)打开 Web 浏览器,访问 Sublime Text 官方网站,如图 2-61 所示。

(2)单击页面上的下载链接,如图 2-62 所示。

在下载页面可以选择不同版本的 Sublime Text,请选择适合自己操作系统的版本。

(3)单击 Download 按钮下载 Sublime Text 安装程序,如图 2-63 所示。

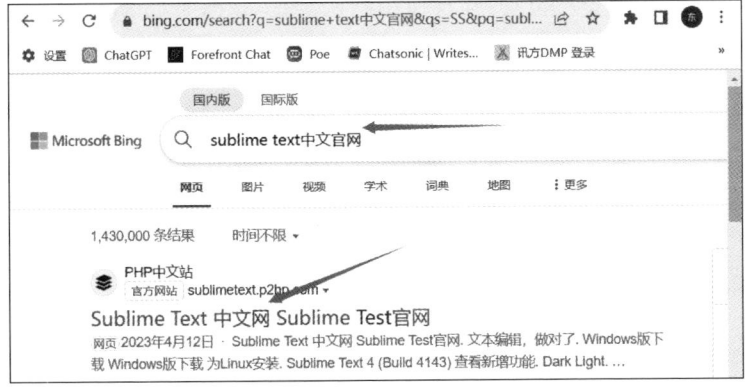

图 2-61　访问 Sublime Text 官方网站

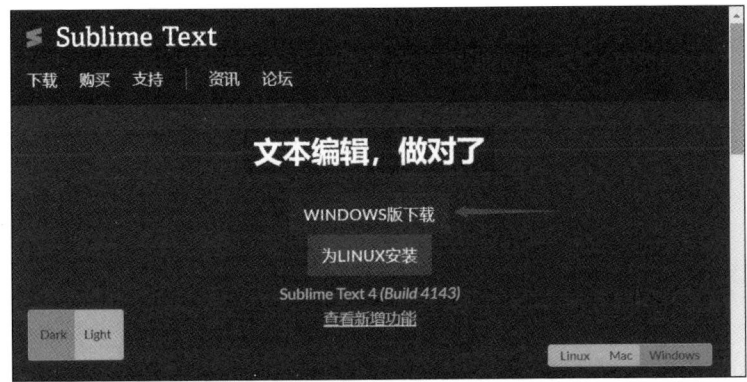

图 2-62　下载适合的版本

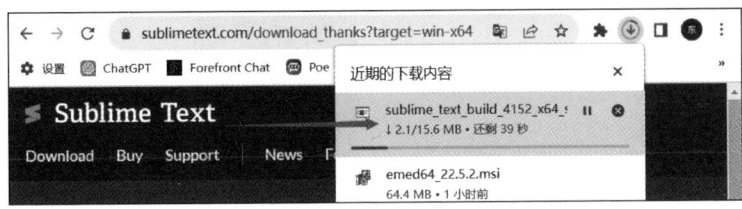

图 2-63　下载安装程序

2．使用 Sublime Text

（1）打开下载好的 Sublime Text 安装程序。

如果系统要求权限，请授予安装程序所需的权限，如图 2-64 所示。

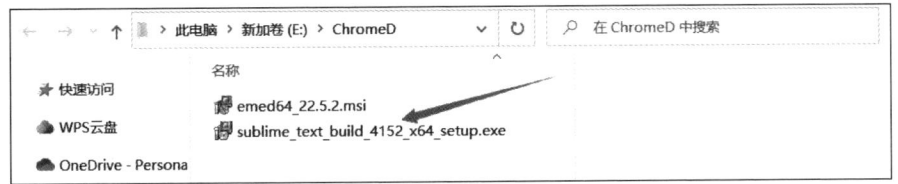

图 2-64　打开安装程序

(2) 选择安装语言和安装位置，建议使用默认设置，如图 2-65 所示。

(3) 选择是否要创建桌面快捷方式，然后单击 Next 按钮，如图 2-66 所示。

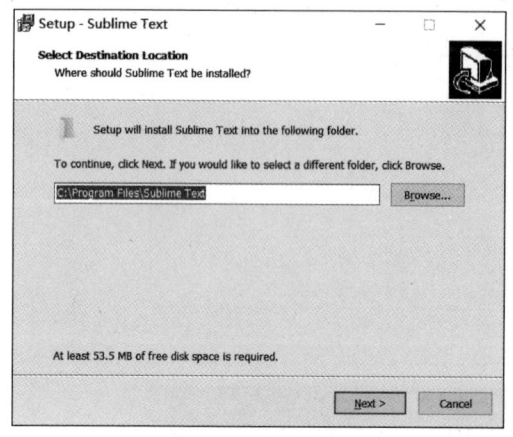
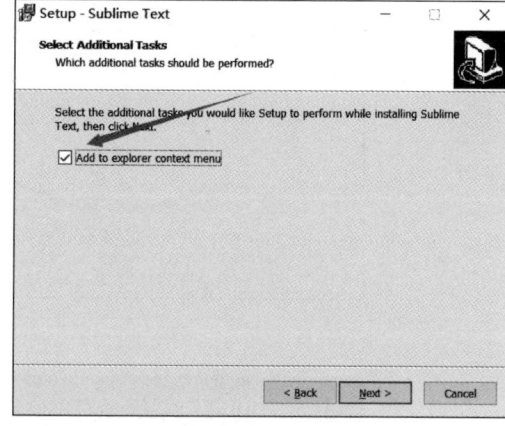

图 2-65　选择语言和位置　　　　　　　图 2-66　创建桌面快捷方式

(4) 单击 Install 按钮开始安装，如图 2-67 所示。

(5) 安装完成后，确保选中 Run Sublime Text 复选框，然后单击 Finish 按钮，如图 2-68 所示。

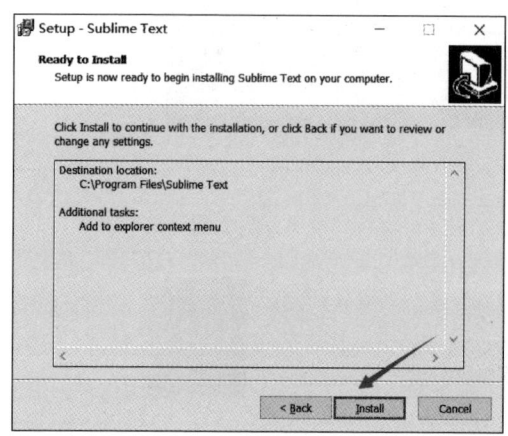
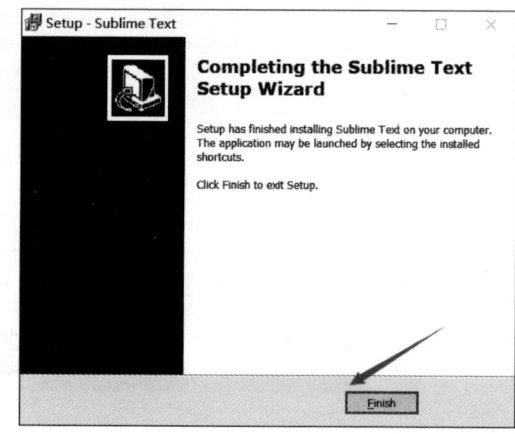

图 2-67　单击 Install 按钮安装　　　　　图 2-68　单击 Finish 按钮完成安装

3. Sublime Text 基本操作

现在，让我们开始学习如何在 Sublime Text 中进行基本操作。

(1) 打开 Sublime Text。

在 Windows 环境下，通过开始菜单中的快捷方式打开 Sublime Text，如图 2-69 所示。

(2) 切换中文。

先打开 Sublime Text，然后使用快捷键 Ctrl＋Shift＋P 打开如下界面，在对话框中搜索 Install Package Control，如图 2-70 所示。

单击之后过一会儿会弹出图 2-71 所示的界面，表示安装成功。

图 2-69　通过快捷方式打开 Sublime Text

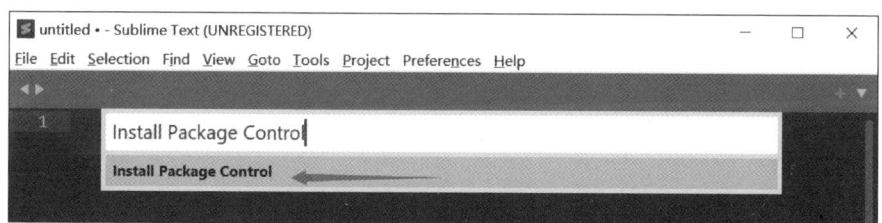

图 2-70　搜索 Install Package Control

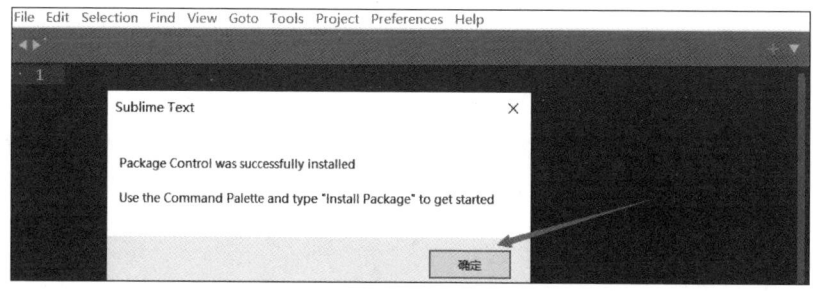

图 2-71　安装成功后单击确定

单击确定，再次使用快捷键 Ctrl+Shift+P，搜索 Package Control：Install Package，如图 2-72 所示。

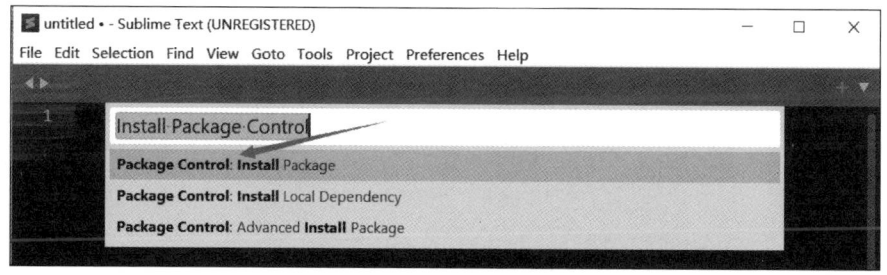

图 2-72　搜索 Package Control：Install Package

选中搜索结果后会弹出一个对话框，搜索 ChineseLocalizations，如图 2-73 所示。

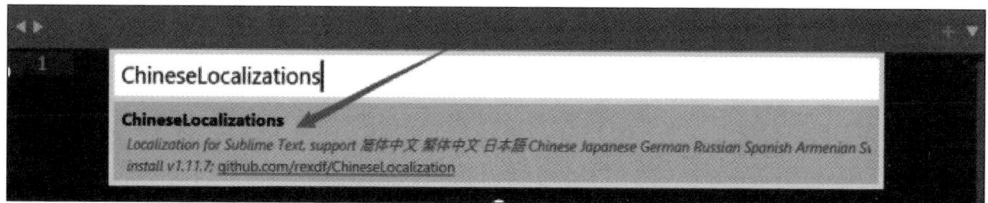

图 2-73　搜索 ChineseLocalizations

安装完成之后就可以显示中文了，如图2-74所示。

图 2-74　显示中文页面

（3）创建和保存文件。

在Sublime Text中，选择"文件"→"新建文件"选项来创建一个新文件，如图2-75所示。

图 2-75　创建一个新文件

在新文件中编写文本或代码，如图2-76所示。

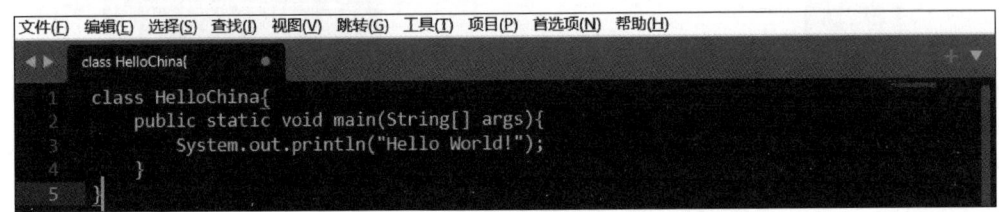

图 2-76　编写文本或代码

使用快捷键Ctrl+S或者选择"文件"→"保存"选项来保存文件，如图2-77所示。

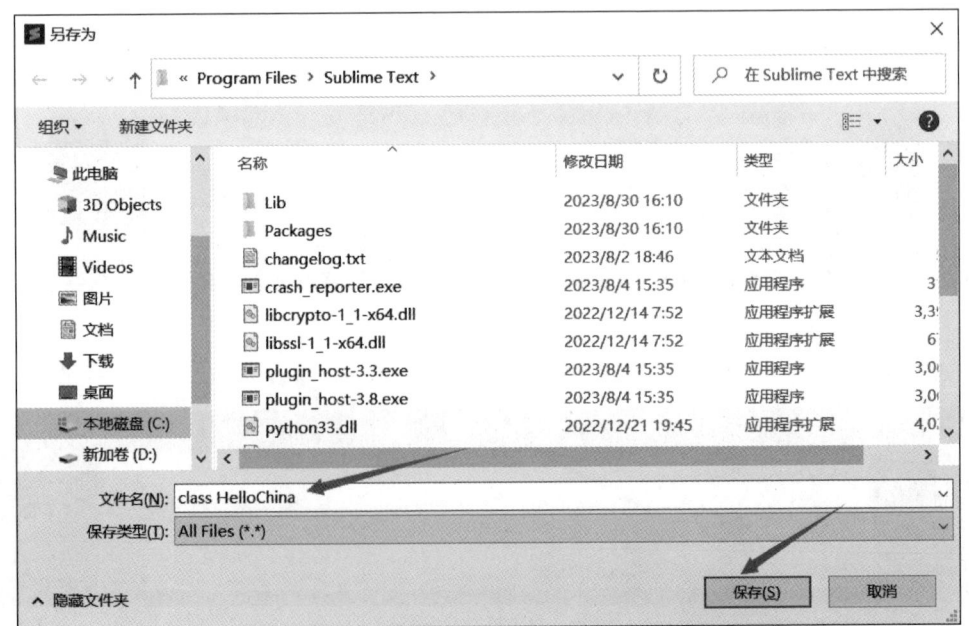

图 2-77　保存文件

在弹出的对话框中选择文件的保存位置和名称,然后单击"保存"按钮。

(4) 编辑文本。

Sublime Text 提供了丰富的文本编辑功能,包括查找和替换、多光标编辑等。

使用快捷键 Ctrl+F 打开"查找"对话框,可以查找特定文本,如图 2-78 所示。

图 2-78　查找特定文本

使用快捷键 Ctrl+H 打开"替换"对话框,可以查找并替换文本,如图 2-79 所示。

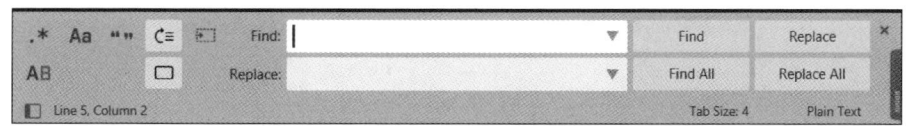

图 2-79　查找并替换文本

其他编辑功能可以在"编辑"菜单下找到,如图 2-80 所示。

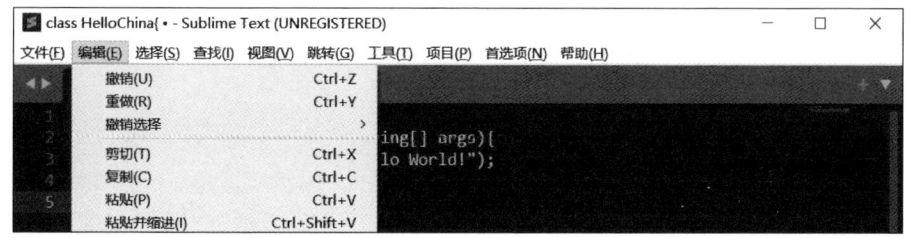

图 2-80　查看其他编辑功能

(5) 使用插件。

Sublime Text 支持插件,可以根据需要安装并配置插件。

选择"工具"→"命令面板"选项来打开命令面板,如图 2-81 所示。

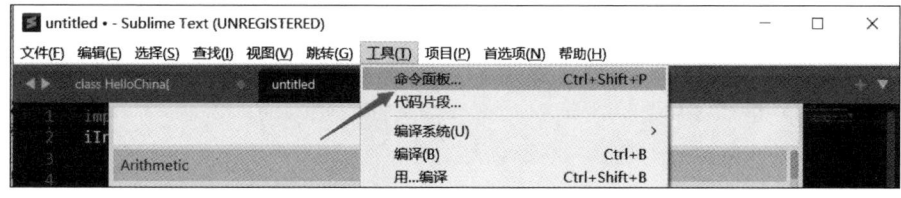

图 2-81　打开命令面板

在命令面板中,可以输入 Install Package 来安装新的插件,如图 2-82 所示。

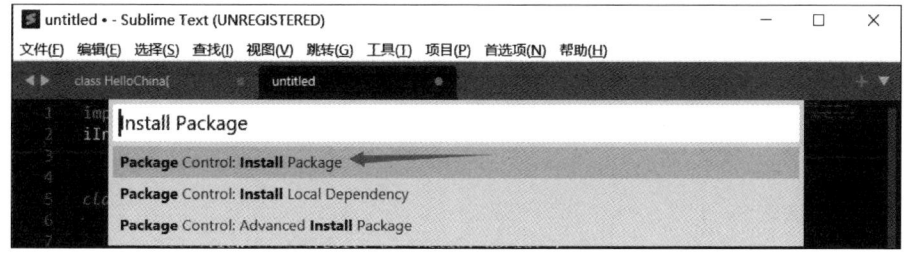

图 2-82　安装新插件

还可以输入 Package Control：Install Package 来安装 Package Control 插件管理器，以便更容易地安装其他插件。

（6）更多资源。

Sublime Text 官方文档中有详细的教程，适合深入学习，如图 2-83 和图 2-84 所示。

图 2-83　查看 Sublime Text 官方文档 1

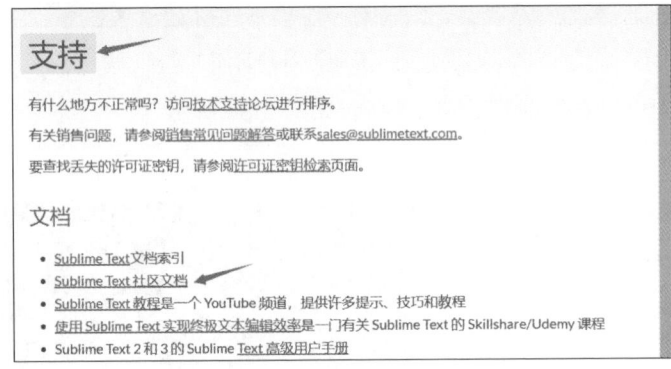

图 2-84　查看 Sublime Text 官方文档 2

任务五　HxD 的下载、安装和使用

HxD 是一款免费的十六进制编辑器，其主要功能和特点如下。

- 免费和开源：HxD 是一个免费和开源的软件工具。
- 直观的十六进制编辑器：用于查看和编辑文件或磁盘的二进制/十六进制数据内容。
- 支持大文件：可以打开超过 4GB 的大文件。
- 多种数据表示：可以将文件的数据以十六进制、十进制、二进制、ASCII 等不同方式显示。
- 比较文件内容：可以快速找出两个文件之间的差异。
- 搜索和替换：支持快速搜索字符串或十六进制值并替换。
- 导入导出：可以导入和导出部分数据到其他文件中。

任务目标

1．知识目标

- 了解 HxD 的功能特点，包括十六进制编辑、大文件支持、校验器等。

➢ 掌握 HxD 的下载、安装方法以及基本的界面菜单功能。
➢ 学会 HxD 的基本设置,如字体、进制切换、数据表示等。

2．能力目标

➢ 能够使用 HxD 打开和编辑不同类型的二进制文件。
➢ 能够利用 HxD 的搜索替换、数据校验等功能解析和调试程序。
➢ 能够使用 HxD 的导入导出功能,在不同编辑器中传输数据。

任务实施

1．下载与安装

(1) 访问官方网站。

打开网络浏览器,搜索 hxd,如图 2-85 所示。

图 2-85　搜索 hxd

找到下载链接,图 2-86 中的两个链接都可以。

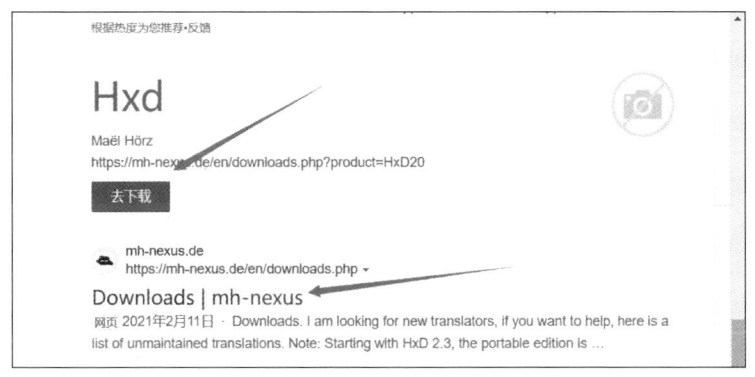

图 2-86　单击下载链接

(2) 下载 HxD。

在下载页面单击相应链接,如图 2-87 和图 2-88 所示。

(3) 安装 HxD。

找到下载的安装程序,双击运行它,如图 2-89 所示。

跟随安装向导的指示,选择语言,如图 2-90 所示。

跟随安装向导的指示,单击"下一步"按钮,如图 2-91 所示。

选择接受协议,单击"下一步"按钮,如图 2-92 所示。

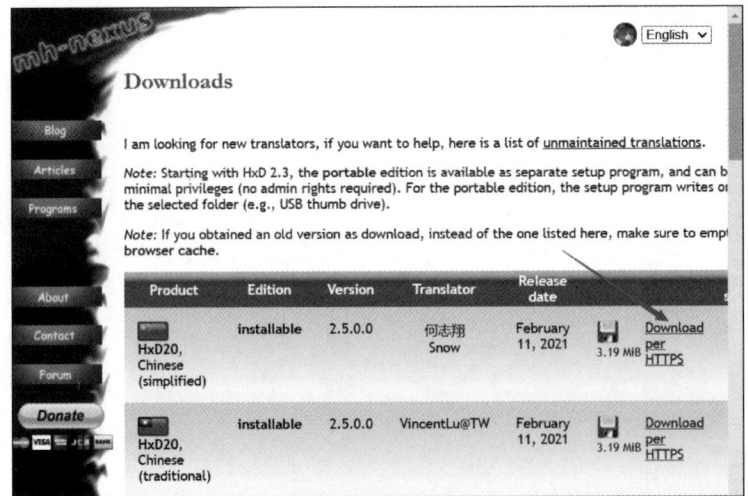

图 2-87　单击相应链接

图 2-88　完成下载

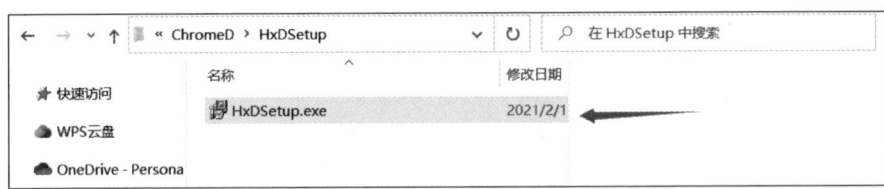

图 2-89　运行安装程序

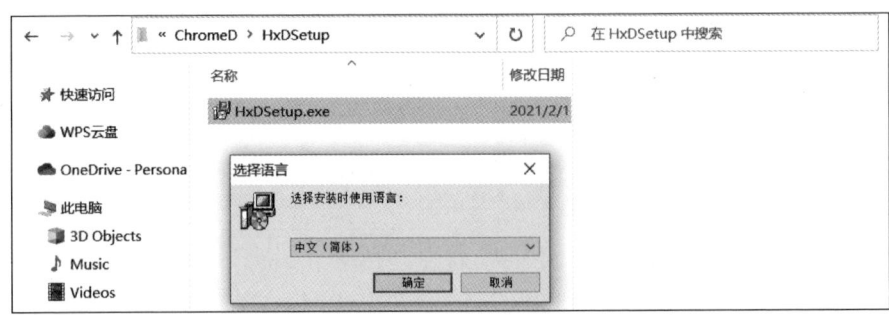

图 2-90　选择语言

选择安装位置，可以更改为其他路径，也可以保持默认安装路径，如图 2-93 所示。
选择开始菜单文件夹，保持默认即可，如图 2-94 所示。
选择创建桌面快捷方式，如图 2-95 所示。
安装准备完毕，开始安装，如图 2-96 所示。
完成安装后，可以在开始菜单或桌面上找到 HxD 图标，如图 2-97 所示。

图 2-91　安装向导窗口

图 2-92　查看许可协议并接受

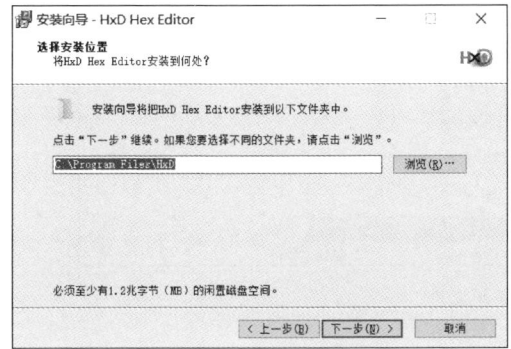

图 2-93　选择安装路径

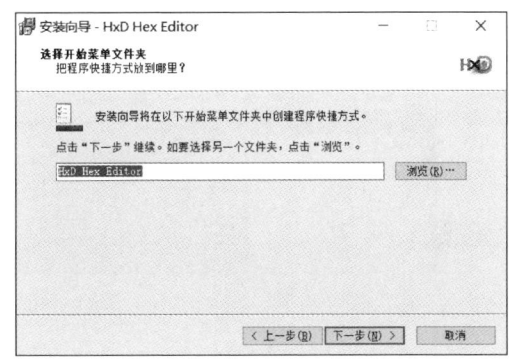

图 2-94　选择开始菜单文件夹

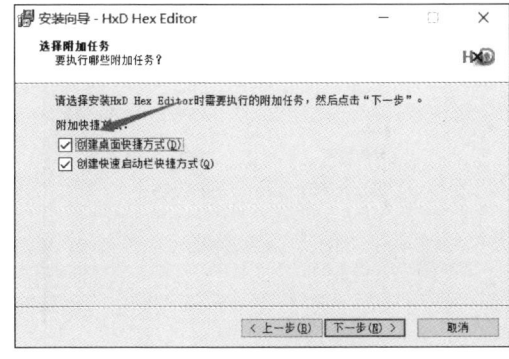

图 2-95　勾选附加任务

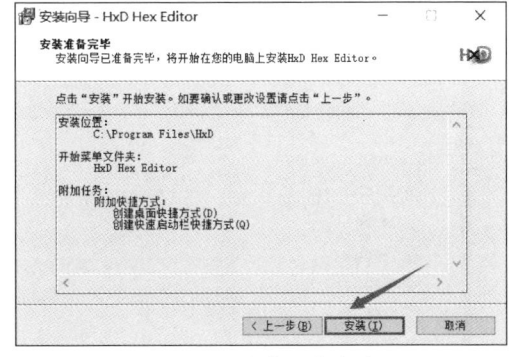

图 2-96　安装准备完毕

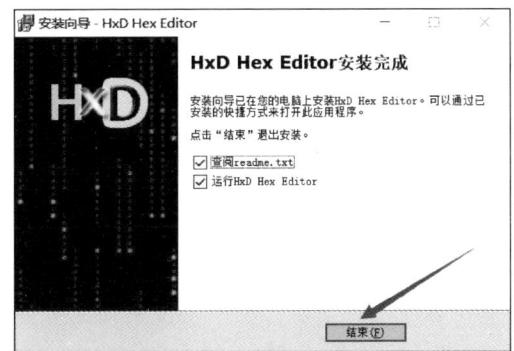

图 2-97　结束安装过程

2. 使用 HxD 编辑文件

（1）启动 HxD，如图 2-98 所示。

图 2-98　启动 HxD

选择"文件"→"打开"选项来打开文件，如图 2-99 所示。

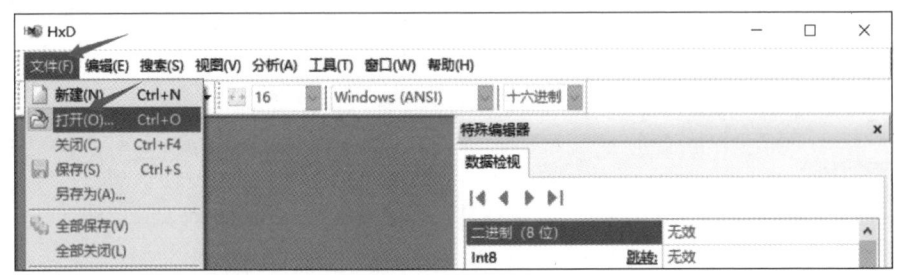

图 2-99　打开文件

浏览并选择要编辑的文件，单击"打开"按钮，如图 2-100 所示。

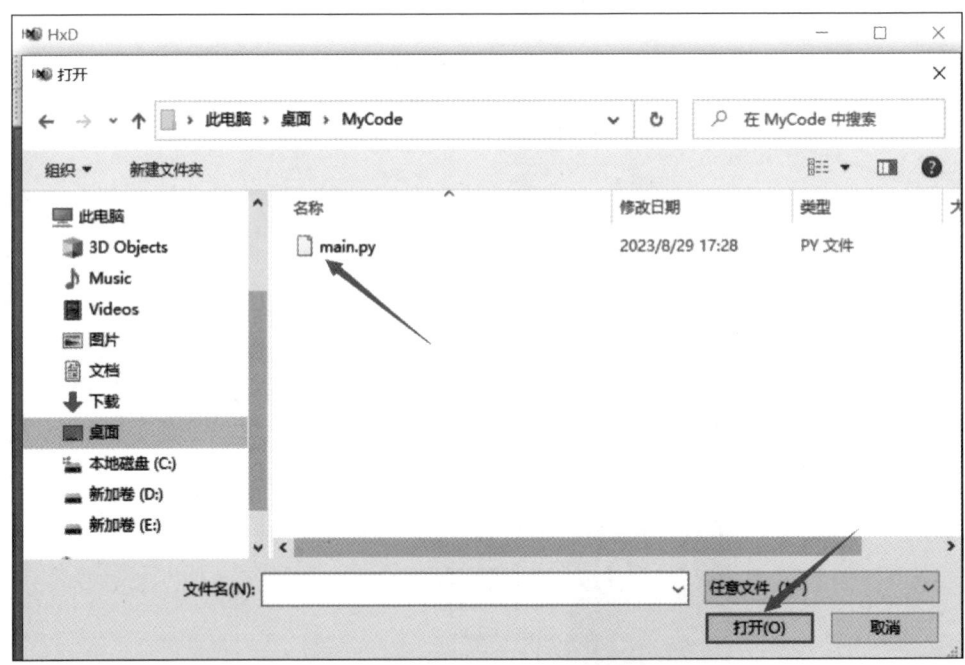

图 2-100　打开 MyCode 文件夹的文件

（2）编辑文件。

一旦文件被打开，就会在界面上看到文件的十六进制和文本表示，如图 2-101 所示。

可以在任何位置进行编辑。请注意，这是一个强大的工具，千万不要无意间修改关键数

图 2-101 查看文件进制

据,比如把乱码的中文删掉,如图 2-102 所示。

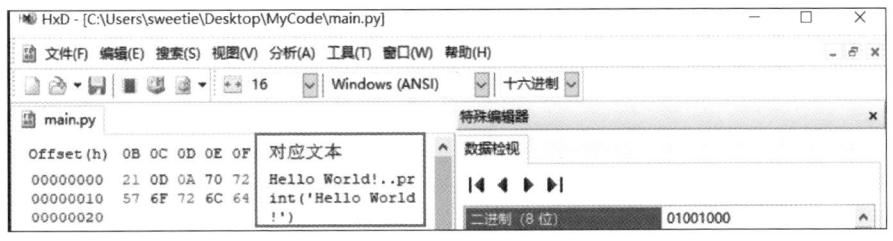

图 2-102 编辑文件

(3) 保存文件。

编辑完成后,选择"文件"→"保存"选项,如图 2-103 所示。

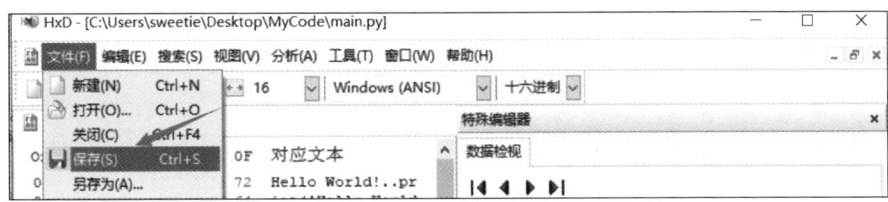

图 2-103 保存文件

如果要保存副本,选择"另存为"选项,然后指定文件名和位置,如图 2-104 所示。

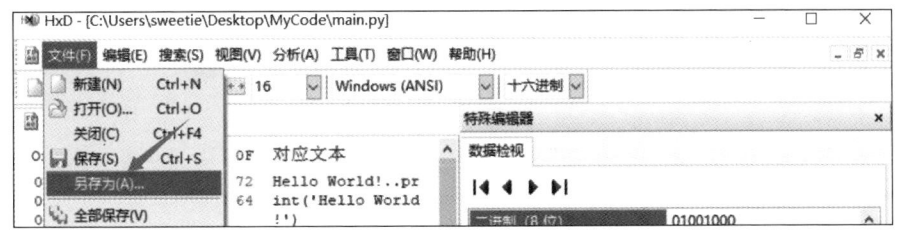

图 2-104 保存文件

任务六 010 Editor 的下载、安装和使用

010 Editor(也称 SweetScape 010 Editor)是一款功能强大的二进制文件编辑器和文本编辑器。它主要用于查看、编辑和分析各种二进制文件和文本文件,特别适用于处理数据恢复、磁盘编辑、编程和系统管理等任务。

任务目标

1. 知识目标

➢ 了解 010 Editor 的功能特点,包括二进制编辑、模板语言、脚本扩展等。
➢ 掌握 010 Editor 的下载、安装方法以及界面各部分的功能。
➢ 学会 010 Editor 的基本设置,如字体、主题、编码等的设置。

2. 能力目标

➢ 能够使用 010 Editor 打开和编辑不同类型的二进制文件。
➢ 能够利用 010 Editor 中的工具分析和解析复杂文件格式。

任务实施

1. 下载和安装

(1)访问官方网站。

打开网络浏览器,访问 010 Editor 官方网站,如图 2-105 所示。

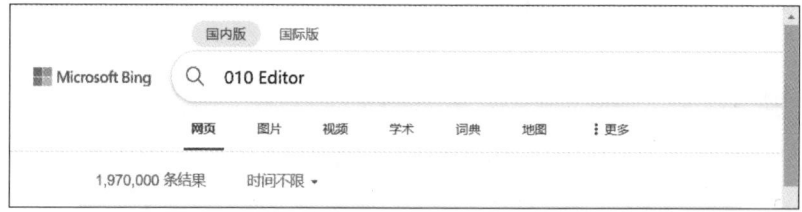

图 2-105 访问 010 Editor 官方网站

找到 010 Editor 官方网站,如图 2-106 所示。

图 2-106 010 Editor 官方网站

(2)下载 010 Editor。
在官方网站单击下载链接或按钮,如图 2-107 所示。
下载完成,如图 2-108 所示。
(3)安装 010 Editor。
找到下载的安装程序,双击运行它,如图 2-109 所示。
跟随安装向导的指示,单击 Next 按钮,如图 2-110 所示。
跟随安装向导的指示,选择同意,单击 Next 按钮,如图 2-111 所示。

项目二　编辑器工具

图 2-107　下载 010 Editor 安装程序

图 2-108　下载完成

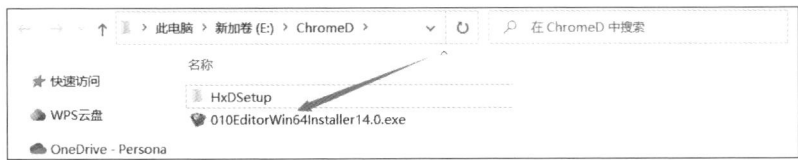

图 2-109　运行安装程序

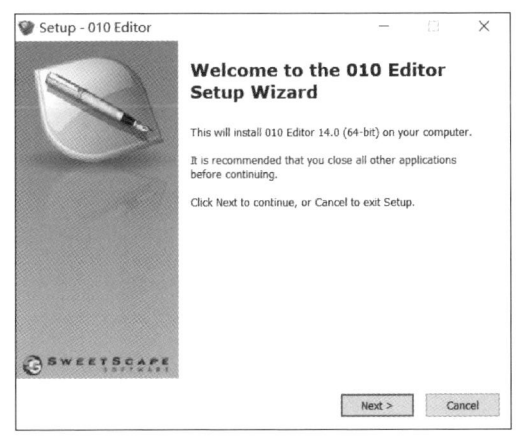

图 2-110　安装向导　　　　　　　　　　图 2-111　同意协议

跟随安装向导的指示,选择安装路径(保持默认即可),如图 2-112 所示。

跟随安装向导的指示,选择其他任务(第一个选项是创建桌面快捷方式),如图 2-113 所示。

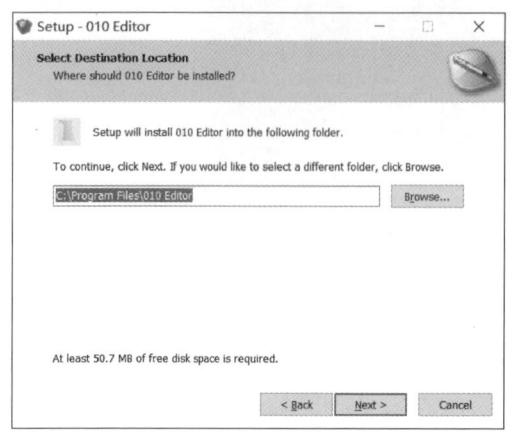

图 2-112　选择安装路径

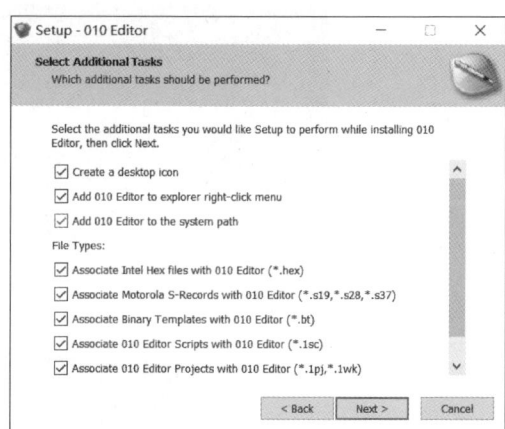

图 2-113　勾选其他任务

跟随安装向导的指示,完成安装,如图 2-114 和图 2-115 所示。

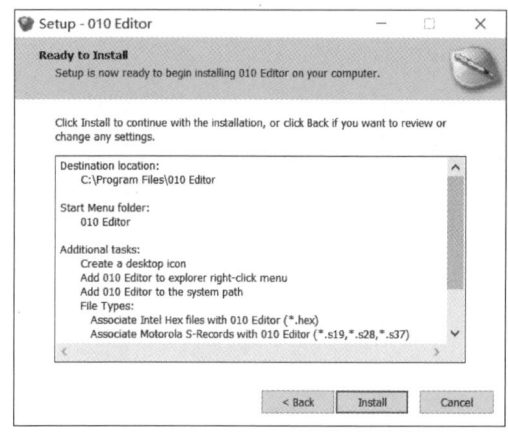

图 2-114　单击 Install 按钮

图 2-115　勾选 Launch 010 Editor 并单击 Finish 按钮

安装完成后,可以在开始菜单或桌面上找到 010 Editor 图标。

2. 使用 010 Editor 编辑文件

(1) 启动 010 Editor,如图 2-116 所示。

图 2-116　打开 010 Editor

010 Editor 的界面如图 2-117 所示。

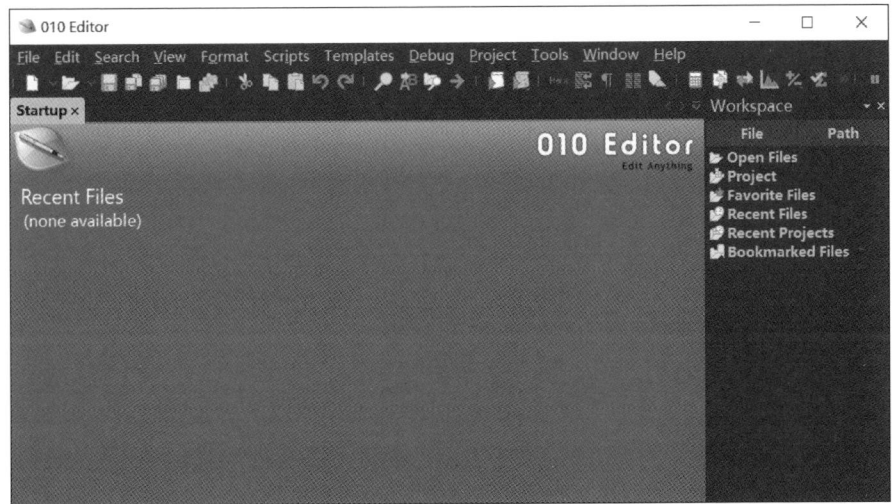

图 2-117　010 Editor 界面

选择 File→Open File 选项，如图 2-118 所示。

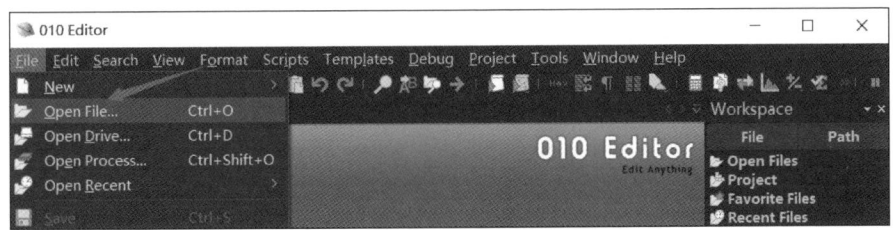

图 2-118　打开文件

打开放在桌面 MyCode 文件夹内的文件，如图 2-119 所示。

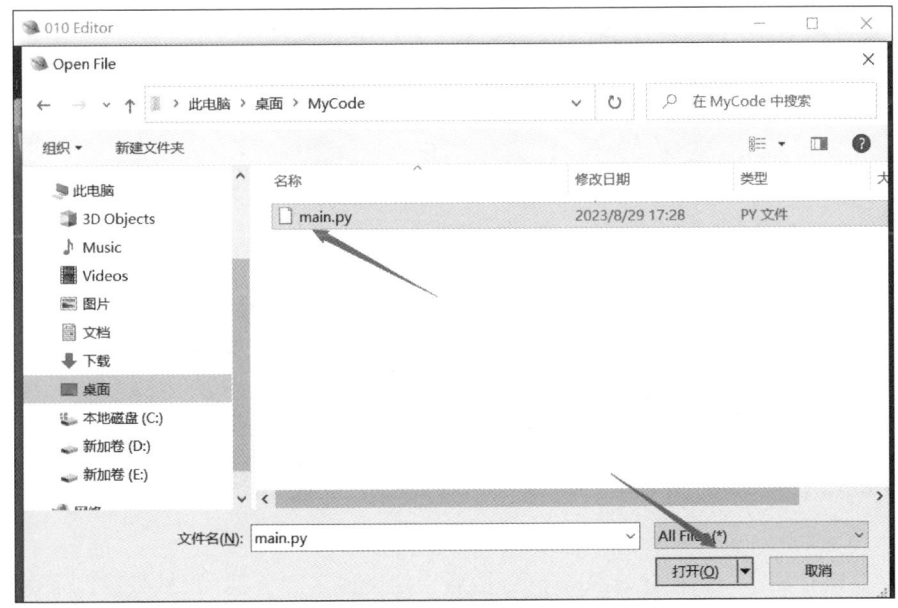

图 2-119　打开 MyCode 文件夹内的文件

(2) 编辑文件。

打开文件,就可以在任意位置进行编辑,如图 2-120 所示。

图 2-120 编辑文件

这里打开文件之后发现中文乱码了,我们先来设置一下字符编码,如图 2-121 所示。

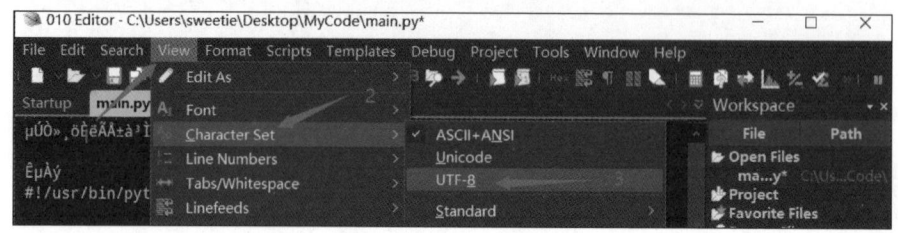

图 2-121 设置字符编码

然后测试一下,在文件中输入中文,如图 2-122 所示。

图 2-122 测试字符编码

我们可以在任意位置进行操作,比如添加、修改以及删除内容等。

(3) 保存文件。

编辑完成后,选择 File→Save 选项,如图 2-123 所示。

图 2-123 保存文件

如果要保存副本,选择 Save As 选项,然后指定文件名和位置,如图 2-124 所示。

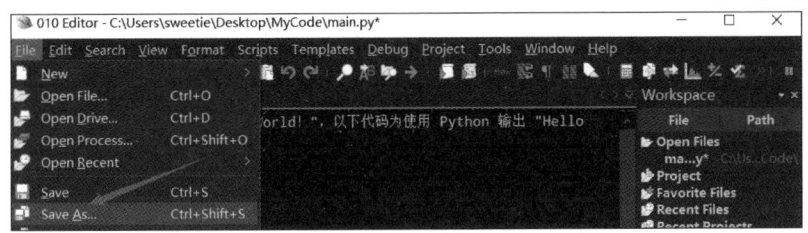

图 2-124　保存副本

3. 更多资源和注意事项

可以在 010 Editor 官方网站上找到更多信息和教程,如图 2-125 所示。

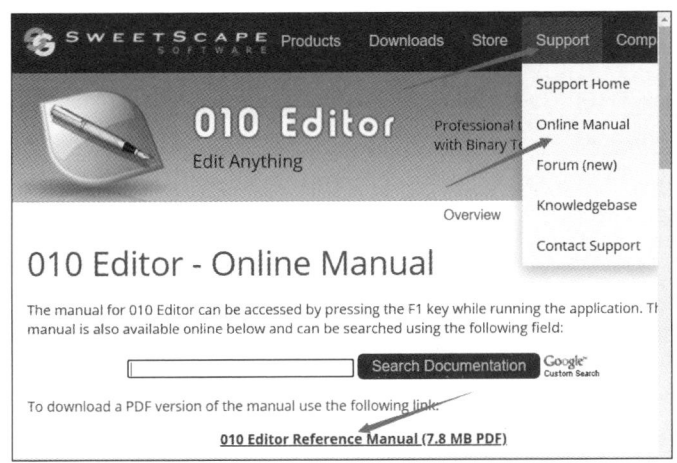

图 2-125　查看信息与教程

课后练习

练习一:完成 Notepad++的下载、安装和使用

独自完成 Notepad++编辑器的下载、安装以及使用,如使用 Notepad++创建文件、编辑文件以及查找文件内容等。

练习二:完成 Sublime Text 的下载、安装和使用

独自完成 Sublime Text 编辑器的下载、安装以及使用,如使用 Sublime Text 创建文件、编辑文件以及查找文件内容等。

练习三:完成 Visual Studio Code 的下载、安装和使用

独自完成 Visual Studio Code 编辑器的下载、安装以及使用,如使用 Visual Studio Code 创建文件、编辑文件以及查找文件内容等;掌握 Visual Studio Code 的常见设置,如字体设置、主题设置、编码设置以及语言设置等;掌握 Visual Studio Code 插件安装。

能力提升

1. UltraEdit 的下载、安装与使用

UltraEdit 是一款功能强大的文本编辑器,可以编辑文本、十六进制文件、ASCII 码,完

全可以取代记事本（如果计算机配置足够好）。内建英文单字检查、C++及VB指令凸显，可同时编辑多个文件。而且即使打开很大的文件，运行速度也不会慢，如图2-126所示。

图 2-126　搜索 UltraEdit

2. BowPad 的下载、安装与使用

BowPad 是一款轻量级的文本编辑器，它支持 UTF-8 编码，可以处理不同语言和字符集的文本文件。BowPad 提供语法高亮显示功能，方便编写和阅读代码文件。它还支持正则表达式和宏操作，可以大大提升文本编辑和处理的效率。BowPad 体积小巧，启动速度快，对系统资源消耗少，是一款简洁高效的文本编辑工具，如图 2-127 所示。

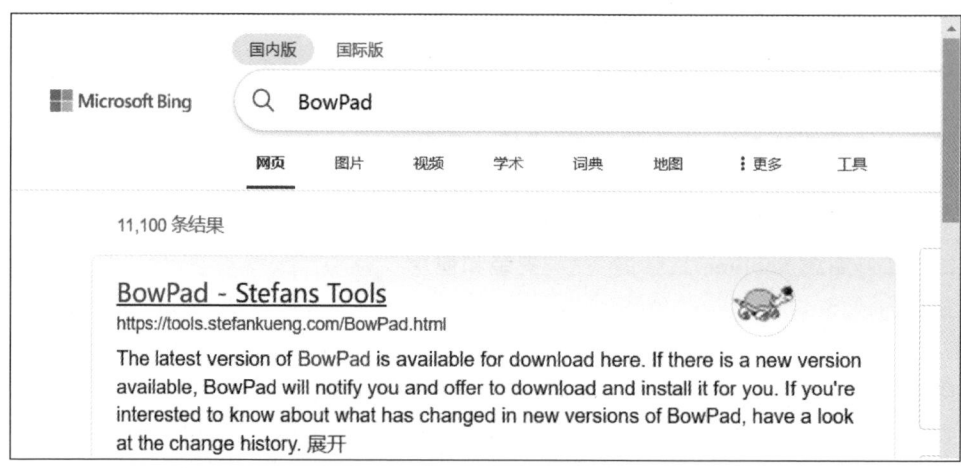

图 2-127　搜索 BowPad

项目三 命令行工具

项目介绍

命令行工具是仅通过命令行界面与用户进行交互的计算机程序,用户通过输入文本命令来实现操作控制。这类工具通常没有图形界面,只接受键盘输入,输出结果显示在终端窗口。掌握命令行工具可以让我们无须鼠标直接控制计算机,大大提高工作效率。许多专业操作只能在命令行完成,如编程、系统管理等。学习命令行工具能帮助我们对计算机系统的控制达到更深的层次,是计算机学习中很重要的一部分。

学习目标

➢ 了解命令行工具的作用和重要性,以及它在计算机操作和系统管理中的应用领域。
➢ 掌握命令行工具的基本概念和常用命令,如文件操作、目录管理、进程控制等。

技能目标

➢ 能够熟练使用命令行工具进行文件操作,包括创建、复制、移动、重命名和删除文件或目录,以及查看和编辑文件内容。
➢ 具备使用命令行工具进行系统管理的能力,如查看系统信息、管理用户和权限、安装软件包等。

任务一 命令行工具 CMD 的使用

CMD(命令提示符)是 Windows 操作系统提供的一个命令行解释器,它可以让用户通过命令的方式与计算机交互。在 CMD 窗口中,用户可以查看系统信息、运行程序和工具、管理文件等,它工作于字符界面,只接受键盘输入的文本命令。掌握 CMD 的使用方法可以让我们更便捷地控制操作系统,许多专业操作都需要依赖 CMD 完成,所以建议大家积极学习掌握它。

任务目标

1. 知识目标

➢ 了解 CMD 的基本概念、功能和工作方式。

➢ 掌握 CMD 的常用基础命令,如 dir、copy、del 等。
➢ 学会 CMD 的语法结构和使用方法。

2. 能力目标

➢ 能够利用 CMD 查看系统信息。
➢ 能够使用 CMD 管理文件和目录。
➢ 能够通过 CMD 调用系统命令完成操作。

任务实施

1. 启动 CMD

在 Windows 中,按快捷键 Win+R 打开"运行"对话框。
输入 cmd 并单击"确定"按钮,即可启动 CMD,如图 3-1 所示。

图 3-1 启动 CMD

2. 基本命令

(1) dir:列出当前目录下的文件和文件夹,如图 3-2 所示。

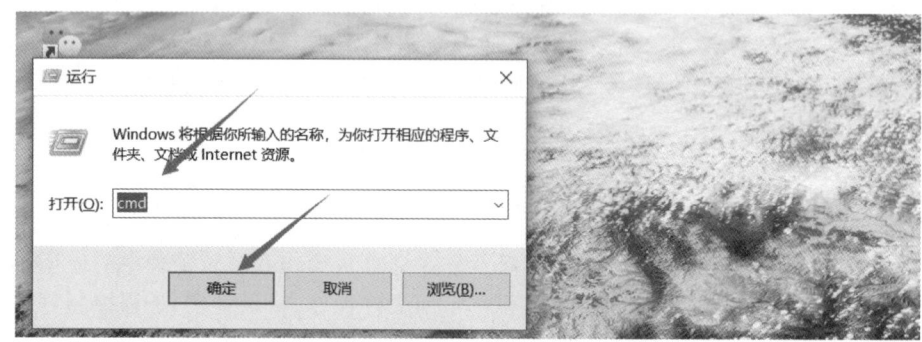

图 3-2 dir 命令展示

(2) cd:切换目录,如输入 cd Documents,将进入 Documents 文件夹,如图 3-3 所示。
(3) mkdir:创建新目录,如输入 mkdir NewFolder,将创建名为 NewFolder 的文件夹,如图 3-4 所示。
(4) copy:复制文件,如输入 copy file.txt destination,将 file.txt 复制到目标位置。先创建 file.txt 文件,如图 3-5 所示。

图 3-3 cd 命令展示

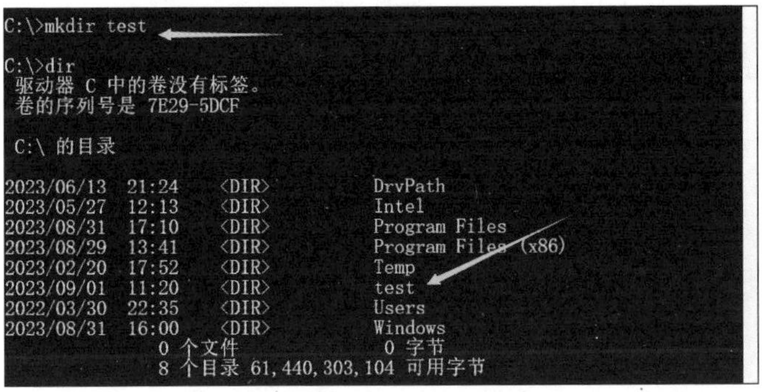

图 3-4 mkdir 命令展示

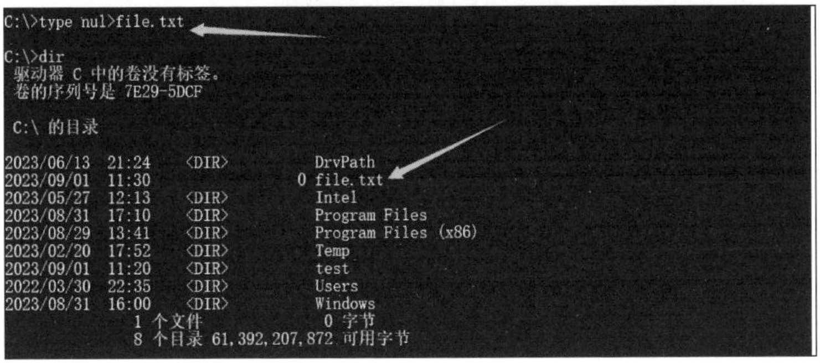

图 3-5 copy 命令展示

再复制 file.txt 文件,如图 3-6 所示。

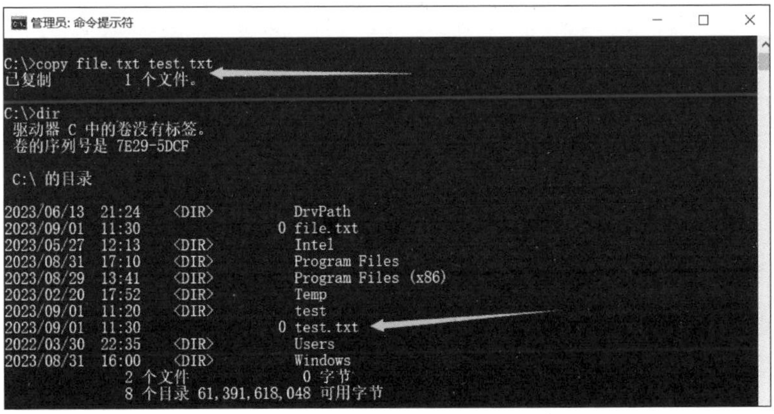

图 3-6 copy 命令展示

(5) del：删除文件,如输入 del file.txt,将删除文件.txt,如图 3-7 所示。

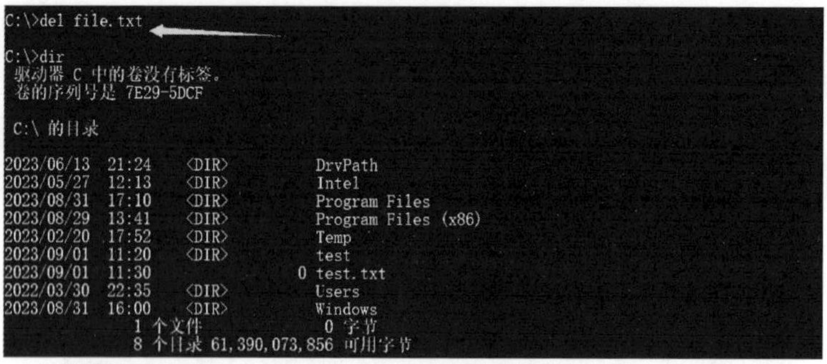

图 3-7 del 命令展示

(6) cls：清屏,清除 CMD 窗口中的所有文本,如图 3-8 所示。

图 3-8 cls 命令展示

3. 常用技巧

使用 Tab 键可自动补全文件和文件夹名称。

比如要切换到 Program File,可以输入 cd Pr,然后按 Tab 键,就可以补全后面的内容,如图 3-9 所示。

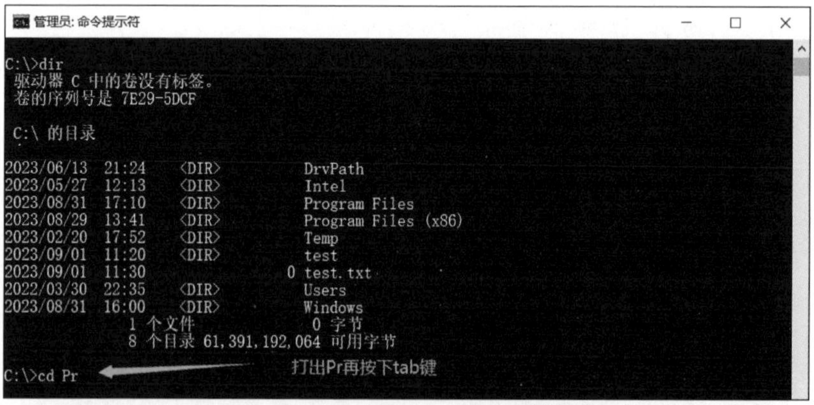

图 3-9 Tab 键功能展示

使用↑和↓箭头可以浏览最近的命令历史,如图 3-10 所示。

图 3-10　↑和↓箭头功能展示

4．额外资源

要想探索更多命令和选项，可以查阅 Windows CMD 的官方文档或在线教程，如图 3-11 所示。

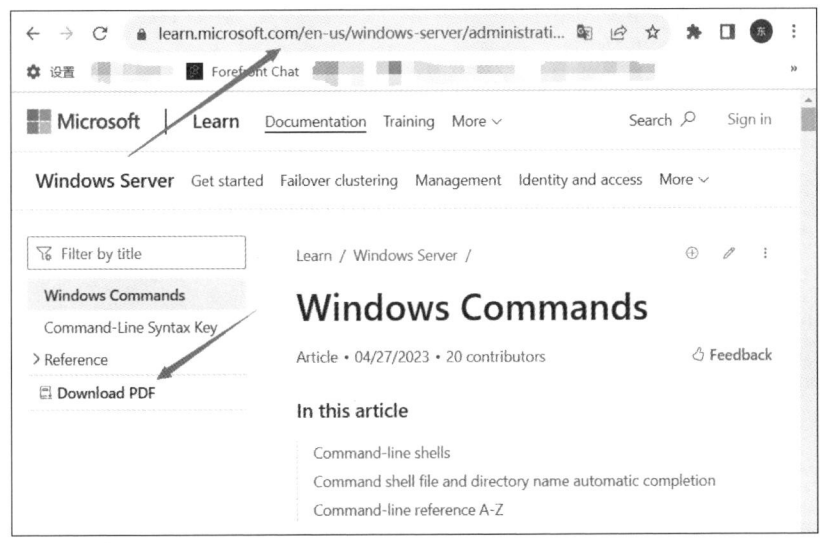

图 3-11　查阅 Windows CMD 的官方文档

任务二　命令行工具 PowerShell 的使用

PowerShell 是微软开发的一种面向对象的命令行 Shell 和脚本语言环境，它允许用户通过命令行的方式管理操作系统。相较于传统 CMD，PowerShell 增加了面向对象的程序设计框架，拥有更强大的功能和扩展性。使用 PowerShell 可以方便地自动化系统管理任务，构建脚本程序完成复杂操作，让我们更高效地管理 Windows 系统。

任务目标

1．知识目标

➢ 了解 PowerShell 的概念、功能和工作方式。
➢ 掌握 PowerShell 的常用命令和语法结构。
➢ 学会 PowerShell 的脚本编程基础。

2. 能力目标

➢ 能够使用 PowerShell 进行系统管理操作。
➢ 能够编写简单的 PowerShell 脚本自动化任务。

任务实施

1. 启动 PowerShell

在 Windows 中，按快捷键 Win+R 打开"运行"对话框。输入 powershell 并单击"确定"按钮，即可启动 PowerShell，如图 3-12 所示。

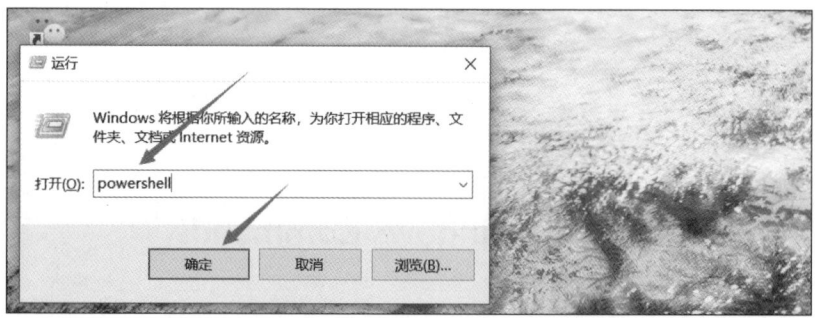

图 3-12 启动 PowerShell

或者按快捷键 Win+S 打开搜索框进行搜索，如图 3-13 所示。

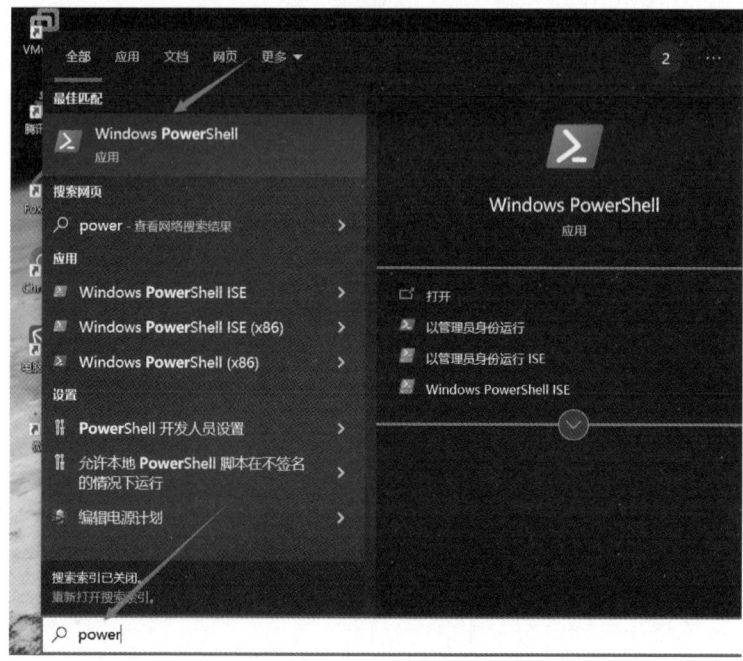

图 3-13 启动 PowerShell

2. 基本命令

(1) Get-Command：列出所有可用命令(命令非常多，这里只截取开头部分)，如图 3-14 所示。

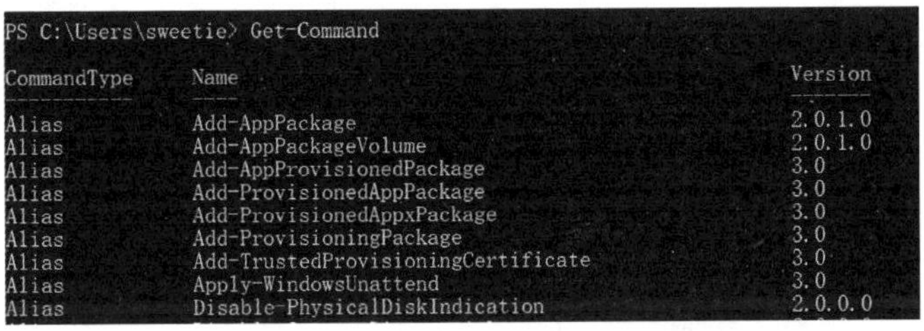

```
PS C:\Users\sweetie> Get-Command

CommandType     Name                                        Version
-----------     ----                                        -------
Alias           Add-AppPackage                              2.0.1.0
Alias           Add-AppPackageVolume                        2.0.1.0
Alias           Add-AppProvisionedPackage                   3.0
Alias           Add-ProvisionedAppPackage                   3.0
Alias           Add-ProvisionedAppxPackage                  3.0
Alias           Add-ProvisioningPackage                     3.0
Alias           Add-TrustedProvisioningCertificate          3.0
Alias           Apply-WindowsUnattend                       3.0
Alias           Disable-PhysicalDiskIndication              2.0.0.0
```

图 3-14　Get-Command 命令展示

(2) Get-Help：获取命令的帮助信息，如 Get-Help，如图 3-15 所示。

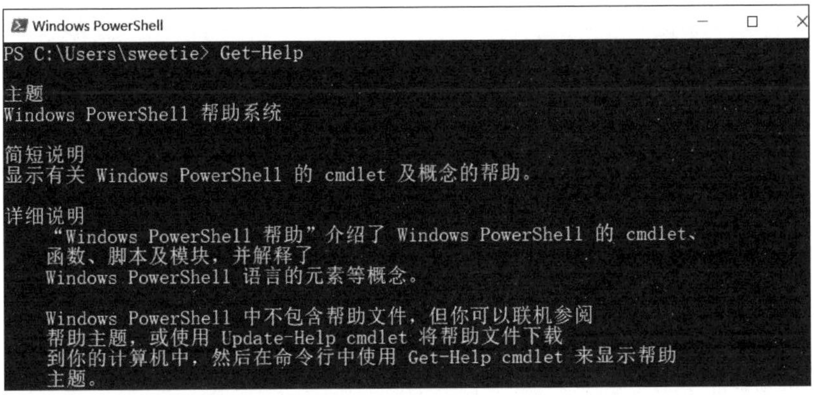

```
Windows PowerShell
PS C:\Users\sweetie> Get-Help

主题
Windows PowerShell 帮助系统

简短说明
显示有关 Windows PowerShell 的 cmdlet 及概念的帮助。

详细说明
    "Windows PowerShell 帮助" 介绍了 Windows PowerShell 的 cmdlet、
    函数、脚本及模块，并解释了
    Windows PowerShell 语言的元素等概念。

    Windows PowerShell 中不包含帮助文件，但你可以联机参阅
    帮助主题，或使用 Update-Help cmdlet 将帮助文件下载
    到你的计算机中，然后在命令行中使用 Get-Help cmdlet 来显示帮助
    主题。
```

图 3-15　Get-Help 命令展示

(3) Get-Process：查看正在运行的进程(这里内容非常多，只截取开头部分)，如图 3-16 所示。

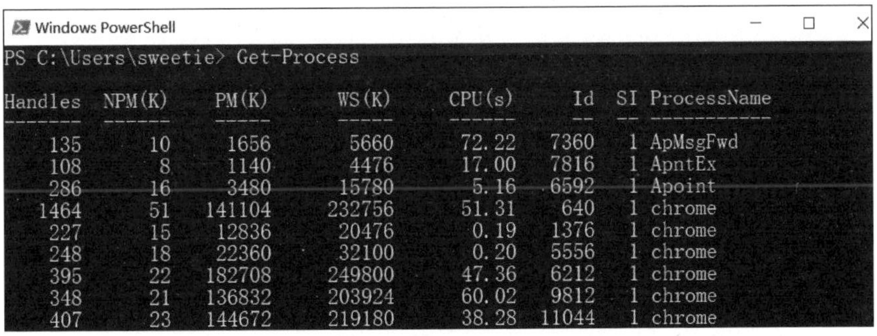

```
Windows PowerShell
PS C:\Users\sweetie> Get-Process

Handles  NPM(K)    PM(K)      WS(K)     CPU(s)     Id  SI ProcessName
-------  ------    -----      -----     ------     --  -- -----------
    135      10     1656       5660      72.22   7360   1 ApMsgFwd
    108       8     1140       4476      17.00   7816   1 ApntEx
    286      16     3480      15780       5.16   6592   1 Apoint
   1464      51   141104     232756      51.31    640   1 chrome
    227      15    12836      20476       0.19   1376   1 chrome
    248      18    22360      32100       0.20   5556   1 chrome
    395      22   182708     249800      47.36   6212   1 chrome
    348      21   136832     203924      60.02   9812   1 chrome
    407      23   144672     219180      38.28  11044   1 chrome
```

图 3-16　Get-Process 命令展示

(4) Set-Location(或 cd 的别名)：切换目录，如输入 cd Documents，将进入 Documents 文件夹，如图 3-17 所示。

(5) 使用 cd 命令切换目录(pwd 命令是显示当前路径)，如图 3-18 所示。

(6) New-Item：创建新文件或文件夹，如输入 New-Item-ItemType File NewFile. txt，

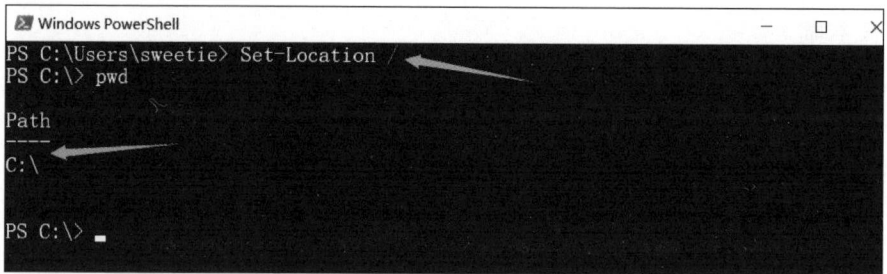

图 3-17　Set-Location 命令展示

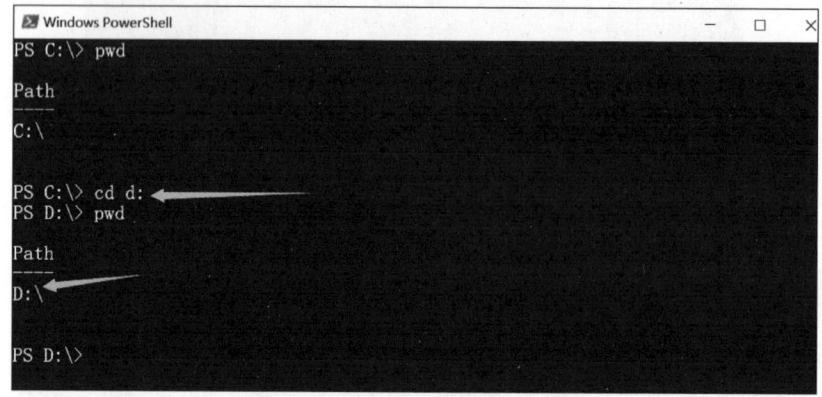

图 3-18　cd 命令展示

将创建一个名为 NewFile.txt 的文件,如图 3-19 所示。

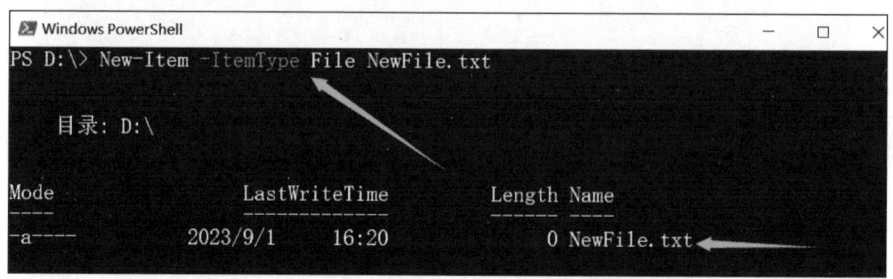

图 3-19　New-Item 命令展示

查看创建的文件,如图 3-20 所示。

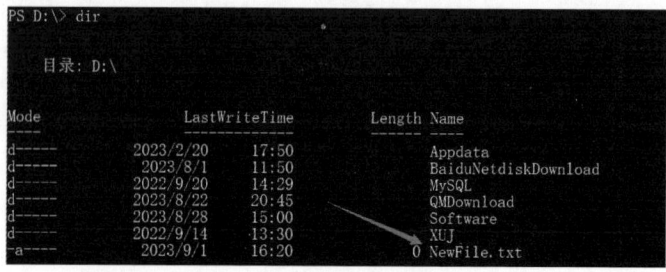

图 3-20　查看创建的文件

（7）Copy-Item：复制文件或文件夹,如输入 Copy-Item file.txt destination,将复制文

件.txt 到目标位置。

复制文件夹到当前目录,如图 3-21 所示。

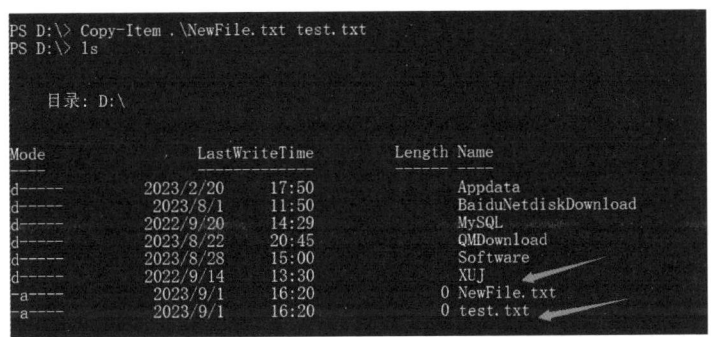

图 3-21 Copy-Item 命令展示

(8)复制文件到其他目录,将 NewFile.txt 复制到 C 盘的 test 文件夹下,如图 3-22 所示。

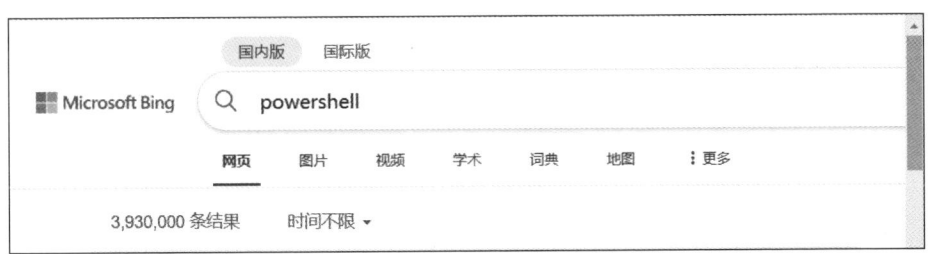

图 3-22 将 NewFile.txt 复制到 C 盘的 test 文件夹下

3. 额外资源

(1)额外资源还有 Microsoft Learn 上的 PowerShell 教程。在网页中搜索 powershell,如图 3-23 所示。

图 3-23 搜索 powershell

找到如图 3-24 所示的链接。

选择 Learn，继续搜索 powershell，如图 3-25 所示。

图 3-25　搜索 powershell

（2）要想探索更多 PowerShell 命令和选项，可以查阅 PowerShell 的官方文档或在线教程，如图 3-26 所示。

图 3-26　查阅 PowerShell 的官方文档或在线教程

课后练习

练习一：命令行工具 CMD 的基础命令及使用

1．文件和目录操作

（1）创建一个名为"my_folder"的文件夹，并在这个文件夹下创建三个空白文本文件。

（2）在"my_folder"文件夹内创建一个名为"sub_folder"的子文件夹。

（3）将其中一个文本文件移动到"sub_folder"文件夹中。

（4）删除另外两个空白文本文件。

2. 文件内容操作

（1）在命令行中创建一个名为"my_file.txt"的文本文件，并在其中输入一些文本内容。

（2）使用 CMD 查看"my_file.txt"文件的内容。

（3）将"my_file.txt"文件的内容追加到另一个名为"backup.txt"的文件中。

（4）使用 CMD 删除"my_file.txt"文件。

练习二：命令行工具 PowerShell 的基础命令及使用

1. 文件和目录操作

（1）创建一个名为"my_folder"的文件夹，并在其中创建三个空白文本文件。

（2）在"my_folder"文件夹内创建一个名为"sub_folder"的子文件夹。

（3）将其中一个文本文件移动到"sub_folder"文件夹中。

（4）删除另外两个空白文本文件。

2. 文件内容操作

（1）在命令行中创建一个名为"my_file.txt"的文本文件，并在其中输入一些文本内容。

（2）使用 PowerShell 查看"my_file.txt"文件的内容。

（3）将"my_file.txt"文件的内容追加到另一个名为"backup.txt"的文件中。

（4）使用 PowerShell 删除"my_file.txt"文件。

3. 系统信息查询

（1）查看系统当前目录下的所有文件。

（2）使用 PowerShell 查看当前系统的日期和时间。

（3）查询当前系统的 IP 地址。

能力提升

1. PowerShell 文件和目录操作

编写一个 PowerShell 脚本，提示用户输入一个文件夹路径，并在命令行中显示该文件夹中的所有文件和文件夹的名称。

脚本内容：

```
# 脚本:列出文件夹中的文件和文件夹
$folderPath = Read-Host "请输入文件夹路径"
Get-ChildItem -Path $folderPath
```

按如下步骤执行脚本。

（1）打开文本编辑器（例如记事本）并将脚本粘贴到编辑器中。脚本的作用是列出"C:\Windows\System32\drivers\etc"目录下所有的文件及文件夹，如图 3-27 所示。

（2）将脚本保存为以 .ps1 为扩展名的文件，例如 get_file.ps1。确保文件名扩展名是

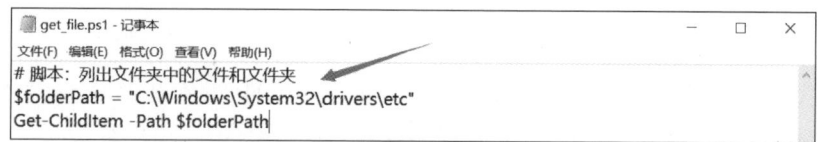

图 3-27 创建脚本

". ps1",这样 PowerShell 才能正确识别为脚本文件,如图 3-28 所示。

图 3-28 修改脚本后缀

(3) 打开 PowerShell 终端或命令提示符,如图 3-29 所示。

图 3-29 打开 PowerShell 终端或命令提示符

(4) 在 PowerShell 终端或命令提示符中,使用 cd 命令切换到保存脚本的文件夹,如图 3-30 所示。

图 3-30 切换到保存脚本的文件夹

(5) 找到上面创建好的脚本,如图 3-31 所示。

(6) 运行脚本查看结果,如图 3-32 所示。

这里提示我们不能在系统上运行脚本。

我们通过管理员权限运行 Power Shell,然后输入命令,记得要通过管理员权限打开 Power Shell,如图 3-33 所示。

执行 set-ExecutionPolicy RemoteSigned。再切换到我们创建脚本的目录,运行脚本,如图 3-34 所示。

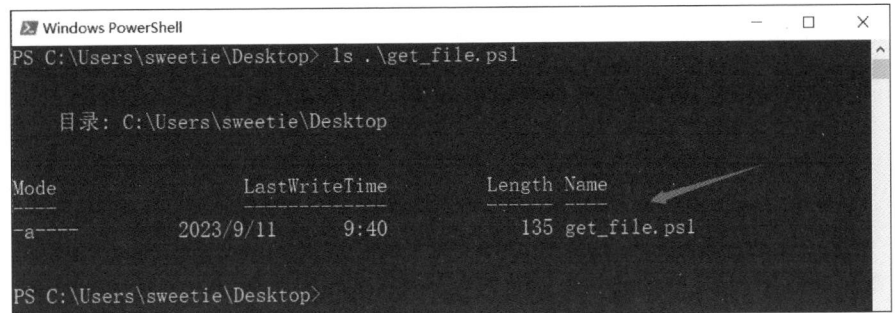

图 3-31　找到创建好的脚本

图 3-32　运行脚本查看结果

图 3-33　以管理员权限运行 Power Shell

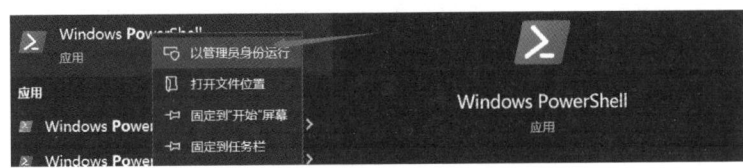

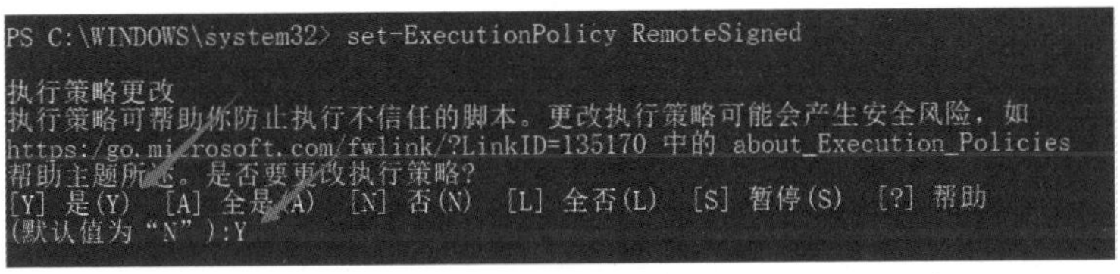

图 3-34　运行脚本

这样就使用脚本成功获取到指定路径下的所有文件和文件夹了,如图 3-35 所示。

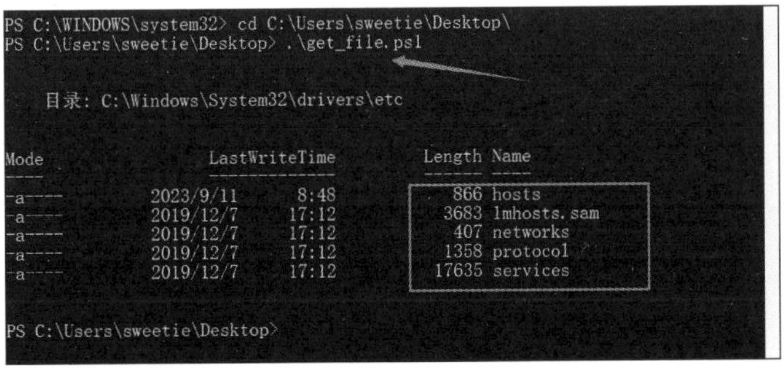

图 3-35　成功运行脚本的结果

2．PowerShell 进程管理

编写一个 PowerShell 脚本，列出当前系统上正在运行的进程的名称和 ID。

```
# 脚本:列出正在运行的进程
Get-Process
```

3．系统信息查询

编写一个 PowerShell 脚本，显示当前的操作系统版本和计算机名称。

```
# 脚本:显示操作系统版本和计算机名称
$osVersion = (Get-WmiObject -Class Win32_OperatingSystem).Version
$computerName = (Get-WmiObject -Class Win32_ComputerSystem).Name
Write-Host "操作系统版本:$osVersion"
Write-Host "计算机名称:$computerName"
```

项目四 终端仿真工具

项目介绍

终端仿真工具是一款软件程序,它在图形界面上模拟出传统的字符式终端交互环境。在终端仿真工具的窗口中,用户可以通过输入命令的方式与计算机进行交互,完成诸如查看文件、远程登录等操作。学习使用终端仿真工具有助于掌握命令行工具的使用,对学习计算机操作系统原理也很有帮助。常见的终端仿真工具有 PuTTY、SecureCRT、MobaXterm 和 FinalShell 等。

学习目标

> 掌握终端仿真工具 PuTTY 的基本用法。
> 掌握终端仿真工具 SecureCRT 的基本用法。
> 掌握终端仿真工具 MobaXterm 的基本用法。

技能目标

> 能够通过终端仿真工具使用命令行界面。
> 能够用终端仿真工具远程连接服务器。
> 能够在终端会话中管理文件和目录。

任务一 PuTTY 的下载、安装和使用

PuTTY 是 Windows 系统中非常常用的一款终端仿真软件,它可以实现通过命令行方式登录 Linux 服务器,以及使用 SSH 和 Telnet 等协议访问网络设备。PuTTY 提供了方便的图形界面,操作简单,是 Windows 用户连接和管理各种远程主机的好工具。大家在后续的网络管理学习中会大量使用到 PuTTY 终端仿真软件,所以一定要掌握它的使用方法。

任务目标

1. 知识目标

- 了解远程登录的概念和原理,理解 PuTTY 作为远程登录客户端的作用。
- 熟悉 PuTTY 软件的安装和配置步骤,包括选择连接类型、输入主机名或 IP 地址、端口号设置等。
- 了解 PuTTY 的命令行界面和基本操作,包括登录、注销、执行命令、文件传输等。

2. 能力目标

- 能够使用 PuTTY 建立远程连接,登录到远程计算机或服务器,并执行基本的操作和管理任务。
- 能够通过 PuTTY 执行命令行命令,管理远程计算机的文件系统、进程和服务等。
- 能够使用 PuTTY 进行文件传输,实现本地计算机与远程计算机间的文件传递。

任务实施

1. 下载 PuTTY

(1)访问 PuTTY 官方网站,如图 4-1 所示。

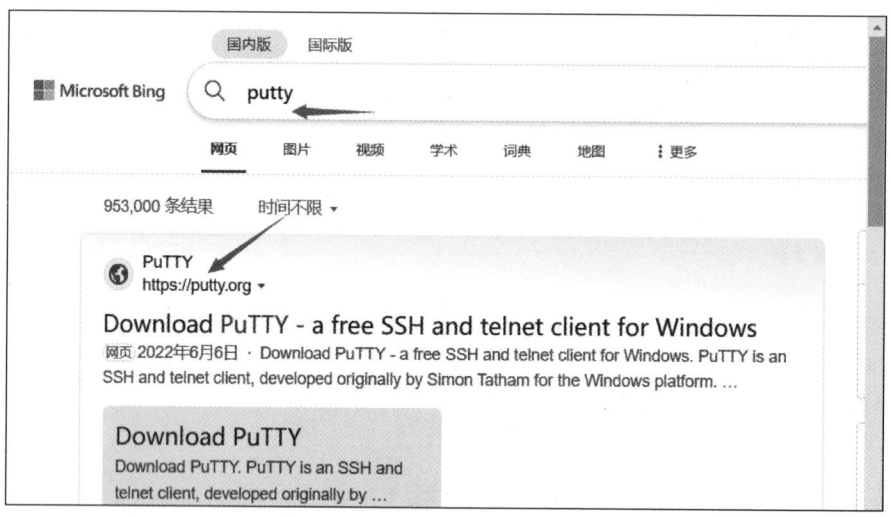

图 4-1　访问 PuTTY 官方网站

(2)在网站上找到 Download PuTTY,如图 4-2 所示。

(3)根据自己的操作系统选择相应的下载链接。通常,Windows 系统可以下载 Windows Installer 版本,如图 4-3 所示。

2. 安装 PuTTY

(1)下载完成后,双击下载的安装程序,如图 4-4 所示。

图 4-2　找到 Download PuTTY

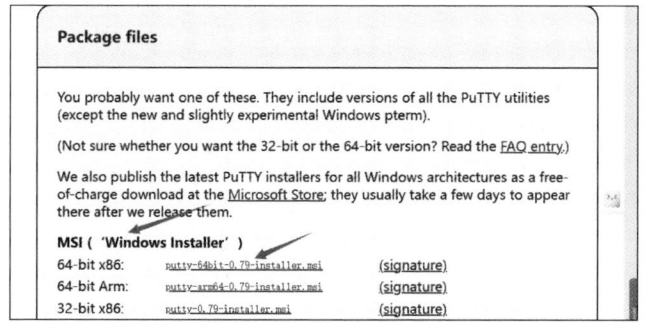

图 4-3　根据自己的操作系统选择相应的下载链接

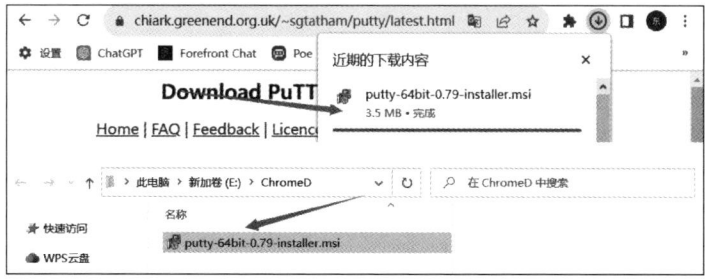

图 4-4　安装 PuTTY

（2）按照安装向导的提示进行安装，通常保持默认选择即可，如图 4-5 所示。

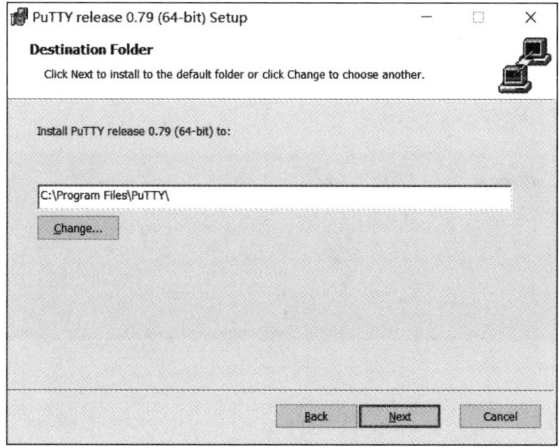

图 4-5　安装 PuTTY

（3）请确保勾选 Add shortcut to PuTTY on the Desktop 复选框，以在桌面创建快捷方式，如图 4-6 所示。

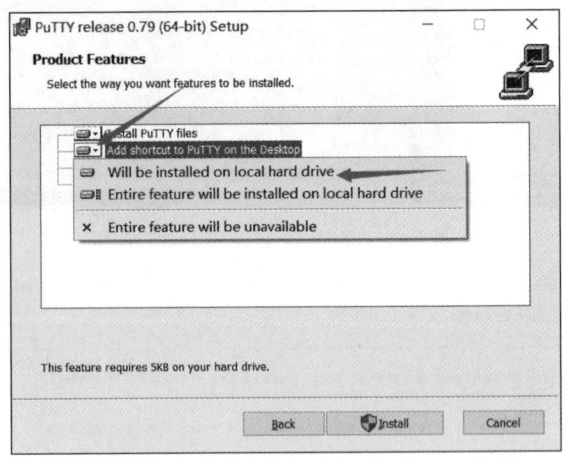

图 4-6　安装 PuTTY

（4）完成安装，如图 4-7 所示，可以在开始菜单或桌面上找到 PuTTY 快捷方式。

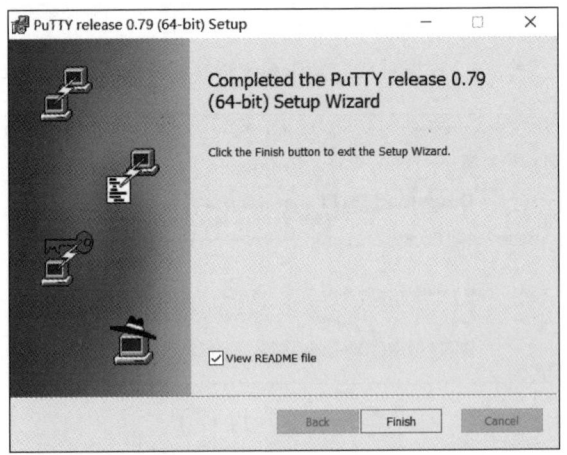

图 4-7　安装 PuTTY

3．使用 PuTTY 连接到远程主机

（1）打开 PuTTY，如图 4-8 所示。

图 4-8　打开 PuTTY

（2）在练习远程连接之前，要先准备一台虚拟机，创建虚拟机的案例在项目七。这里查看一下虚拟机的网络，如图 4-9 所示。

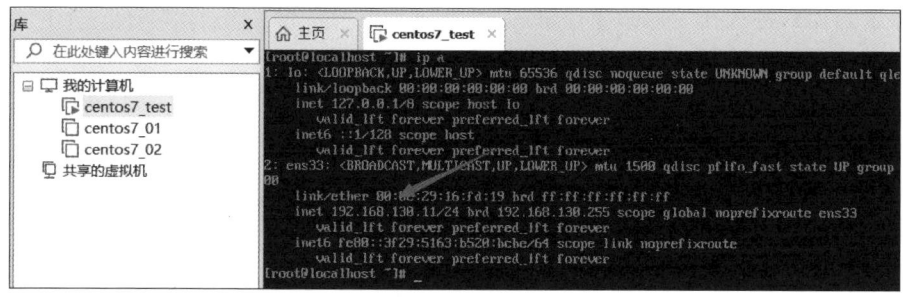

图 4-9 创建虚拟机并查看虚拟机的网络

（3）在 Host Name（or IP address）字段中输入要连接的远程主机的 IP 地址或主机名，Port 字段和协议保持默认，然后单击 Open 按钮，如图 4-10 所示。

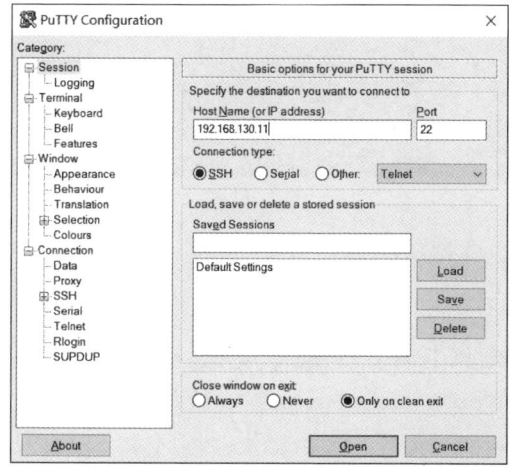

图 4-10 输入要连接的远程主机的 IP 地址或主机名

（4）再单击 Accept 按钮，如图 4-11 所示。

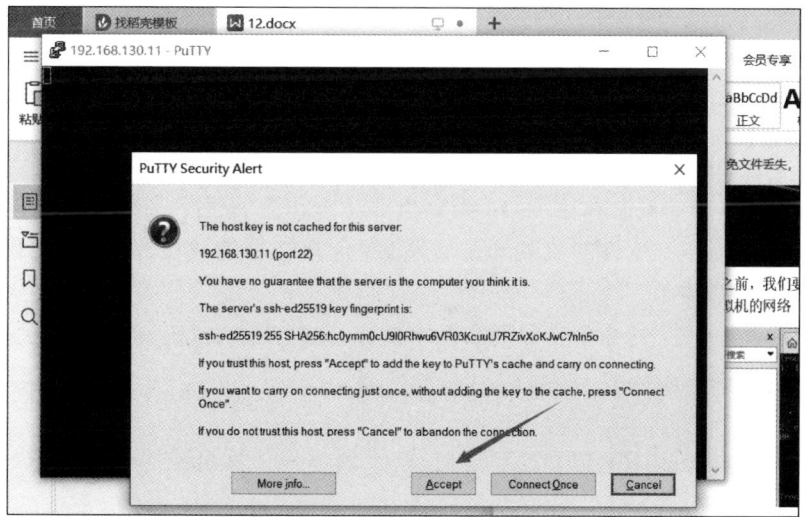

图 4-11 单击 Accept 按钮

(5) PuTTY 将打开一个命令行窗口,提示输入用户名和密码,如图 4-12 所示。

图 4-12　输入用户名和密码

(6) 输入凭据并按 Enter 键。

如果一切设置正确,将成功连接到远程主机,可以开始使用 PuTTY 进行远程操作了,如图 4-13 所示。

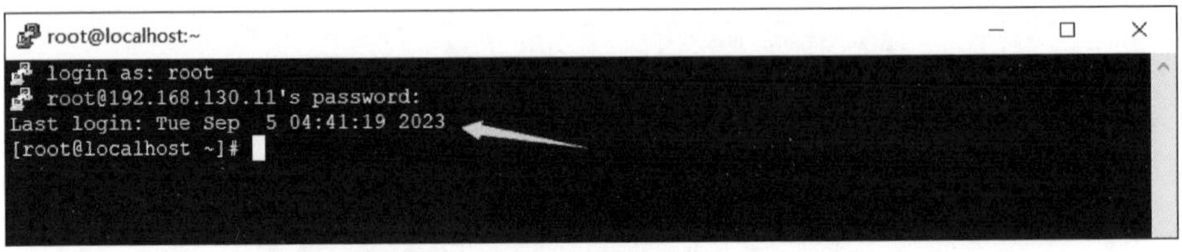

图 4-13　输入凭据并按 Enter 键

到这里,我们就成功使用终端仿真工具 PuTTY 连上虚拟机了。

任务二　SecureCRT 的下载、安装和使用

SecureCRT 是一款功能强大的终端仿真软件,它支持 SSH、Telnet 等多种协议,可以连接和管理基于 UNIX 和 Windows 的远程主机和网络设备。SecureCRT 提供了语法高亮、多标签页管理、会话管理、脚本编辑等便捷功能,安全性高、操作灵活。在后续的网络管理学习中,需要使用 SecureCRT 来完成设备配置等任务。

任务目标

1. 知识目标

➢ 了解远程登录的概念和原理,理解 SecureCRT 作为远程登录客户端的作用。
➢ 熟悉 SecureCRT 软件的安装和配置步骤,包括选择连接类型、输入主机名或 IP 地址、端口号设置等。
➢ 理解 SecureCRT 的命令行界面和基本操作,包括登录、注销、执行命令、文件传输等。

2. 能力目标

➢ 能够使用 SecureCRT 建立远程连接,登录到远程计算机或服务器,并执行基本的操作和管理任务。
➢ 能够通过 SecureCRT 执行命令行命令,管理远程计算机的文件系统、进程和服务等。
➢ 能够使用 SecureCRT 进行文件传输,实现本地计算机与远程计算机间的文件传递。

任务实施

1. 下载 SecureCRT

(1) 访问 SecureCRT 官方网站,如图 4-14 所示。

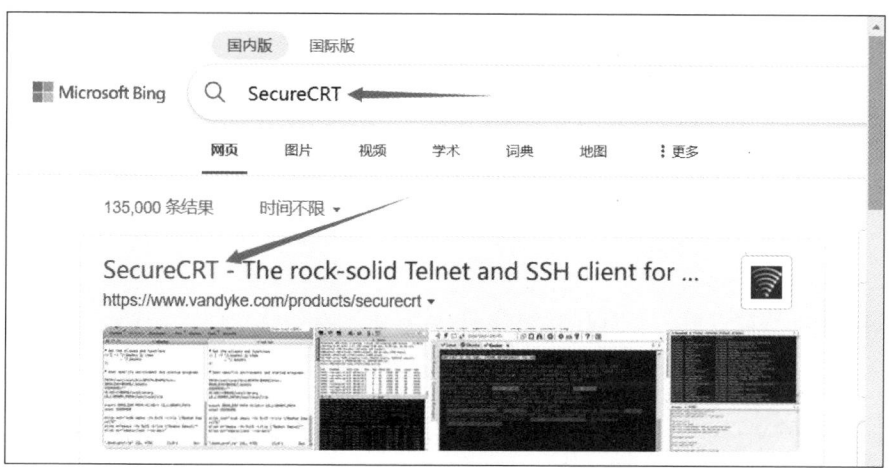

图 4-14　访问 SecureCRT 官方网站

(2) 在网页上找到并单击"下载免费试用版"或类似的链接,如图 4-15 所示。

图 4-15　下载 SecureCRT

(3) 在下载页面选择适合自己的操作系统的版本(如 Windows 或 macOS),如图 4-16 所示。

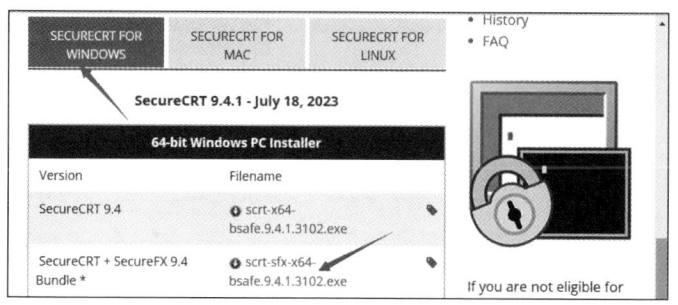

图 4-16　选择适合自己的操作系统的版本

(4) 往下滑动页面,找到 DOWNLOAD NOW,选择国家,然后单击 DOWNLOAD NOW 按钮,如图 4-17 所示。

2. 安装 SecureCRT

(1) 打开下载的 SecureCRT 安装程序,如图 4-18 所示。

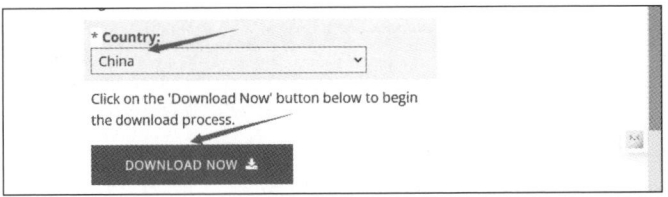

图 4-17　下滑找到 DOWNLOAD NOW

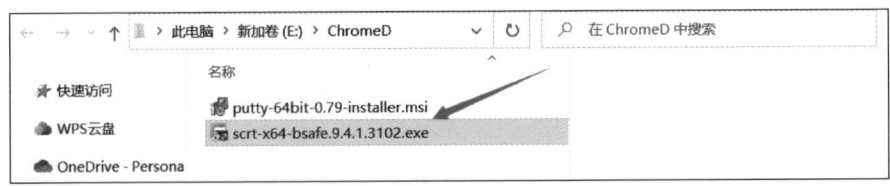

图 4-18　打开下载的 SecureCRT 安装程序

（2）按照安装向导的指导选择安装选项，通常使用默认设置即可，如图 4-19 所示。

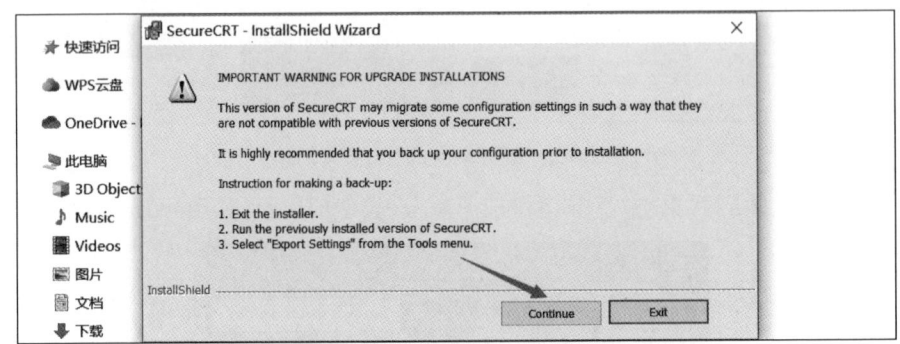

图 4-19　选择安装选项

（3）选择接受安装协议，如图 4-20 所示。

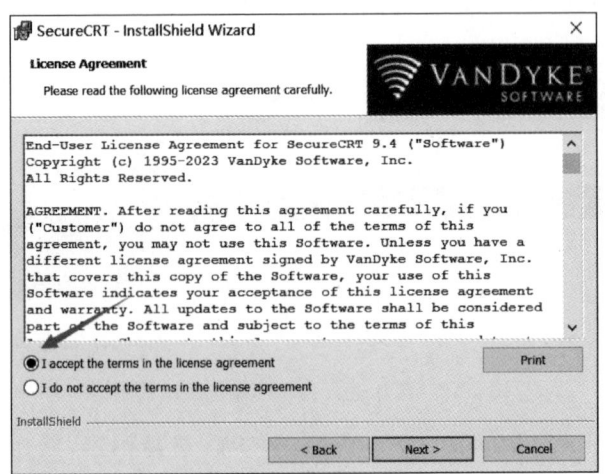

图 4-20　接受安装协议

（4）选择默认个人资料选项，如图 4-21 所示。

（5）安装类型选择完整版，如图 4-22 所示。

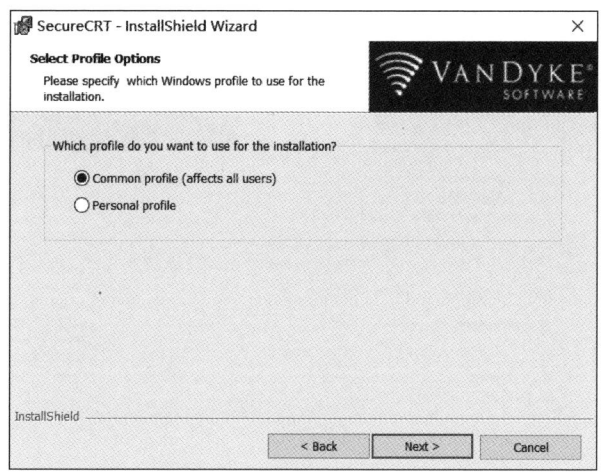

图 4-21　选择默认个人资料

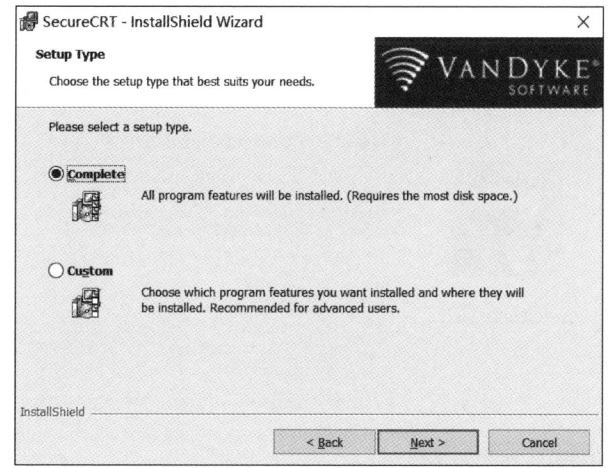

图 4-22　选择安装完整版

（6）选择应用图标选项，创建桌面快捷方式，如图 4-23 所示。

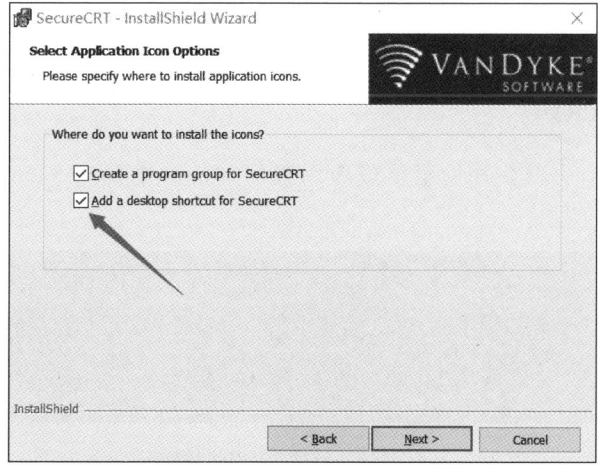

图 4-23　创建桌面快捷方式

(7) 开始安装,如图 4-24 所示。

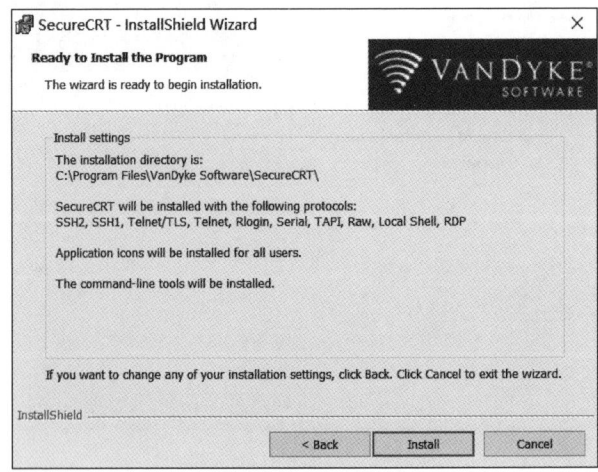

图 4-24　开始安装

(8) 完成安装,如图 4-25 所示。

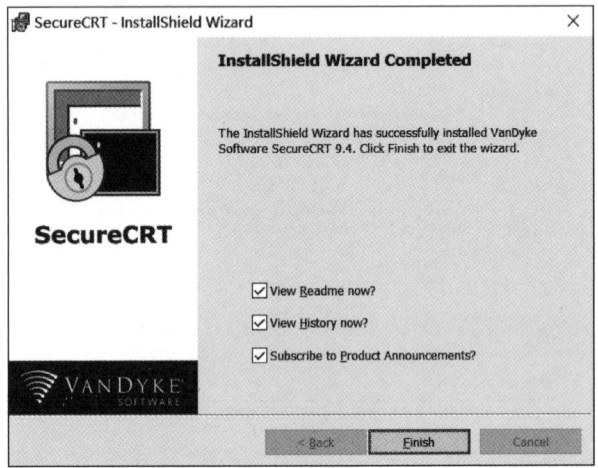

图 4-25　完成安装

至此,SecureCRT 将被安装到本地计算机上。

3. 启动 SecureCRT

(1) 安装完成后,可以在开始菜单或应用程序文件夹中找到 SecureCRT 的快捷方式,双击启动,如图 4-26 所示。

图 4-26　启动 SecureCRT

（2）官方正版软件需要激活才能使用，如果有授权码，可以单击 Enter License Data，输入授权码。这里我们选择试用 30 天，单击 I Agree，同意许可协议，再选中 Without a configuration passphrase 单选按钮，即可开始使用软件，如图 4-27 和图 4-28 所示。

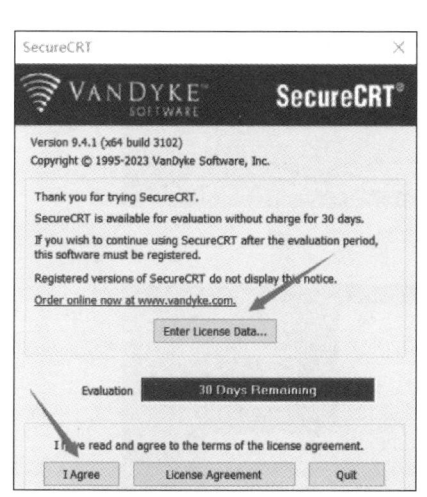
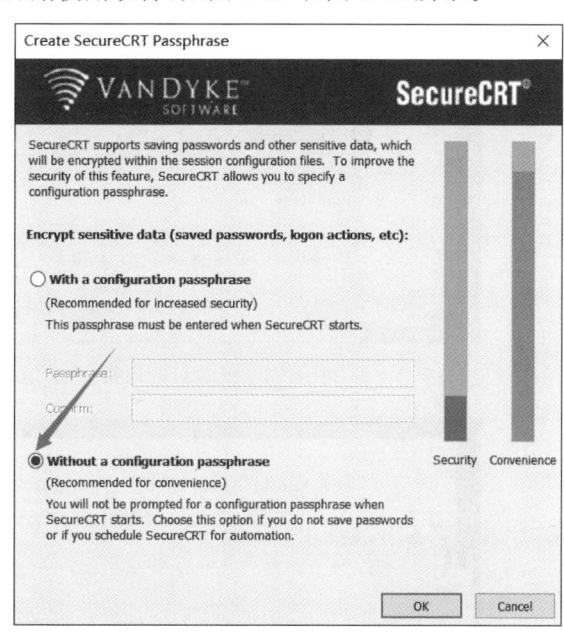

图 4-27　进入 SecureCRT　　　　图 4-28　选中 Without a configuration passphrase 单选按钮

4. 配置和使用 SecureCRT

（1）在练习远程连接之前，要先准备一台虚拟机，创建虚拟机的案例在项目七。这里查看一下虚拟机的网络，如图 4-29 所示。

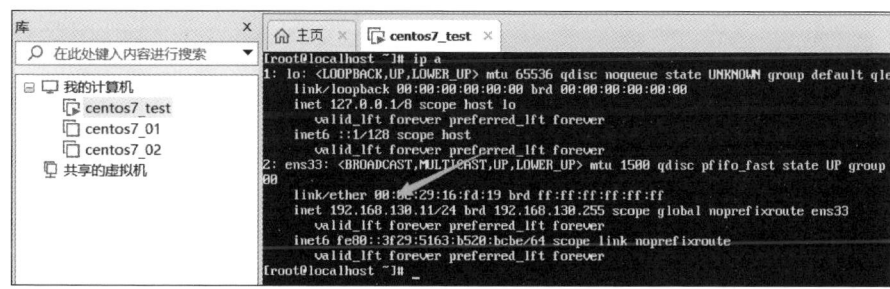

图 4-29　查看虚拟机网络

（2）在 SecureCRT 中，可以配置连接选项，包括目标主机的 IP 地址、连接类型（SSH、Telnet 等）、端口号等，如图 4-30 所示。

（3）输入连接信息并保存配置文件，以便将来使用。

单击 Connect 按钮，SecureCRT 将连接到目标主机，然后单击 Accept & Save 按钮，如图 4-31 所示。

（4）接着输入虚拟机的密码，并勾选 Save password 复选框，单击 OK 按钮，如图 4-32 所示。

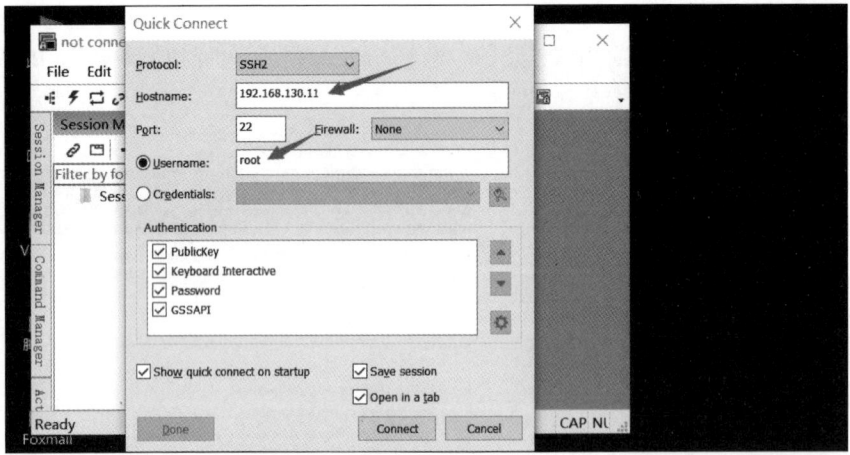

图 4-30　配置目标主机的 IP 地址、连接类型、端口号等

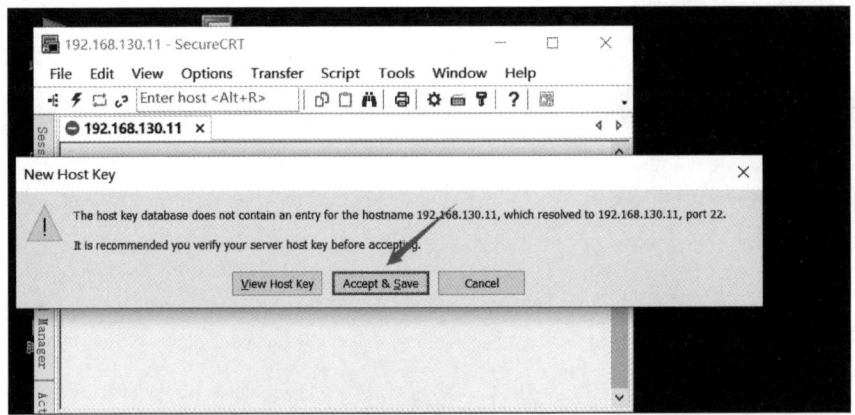

图 4-31　输入连接信息并保存配置文件

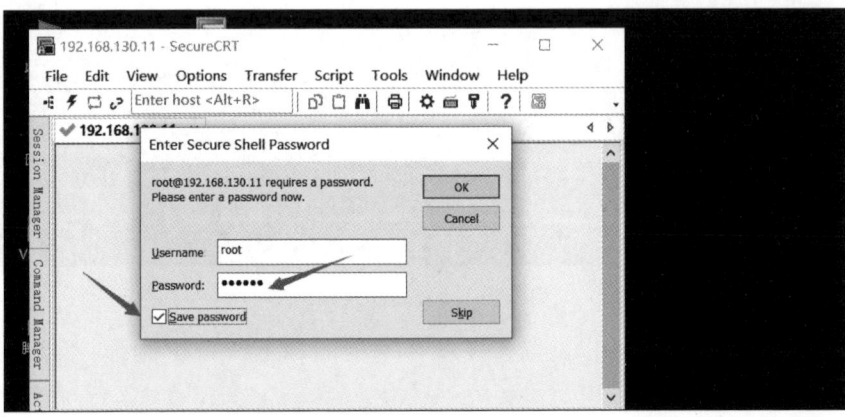

图 4-32　输入虚拟机的密码

（5）连接成功，可以在 SecureCRT 窗口中执行命令和操作目标主机了，如图 4-33 所示。到这里，我们就成功使用终端仿真工具 SecureCRT 连上虚拟机了。

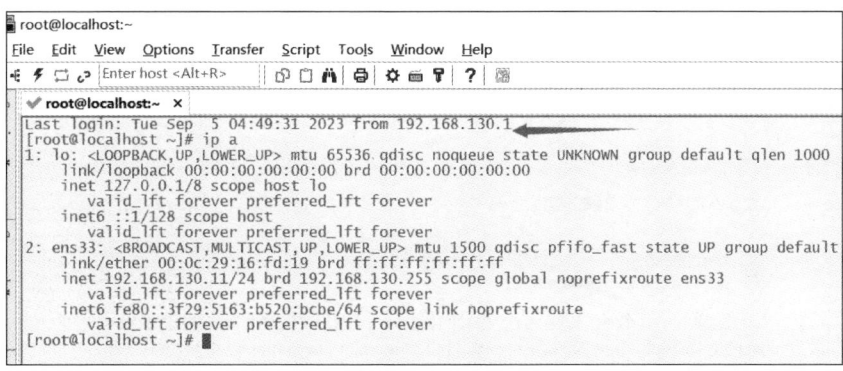

图 4-33　操作目标主机

任务三　MobaXterm 的下载、安装和使用

MobaXterm 是一款功能强大的免费终端仿真程序，它在 Windows 系统上提供了完整的 BASH 和 Linux 命令环境。MobaXterm 支持 SSH、Telnet、RDP 等远程访问协议，并集成了文件管理、命令行工具、X11 图形支持等功能。使用 MobaXterm，可以方便地在 Windows 系统中进行 SSH 和 Telnet 远程主机管理，它是 Windows 用户首选的终端仿真工具之一。

任务目标

1. 知识目标

- 了解远程登录的概念和原理，理解 MobaXterm 作为远程登录客户端的作用。
- 熟悉 MobaXterm 软件的安装和配置步骤，包括选择连接类型、输入主机名或 IP 地址、端口号设置等。
- 理解 MobaXterm 的命令行界面和基本操作，包括登录、注销、执行命令、文件传输等。

2. 能力目标

- 能够使用 MobaXterm 建立远程连接，登录到远程计算机或服务器，并执行基本的操作和管理任务。
- 能够通过 MobaXterm 执行命令行命令，管理远程计算机的文件系统、进程和服务等。
- 能够使用 MobaXterm 进行文件传输，实现本地计算机与远程计算机间的文件传递。

任务实施

1. 下载 MobaXterm

（1）访问 MobaXterm 官方网站，如图 4-34 所示。

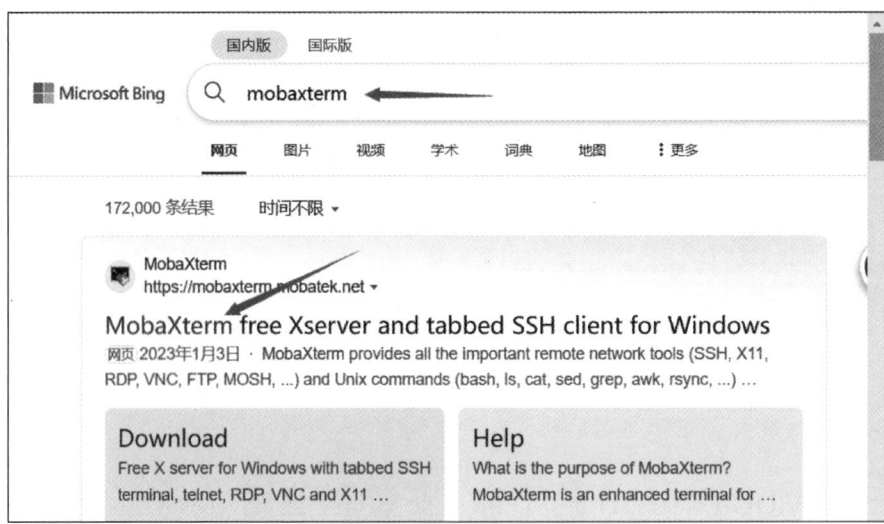

图 4-34　访问 MobaXterm 官方网站

（2）在网页上找到并单击"GET MOBAXTERM NOW!"按钮或类似的链接，如图 4-35 所示。

图 4-35　单击"GET MOBAXTERM NOW!"按钮

（3）找到 Download now 按钮，单击进入选择版本界面，如图 4-36 所示。

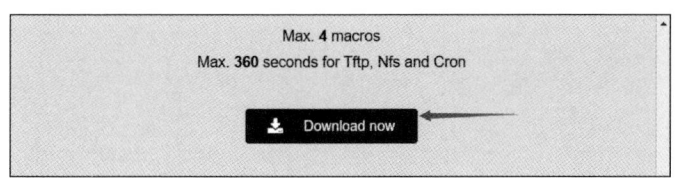

图 4-36　找到 Download now 按钮

（4）单击下载安装包，图 4-37 中的这两个安装包都可以，上面这个是压缩包，解压就可以用。下面这个是安装包，需要双击然后根据提示安装。

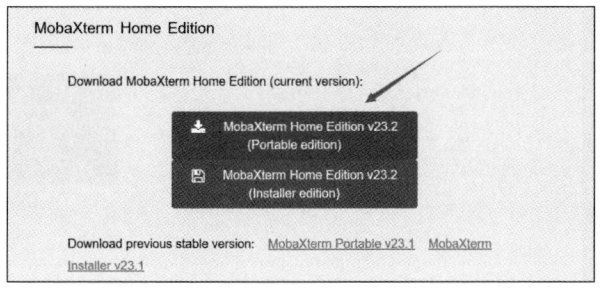

图 4-37　下载安装

2. 安装 MobaXterm

（1）解压安装包，如图 4-38 所示。

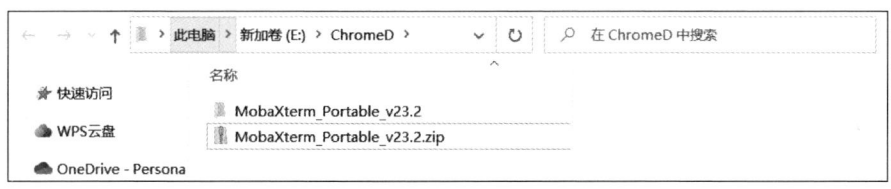

图 4-38　解压安装包

（2）进入解压后的文件，有一个可执行程序，双击即可打开 MobaXterm，如图 4-39 所示。

图 4-39　运行 MobaXterm

3. 启动 MobaXterm

安装完成后，可以在开始菜单或应用程序文件夹中找到 MobaXterm 的快捷方式，双击即可启动，如图 4-40 所示。

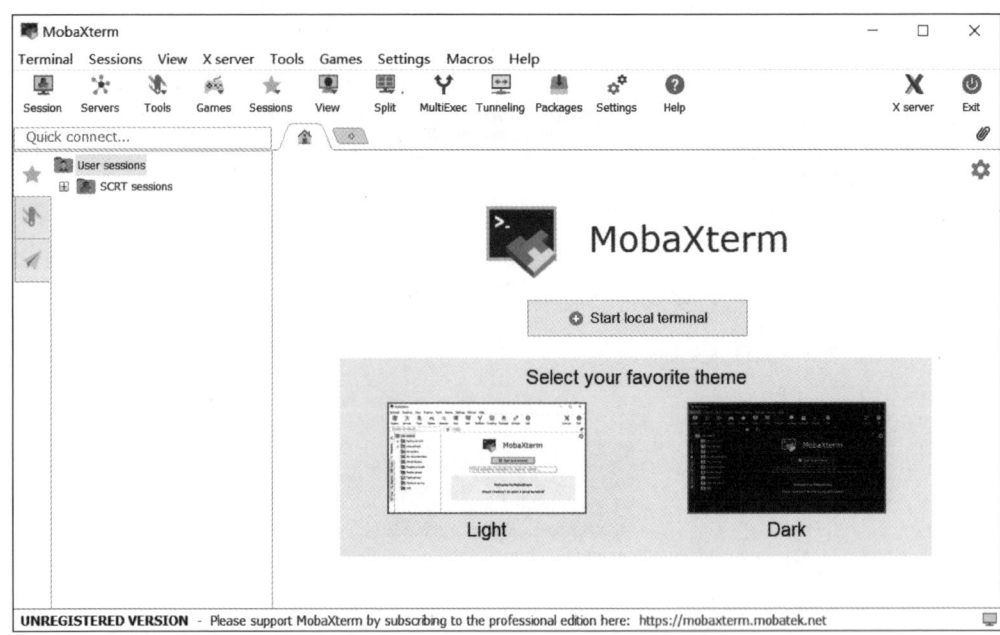

图 4-40　启动 MobaXterm

4. 配置和使用 MobaXterm

(1) 在练习远程连接之前，要先准备一台虚拟机，创建虚拟机的案例在项目七。

这里查看一下虚拟机的网络，如图 4-41 所示。

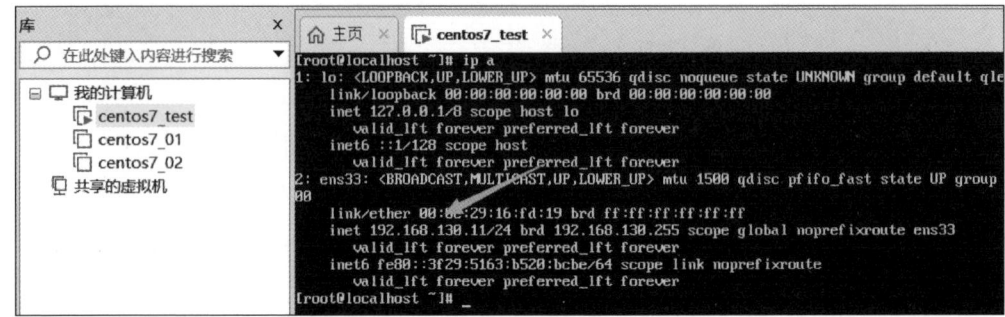

图 4-41　查看虚拟机的网络

(2) 在 MobaXterm 中可以配置新的会话，选择连接协议（如 SSH、Telnet、RDP 等）和目标主机的 IP 地址或主机名。输入连接信息并保存配置文件，以便将来使用，如图 4-42 所示。

(3) 单击 Accept 按钮，进入输密码页面，如图 4-43 所示。

(4) 在这里输入密码，如图 4-44 所示。

(5) 接着需要确认并保存密码，如果要保存密码则单击 Yes 按钮，不需要则单击 No 按钮，密码太简单是保存不了的，如图 4-45 所示。

(6) 连接成功，就可以在 MobaXterm 窗口中执行命令和操作目标主机了，如图 4-46 所示。

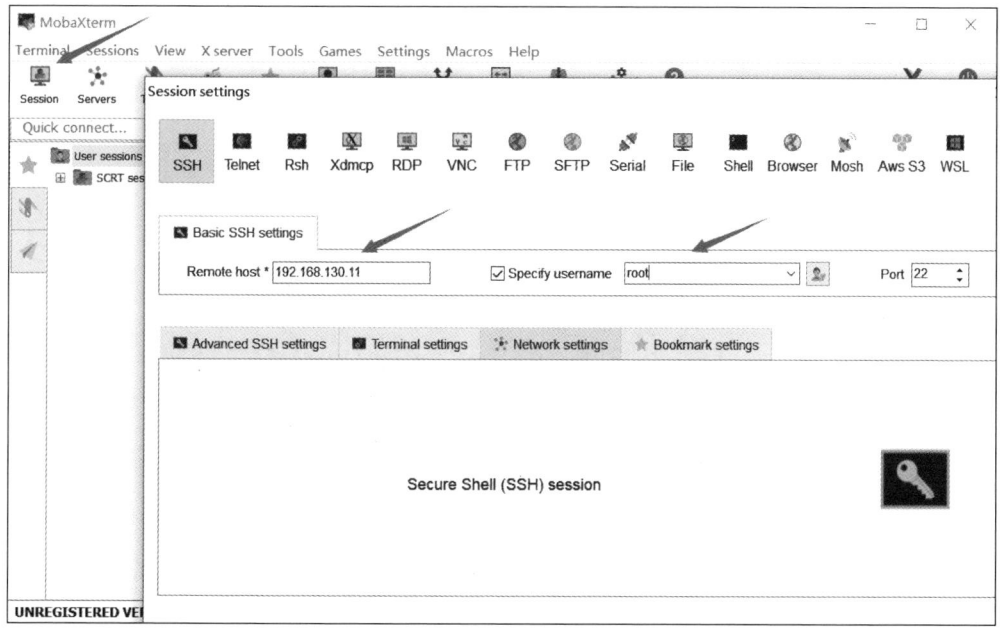

图 4-42 配置新的会话

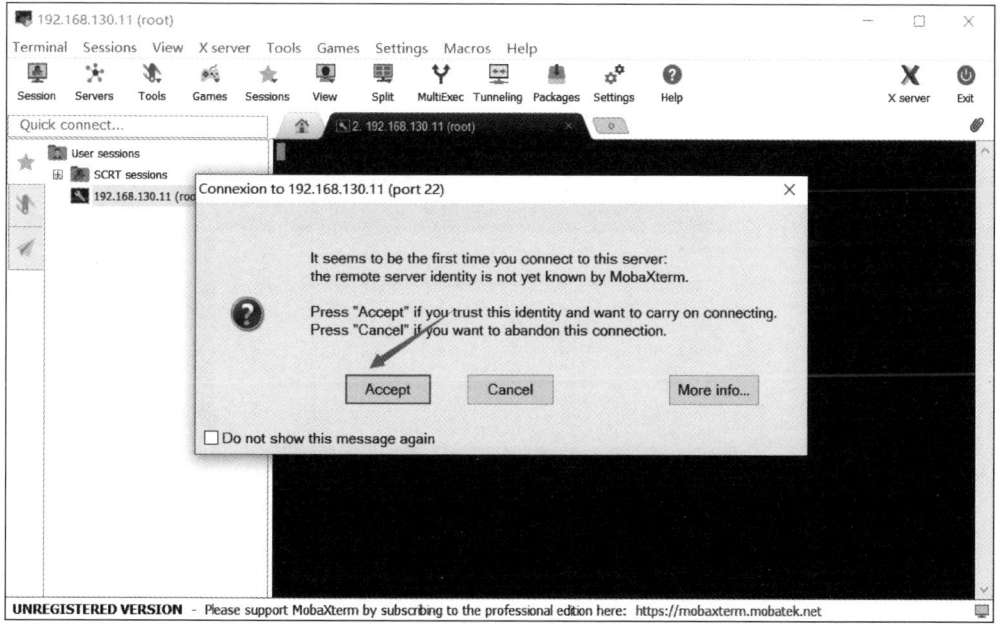

图 4-43 单击 Accept 按钮

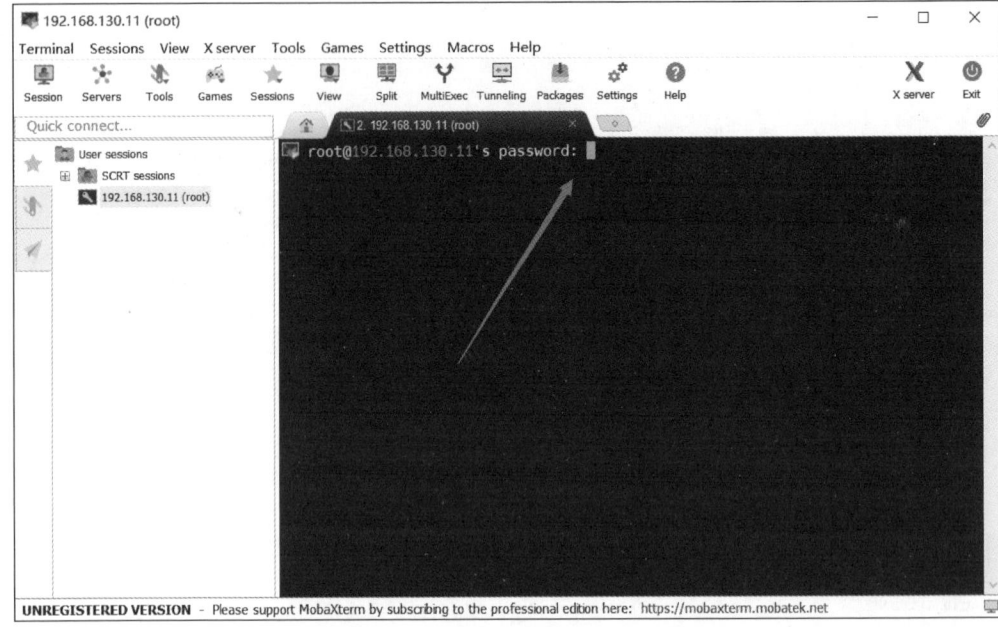

图 4-44 输入密码

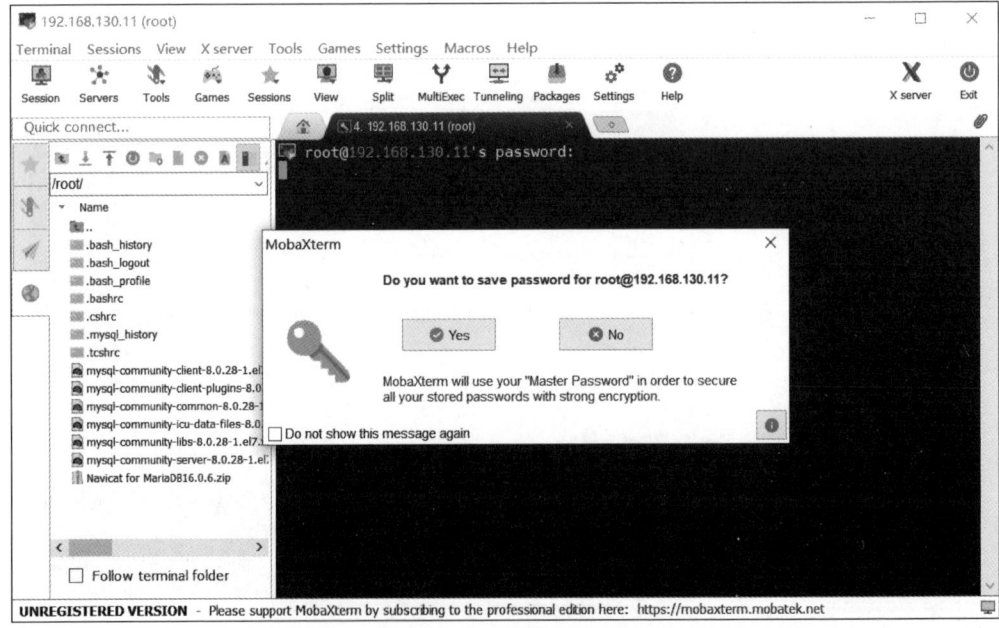

图 4-45 保存密码页面

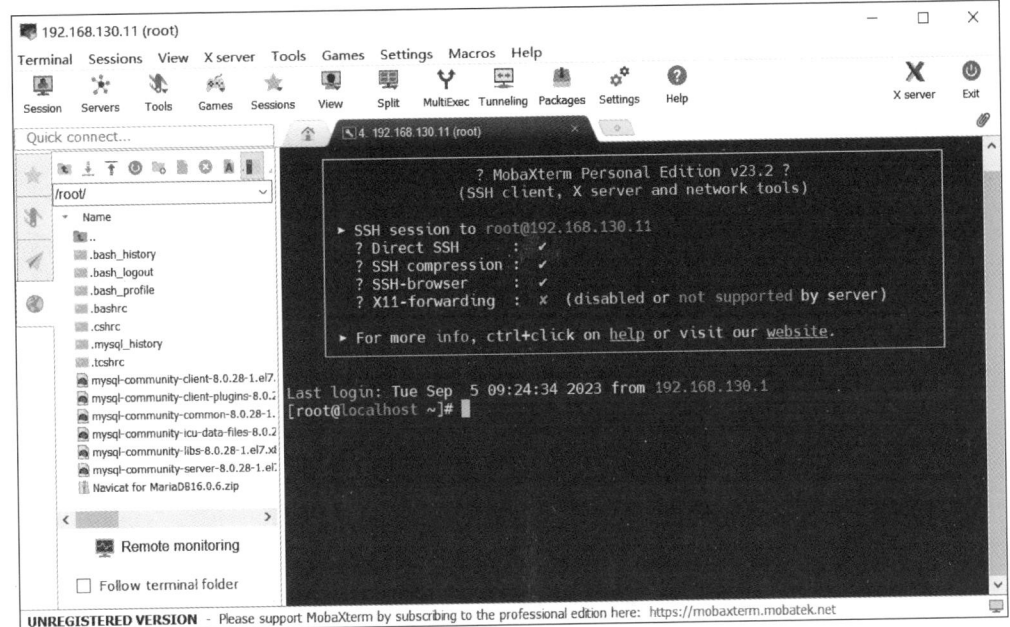

图 4-46　操作目标主机

课后练习

练习一：根据所学知识，独自完成远程连接工具 **PuTTY** 的下载、安装以及使用，并完成以下练习

1．远程连接

（1）使用 PuTTY 连接到远程服务器，并登录到远程服务器的账户。

（2）尝试连接到不同的远程服务器，并确保能够成功登录。

2．会话管理

（1）将 PuTTY 会话保存为会话文件，并使用会话文件快速打开连接。

（2）使用 PuTTY 的会话过滤器功能，根据关键字搜索和筛选会话列表。

3．文件传输

（1）使用 PuTTY 的 PSCP 工具将本地计算机上的文件上传到远程服务器。

（2）从远程服务器下载文件到本地计算机。

练习二：根据所学知识，独自完成远程连接工具 **SecureCRT** 的下载、安装以及使用，并完成以下练习

1．远程连接

（1）使用 SecureCRT 连接到远程服务器，并登录到远程服务器的账户。

(2) 尝试连接到不同的远程服务器,并确保能够成功登录。

2. 会话管理

(1) 将常用的远程服务器配置为会话,并使用会话文件快速打开连接。
(2) 尝试使用 SecureCRT 的会话过滤器功能,根据关键字搜索和筛选会话列表。
(3) 将会话设置为自动登录,并探索其他会话管理选项。

3. 文件传输

(1) 使用 SecureCRT 的 SFXCL 工具将本地计算机上的文件上传到远程服务器。
(2) 从远程服务器下载文件到本地计算机。
(3) 尝试传输包含文件夹的文件。

4. 编码以及终端类型设置

(1) 打开 SecureCRT 并连接到远程服务器。
(2) 在 SecureCRT 菜单栏中,选择 Options→Session Options。
(3) 在 Session Options 对话框中,选择 Terminal(终端)选项卡。
(4) 在 Terminal 选项卡下,可以设置以下编码相关的选项。
① Emulation(仿真):选择适当的终端仿真类型,例如"VT100"和"Xterm"等。
② Character encoding(字符编码):选择与自己的远程服务器相匹配的字符编码,例如"UTF-8"和"GBK"等。

练习三:根据所学知识,独自完成远程连接工具 **MobaXterm** 的下载、安装以及使用,并完成以下练习

1. 远程连接

(1) 使用 MobaXterm 连接到远程服务器,并登录到远程服务器的账户。
(2) 尝试连接到不同的远程服务器,并确保能够成功登录。

2. 会话管理

(1) 将常用的远程服务器配置为会话,并使用会话文件快速打开连接。
(2) 尝试使用 MobaXterm 的会话管理功能,将会话组织成文件夹或标签页。
(3) 学习如何导入和导出会话,以便在不同的 MobaXterm 实例之间共享会话。

3. 文件传输

(1) 使用 MobaXterm 的文件功能将本地计算机上的文件上传到远程服务器。
(2) 从远程服务器下载文件到本地计算机。

能力提升

Xshell 的下载、安装和使用。

Xshell 是一款常用的远程连接工具,用于与远程服务器进行安全的终端访问和管理。下面就来介绍如何下载、安装和使用 Xshell。

步骤 1:下载 Xshell

打开网络浏览器,并访问 Xshell 官方网站。

导航到下载页面,找到适合自己的操作系统的 Xshell 版本。

单击"下载"按钮,等待下载完成。

步骤 2:安装 Xshell

找到下载完成的安装程序文件,并双击打开。

按照安装向导的指示进行安装。在安装过程中,可以选择接受许可协议并选择安装位置。

单击"下一步"按钮直到安装完成。

步骤 3:启动 Xshell

安装完成后,可以在开始菜单或桌面快捷方式中找到 Xshell。

双击 Xshell 图标来启动应用程序。

步骤 4:创建新会话

在 Xshell 主界面中,单击左上角的"文件"菜单,选择"新建"→"会话"选项。

在弹出的对话框中输入会话的名称。

在"主机"字段中输入远程服务器的 IP 地址或主机名。

在"端口"字段中输入远程服务器的端口号(默认为 22)。

选择身份验证方法,如密码、公钥等。

单击"确定"按钮创建会话。

步骤 5:连接到远程服务器

在会话列表中选择要连接的会话。

单击"打开"按钮,Xshell 将尝试连接到远程服务器。

如果是密码身份验证,则输入用户名和密码。

如果是公钥身份验证,则选择私钥文件并输入密码(如果有的话)。

步骤 6:使用 Xshell

连接成功后,将看到一个终端窗口,可以在其中执行命令,使用键盘输入命令并按回车键执行。

可以使用终端窗口的右键菜单进行复制、粘贴和其他操作,在使用过程中,可以根据需要调整终端窗口的外观和行为。

项目五 图形图像处理

项目介绍

图形图像处理工具是用于创建、编辑和优化数字图像的软件,设计师和摄影爱好者用其对图像进行后期处理,实现美化、修饰和特效添加等功能。常见的图形图像处理工具有 Photoshop 和 GIMP 等。Photoshop 功能强大,是图像处理的业界标准。

学习目标

➢ 理解图形图像处理的基本概念、原理和应用领域。
➢ 了解主流图形图像处理工具的特点、功能和应用场景。
➢ 学习使用图形图像处理工具进行图像的导入、编辑、处理和导出。

技能目标

➢ 能够熟练操作图形图像处理工具的界面和工具栏。
➢ 具备图像导入、编辑和处理的基本能力。

任务一 Adobe Photoshop 的下载、安装和使用

Adobe Photoshop 简称 Photoshop、PS,是由 Adobe Systems 公司开发和发行的图像处理软件。Photoshop 主要处理以像素所构成的数字图像,其众多的编修与绘图工具,可以有效地进行图片、视频的编辑和创造工作。

Adobe 支持 Windows、Android 与 macOS 系统,Linux 操作系统的用户可以通过使用 Wine 来运行 Photoshop。

Photoshop 的主要功能如下:

(1) 图像编辑:Photoshop 提供了多种图像编辑工具和功能,可以进行调整、修复、裁剪、旋转、变换和变形等操作。用户可以通过调整亮度、对比度、饱和度等参数来优化图像质量,并使用各种滤镜和效果增加艺术效果。

(2) 图层管理:图层是 Photoshop 的核心功能之一,它允许用户将不同元素叠加和组合以创建复杂的图像。用户可以对每个图层进行独立的编辑和调整,包括透明度、混合模式

和图层蒙版等。通过图层功能,用户可以非常灵活地控制、修改和组织图像中的各个部分。

(3)选择工具:Photoshop 提供了多种选择工具,如矩形选框、椭圆选框、套索工具和快速选择工具等。这些工具可以帮助用户选择和分离图像中的特定区域,便于有针对性地进行编辑和处理。

(4)文字处理:Photoshop 内置了强大的文字处理功能,用户可以插入、编辑和格式化文本,还可以选择不同的字体、大小、颜色和样式,并将文本与图像融合,进行富有创意的文字设计。

任务目标

1. 知识目标

➢ 了解 Photoshop 基本理论与知识。
➢ 了解 Photoshop 的功能特点,熟悉 Photoshop 的界面组成。
➢ 了解 Photoshop 在图像编辑和图像处理中的广泛应用。

2. 能力目标

➢ 能独立完成 Photoshop 软件的下载、安装及初始配置。
➢ 能够解决安装过程中常见的问题和错误。

任务实施

1. 下载和安装

(1)进入 Adobe 官网,单击右上角的"登录",如图 5-1 所示。

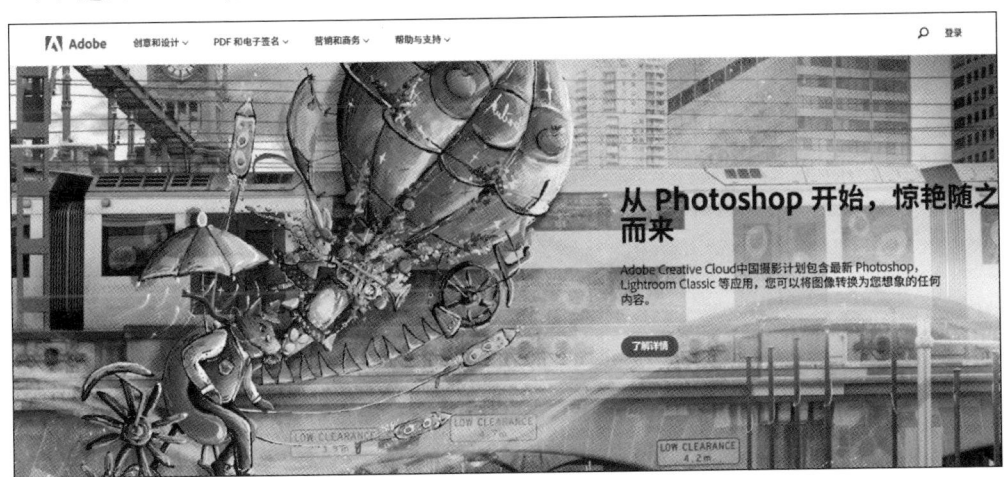

图 5-1　进入 Adobe 官网

(2)单击"创建账户",填写"姓氏""名字"等,并单击"完成"按钮,如图 5-2 所示。
(3)在右上角的"Web 应用程序和服务"中找到并单击 Photoshop,如图 5-3 所示。
(4)在页面中单击"立即咨询",如图 5-4 所示。

图 5-2 创建 Photoshop 账户

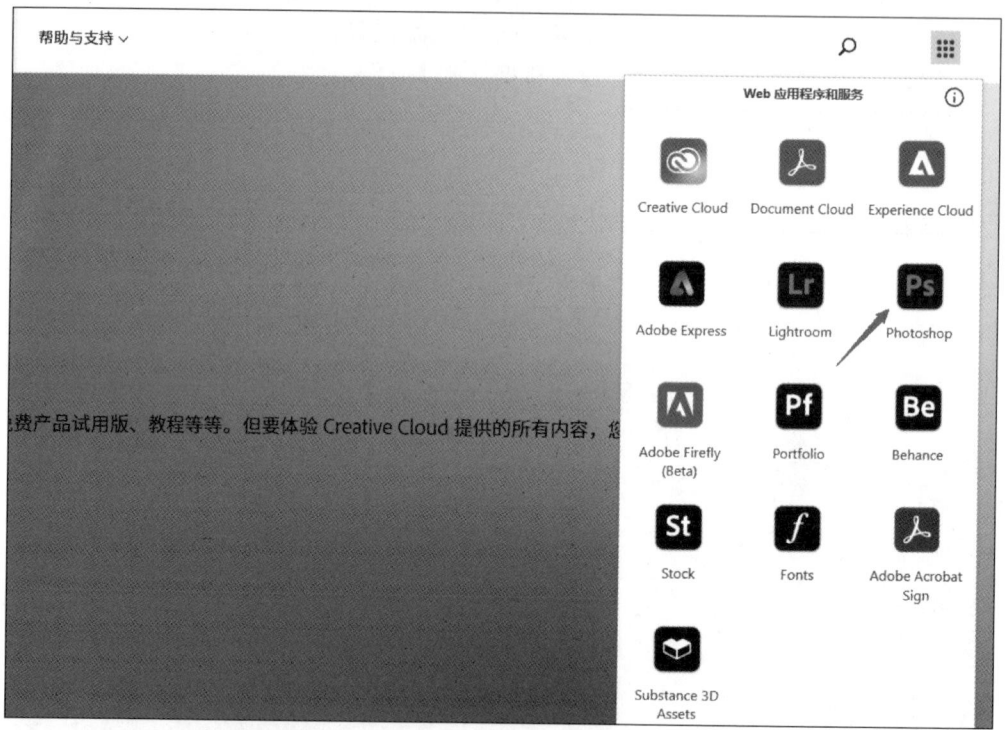

图 5-3 找到 Photoshop

（5）系统会自动开始安装 Creative Cloud，如图 5-5 和图 5-6 所示。

（6）在近期的下载内容中，单击"打开"，如图 5-7 所示。

（7）在邮件中单击"验证您的电子邮件"，如图 5-8 所示。

（8）单击"继续访问"按钮，如图 5-9 所示。

图 5-4　开始试用 Photoshop

图 5-5　安装 Creative Cloud 1

图 5-6　安装 Creative Cloud 2　　　　图 5-7　打开 Creative Cloud

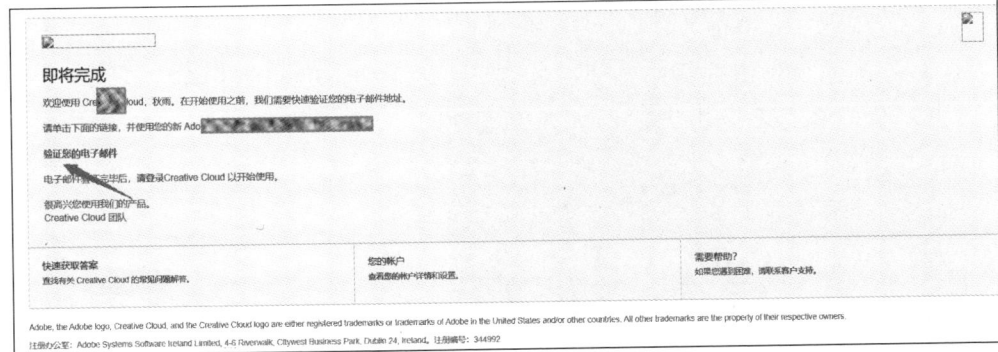

图 5-8　验证电子邮件

（9）输入刚才注册的账号密码，并单击 Continue 按钮，如图 5-10 所示。

（10）完成登录，单击 Continue 按钮，如图 5-11 所示。

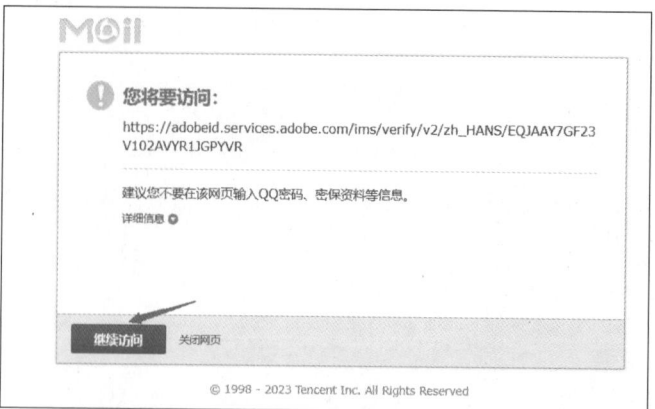

图 5-9　继续访问

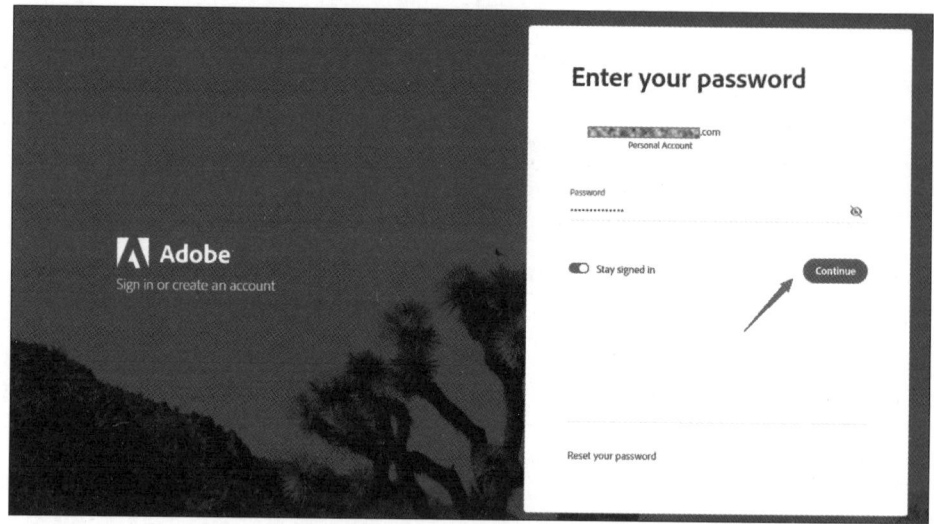

图 5-10　输入刚才注册的账号密码

图 5-11　完成登录

(11) 在 Creative Cloud 中单击"开始安装"按钮,如图 5-12 所示。

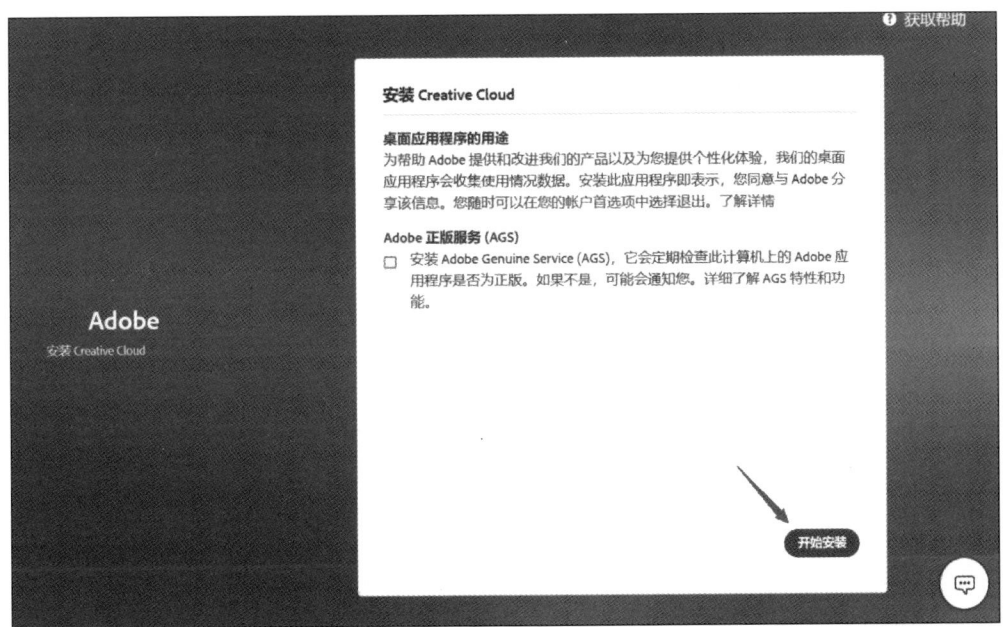

图 5-12　开始安装 Creative Cloud

(12) 安装完成后,在所有应用程序中找到 Photoshop,单击"试用"按钮,如图 5-13 所示。

图 5-13　试用 Photoshop

2. 基本操作

(1) 安装完成后,单击"开始试用"按钮,如图 5-14 所示。

(2) 进入 Photoshop 界面,如图 5-15 所示。

(3) 新建文件。启动程序后,需要打开一个新文件才能创建图像。选择"文件"→"新文件"选项,或者使用快捷键 Ctrl+N,如图 5-16 所示。

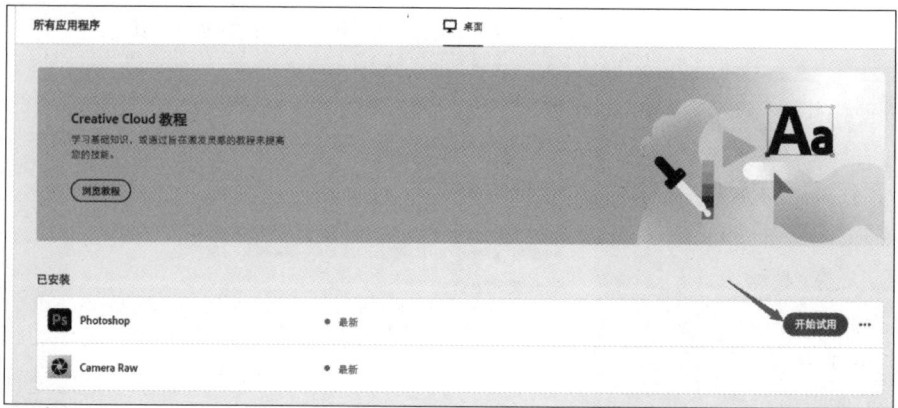

图 5-14　试用 Photoshop

图 5-15　Photoshop 界面

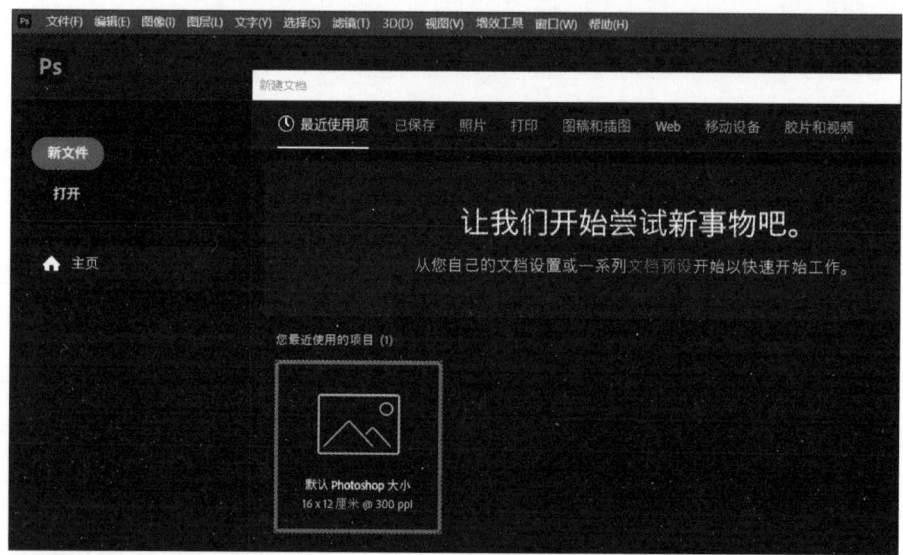

图 5-16　新建文件

（4）选择尺寸。此选项用于设置画布或工作区域的尺寸，可以使用预置尺寸（例如，要制作在普通纸张上打印的图片，可使用尺寸 8.5×11）和自定义尺寸（使用高度和宽度控制）。

选择分辨率。可根据图片的用途设置图片分辨率，分辨率决定了图片上每平方英寸范围内像素的个数。像素越多，图片显示越细腻。

选择颜色模式。根据图片的用途，可以更改颜色模式，颜色模式决定了颜色的计算和显示方式。在创建图片后仍可更改此项设置，且不会对图片效果造成太大影响。RGB 是标准颜色模式，对于在计算机上查看的图片，选择此模式是恰当的，因为计算机就是使用该模式计算和显示图片的。

选择背景。此选项用于决定使用白色画面还是透明画布。在白色画布上更容易观察操作步骤，但在透明画布上更容易实现大多数图片修饰效果。配置好之后，单击"创建"按钮，如图 5-17 所示。

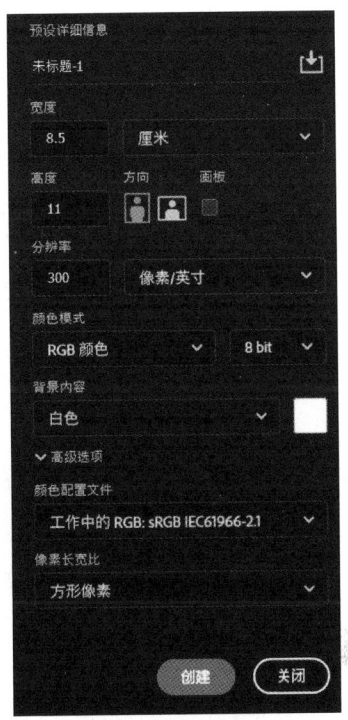

图 5-17 创建画布

（5）单击"导入图像"，选择一张图片，如图 5-18 和图 5-19 所示。

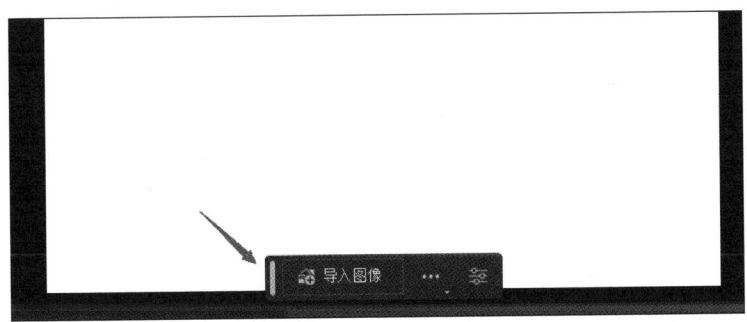

图 5-18 单击"导入图像"

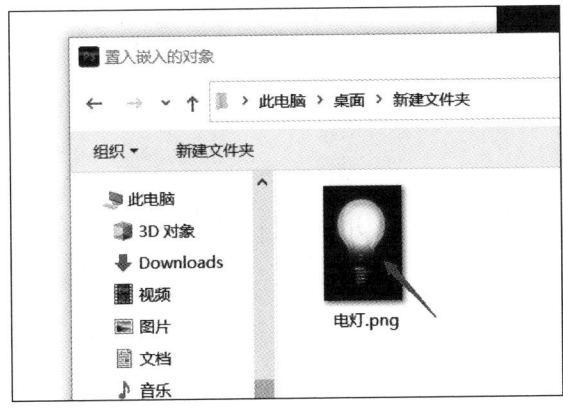

图 5-19 选择要导入的图像

(6)选择"减淡"工具,如图 5-20 所示。

图 5-20 选择"减淡"工具

(7)选择"文件"→"存储"选项进行保存,如图 5-21 和图 5-22 所示。

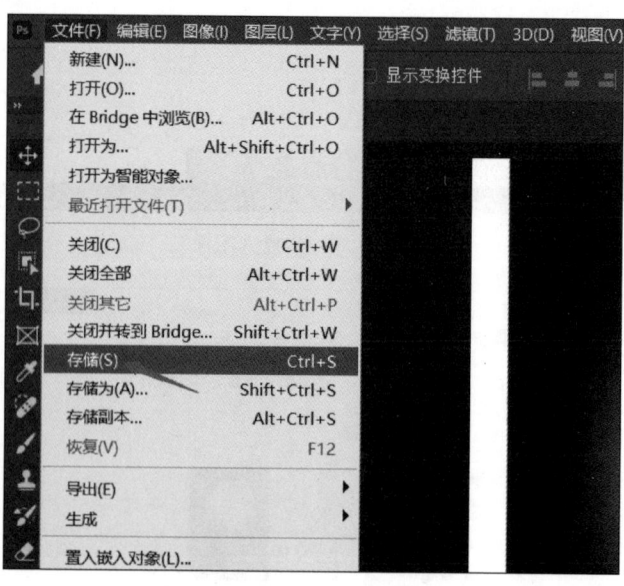

图 5-21 存储文件 1

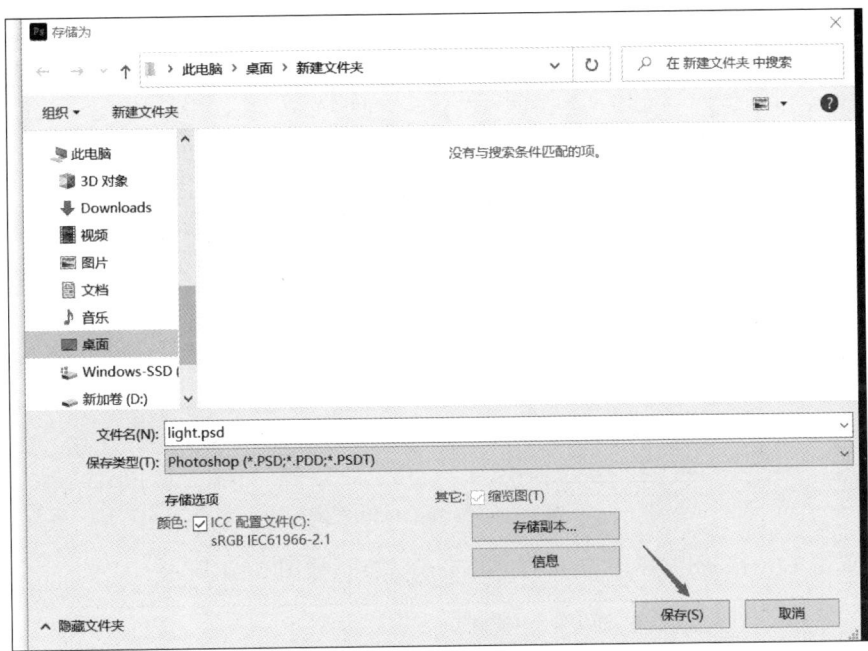

图 5-22 存储文件 2

任务二　GIMP 的下载、安装和使用

GIMP 是 GNU Image Manipulation Program（GNU 图像处理程序）的缩写，它是 Peter Mattis 和 Spencer Kimhall 开发的免费的图像处理和创作工具，功能十分强大。GIMP 支持多种图像处理工具、全通道、多级撤销操作恢复旧貌与映像修饰等功能，也支持数目众多的效果插件（plug-ins），完全可以与 Windows 平台下著名的图像处理软件 Photoshop 媲美。

任务目标

1. 知识目标

➢ 了解 GIMP 软件的基本功能和用途。
➢ 掌握 GIMP 软件的下载、安装步骤和基本界面布局。

2. 能力目标

➢ 能独立完成 GIMP 软件的下载、安装和基本设置。
➢ 能够使用 GIMP 进行简单的图像编辑操作，如裁剪、调整大小等。

任务实施

1. 下载和安装

（1）进入 GIMP 官网，单击 DOWNLOAD 按钮（版本号根据时间而有所不同），如图 5-23

所示。

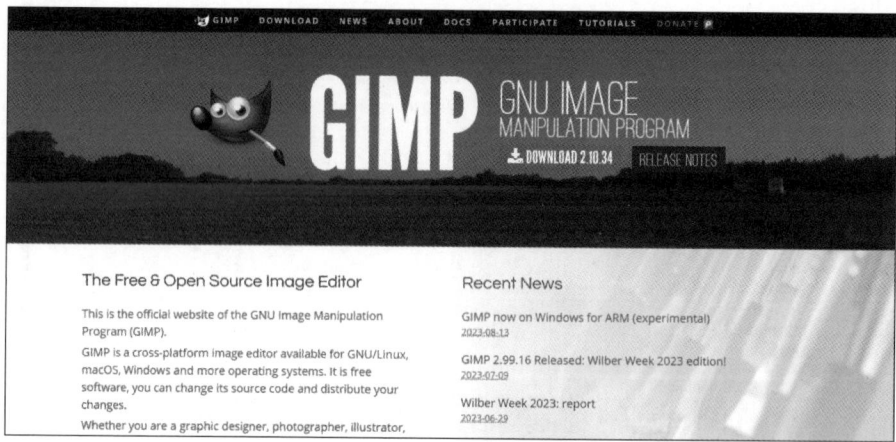

图 5-23 访问 GIMP 官网

(2) 单击 Download GIMP 2.10.34 directly 按钮,如图 5-24 所示。

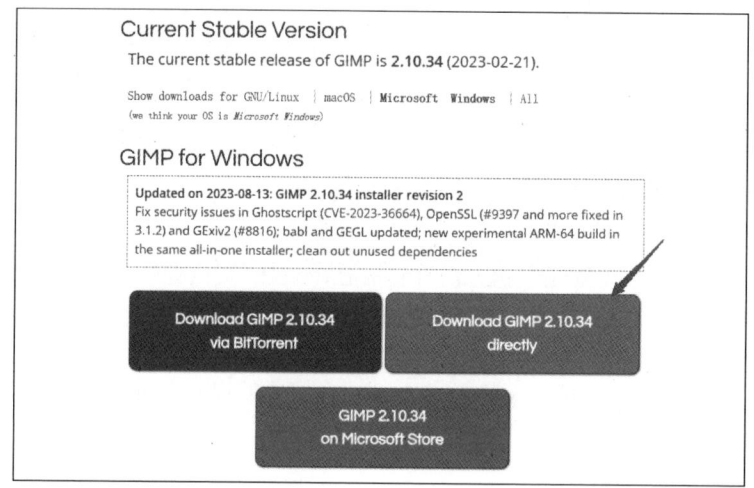

图 5-24 下载 GIMP

(3) 单击"打开",开始安装 GIMP,如图 5-25 所示。

(4) 选择"为所有用户安装"模式,如图 5-26 所示。

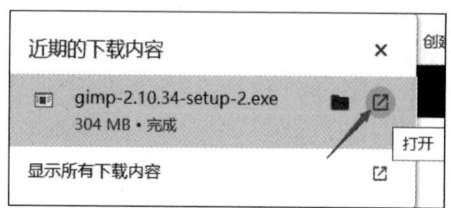

图 5-25 安装 GIMP

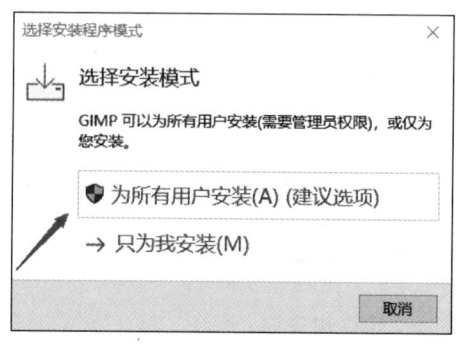

图 5-26 选择安装模式

(5) 选择"简体中文",并单击"确定"按钮,如图 5-27 所示。

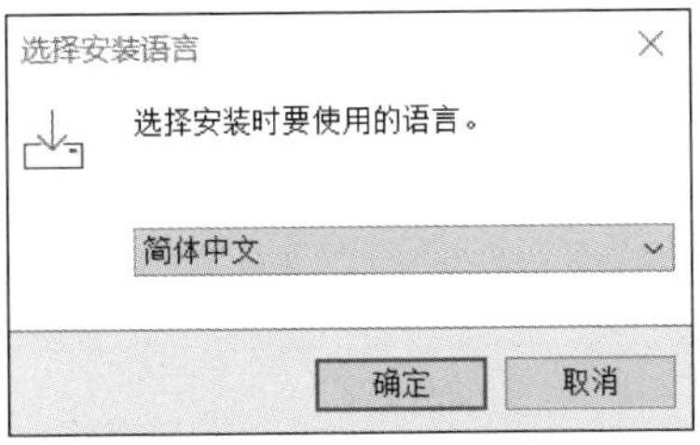

图 5-27　选择安装语言

(6) 单击"自定义"按钮,如图 5-28 所示。

图 5-28　自定义软件

(7) 单击"下一步"按钮,如图 5-29 所示。

图 5-29　许可协议

(8) 选择安装位置,该软件需要 391MB 的空间,如图 5-30 所示。

(9) 选择"完整安装",并单击"下一步"按钮,如图 5-31 所示。

(10) 勾选"创建桌面图标"复选框,并单击"下一步"按钮,如图 5-32 所示。

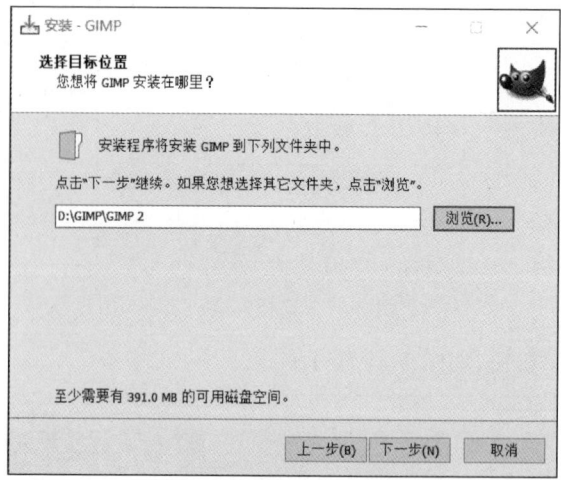

图 5-30 选择安装位置

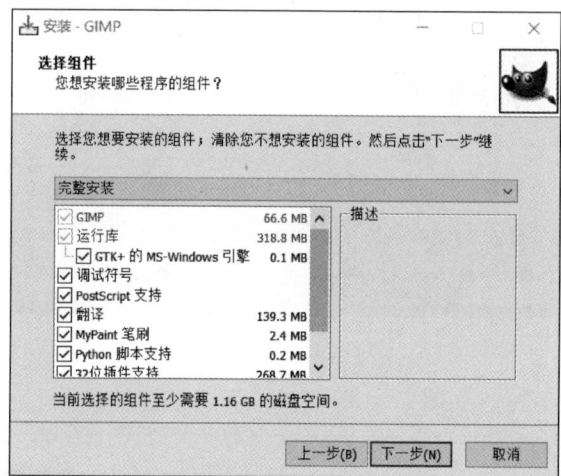

图 5-31 完整安装

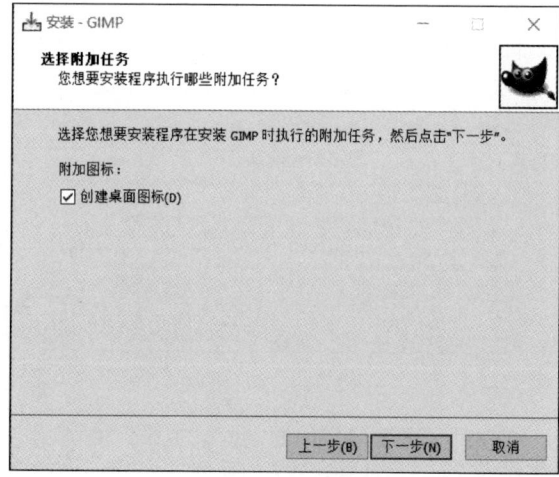

图 5-32 创建桌面图标

(11) 单击"安装"按钮,开始安装,如图 5-33 所示。

(12) 安装完成后,在桌面双击 GIMP 图标运行程序,如图 5-34 所示。

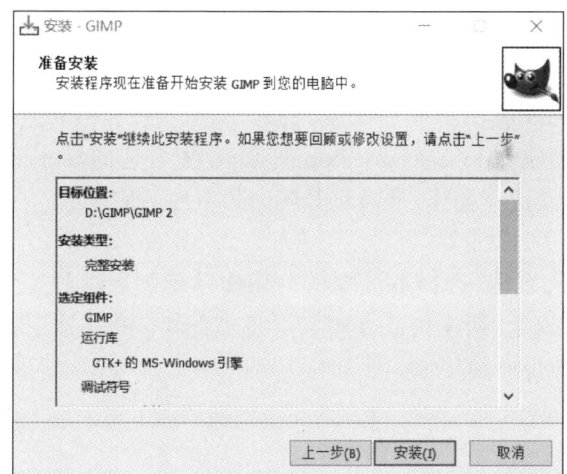

图 5-33　安装 GIMP　　　　　　　　图 5-34　双击 GIMP 图标

(13) 开始使用 GIMP,如图 5-35 所示。

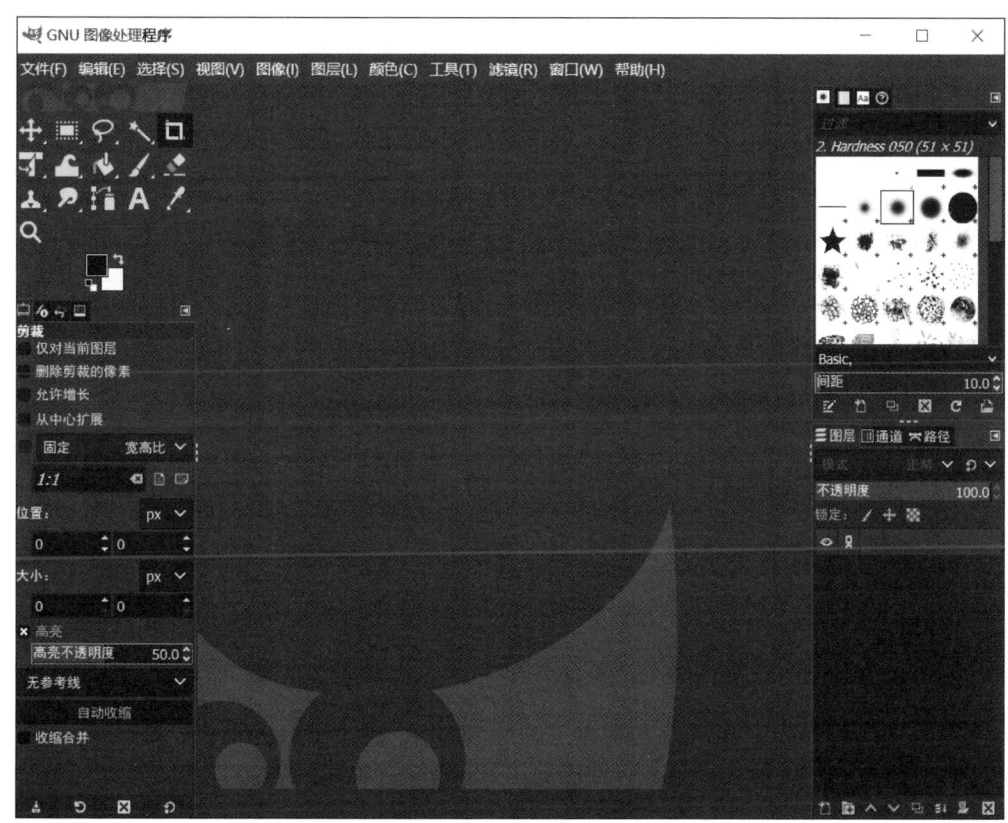

图 5-35　开始使用 GIMP

课后练习

练习一：安装和使用 Adobe Photoshop

进入 Adobe Creative Cloud 官网的软件下载页面，根据向导的指示操作，安装 Adobe Creative Cloud 软件，完成 Adobe ID 的注册和登录后，找到 Adobe Photoshop 并选择"试用"或"购买"。打开一个新文件，创建 Adobe Photoshop 图像，设置合适的尺寸、分辨率、颜色模式和背景，导入一张图片后对其进行操作，最后将其转储到本地的磁盘里。

练习二：下载和安装 GIMP

在浏览器中搜索"GIMP"，进入官网，选择适合自己的操作系统的版本进行下载，然后选择安装语言并进行自定义设置，勾选"创建快捷方式"后，完成安装。在桌面双击"GIMP"的图标（类似嘴里叼着笔的浣熊）即可开始使用。

能力提升

1. 其他图形图像处理工具

除了 Adobe Photoshop 和 GIMP 之外，Lightroom Classic 也是不错的图像编辑应用程序。Lightroom Classic 是 Adobe 研发的一款以后期制作为主的图形工具软件，其增强的校正工具、强大的组织功能以及灵活的打印选项可以加快图片后期处理速度，将更多的时间用于拍摄。

2. Lightroom Classic 的下载、安装和使用

进入 Adobe Creative Cloud 官网的软件下载页面，根据向导的指示操作，安装 Adobe Creative Cloud 软件，完成 Adobe ID 的注册和登录后，找到 Lightroom Classic 并选择"试用"或"购买"。

项目六 原型设计工具

项目介绍

原型设计工具是用于快速设计和展示产品概念的软件,它可以用于绘制草图、构建交互流程、模拟界面等,帮助设计师快速构思和演示产品原型。推荐的原型设计工具包括 Axure、Adobe XD 等,Axure 可快速制作详细的功能流程原型,Adobe XD 集成了切图、动画制作等功能。学会使用这些原型设计工具,可以大大提高设计工作的效率,使产品开发更加顺畅。

学习目标

➢ 了解原型设计的概念及其在产品开发中的作用。
➢ 掌握常用原型设计工具的功能特点。
➢ 了解原型设计的基本原则和方法。

技能目标

➢ 能够使用原型设计工具绘制产品原型草图。
➢ 能够通过原型工具展示产品的交互流程。
➢ 能够快速制作产品概念的示意图或模型。

任务一 Axure RP 的下载、安装和使用

Axure RP 是美国 Axure Software Solution 公司的旗舰产品,是一个专业的快速原型设计工具,让负责定义需求和规格、设计功能和界面的专家能够快速创建应用软件或 Web 网站的线框图、流程图、原型和规格说明文档。作为专业的原型设计工具,它能快速、高效地创建原型,同时支持多人协作设计和版本控制管理。

Axure RP 的使用者主要包括商业分析师、信息架构师、产品经理、IT 咨询师、用户体验设计师、交互设计师、UI 设计师等,另外,架构师、程序员也在使用 Axure。

任务目标

1. 知识目标

➢ 了解 Axure RP 在用户体验设计中的作用和重要性,以及它在交互设计和原型迭代中的优势。

➢ 掌握 Axure RP 的基本功能和特点,如创建页面布局、添加交互元素、定义交互逻辑等。

2. 能力目标

➢ 能够熟练使用 Axure RP 进行交互式原型设计,包括创建页面布局、添加交互元素(如按钮、链接、表单等)和定义页面导航。

➢ 具备使用 Axure RP 进行交互逻辑设计的能力,包括定义交互动作、状态变化和用户反馈等。

任务实施

1. 下载和安装

(1)在浏览器中搜索 Axure RP,进入官网下载,如图 6-1 所示。

图 6-1　搜索 Axure RP

(2)单击 Download Your Free 30-day Trial 按钮开始下载 Axure RP,如图 6-2 所示。

(3)下载完成后,单击"打开"按钮,如图 6-3 所示。

(4)在安装界面中,单击 Next 按钮,如图 6-4 所示。

(5)勾选协议后,单击 Next 按钮,如图 6-5 所示。

(6)选择安装位置后,单击 Next 按钮,如图 6-6 所示。

(7)单击 Install 按钮,开始安装,如图 6-7 所示。

项目六　原型设计工具

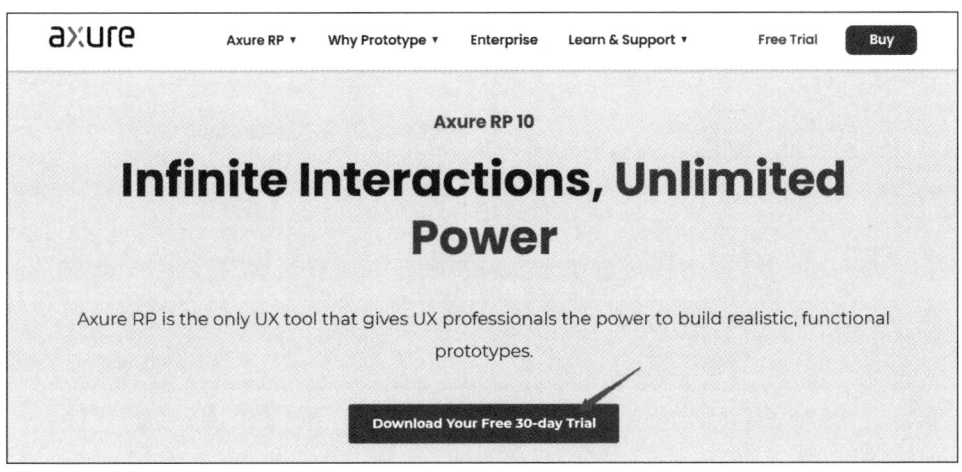

图 6-2　下载 Axure RP

（8）勾选 Launch Axure RP 10，并单击 Finish 按钮，完成安装。

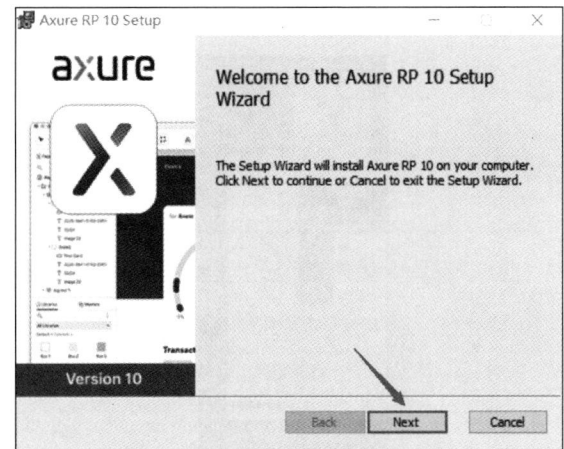

图 6-3　打开安装包　　　　　　　图 6-4　在安装界面单击 Next 按钮

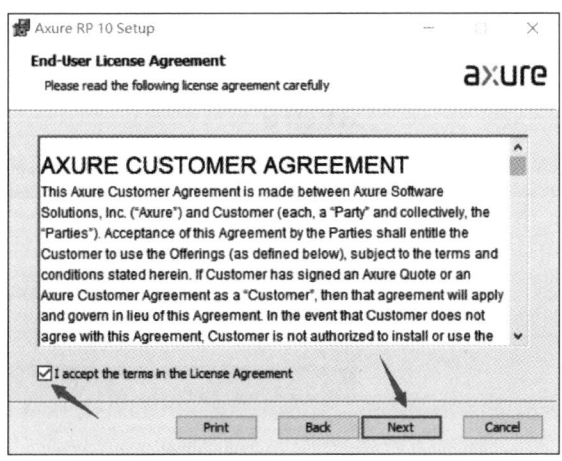

图 6-5　勾选协议后单击 Next 按钮

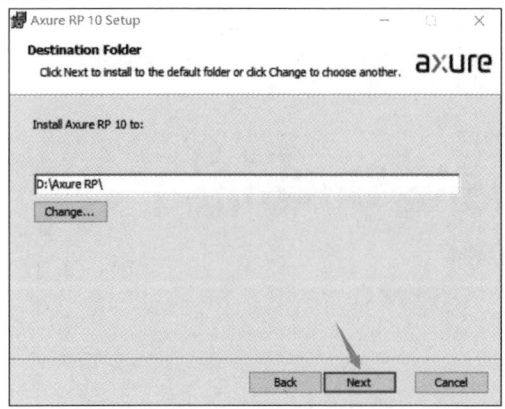
图 6-6　选择安装位置后单击 Next 按钮

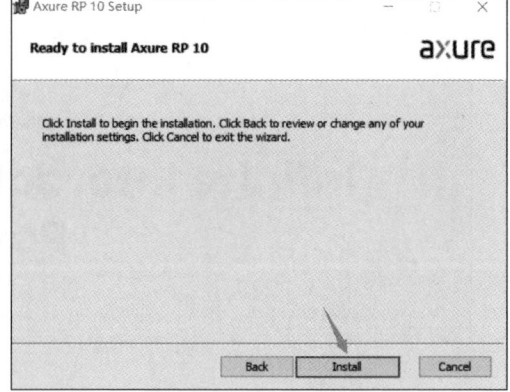
图 6-7　开始安装

2. 基本操作

（1）打开 Axure RP，单击 Create an account 创建一个用户，如图 6-8 所示。

图 6-8　创建用户

（2）在页面的 Email 中填写邮箱地址并在 Password 中设置密码来创建用户，如图 6-9 所示。

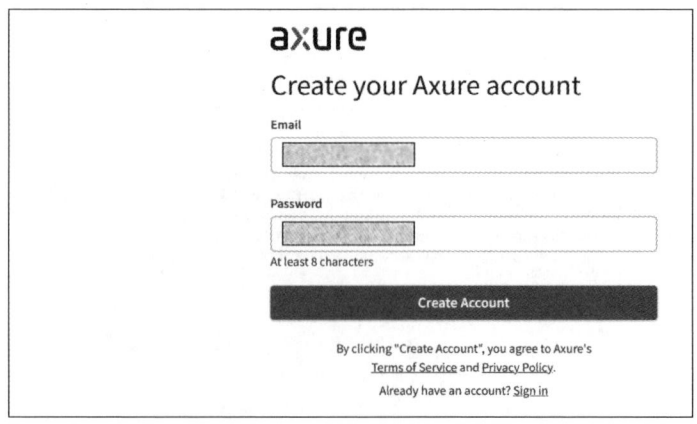
图 6-9　填写邮箱和密码

(3)创建好用户之后,在 Axure RP 中单击 Sign in,如图 6-10 所示。

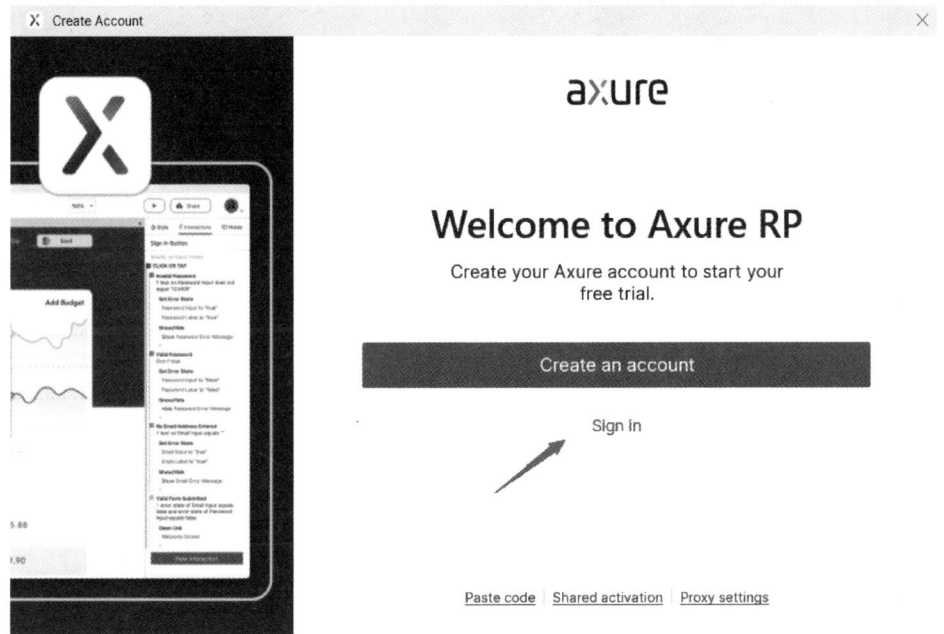

图 6-10　单击 Sign in

(4)在页面中输入创建的 Email 和 Password 进行登录,如图 6-11 所示。

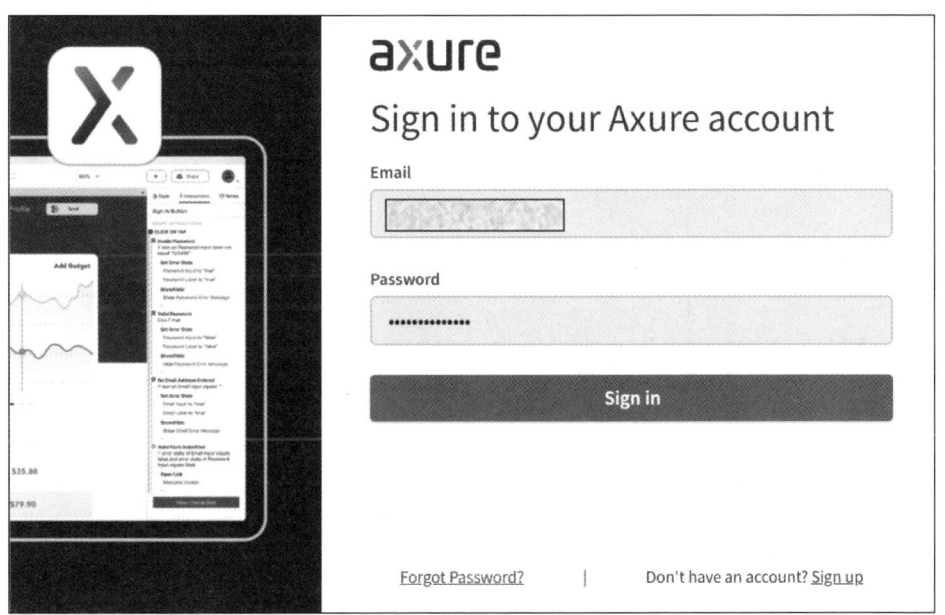

图 6-11　输入 Email 和 Password

(5)开始使用 Axure RP,如图 6-12 所示。
(6)将边框 Box1 拖入画布中,在其中输入 hello,如图 6-13 所示。

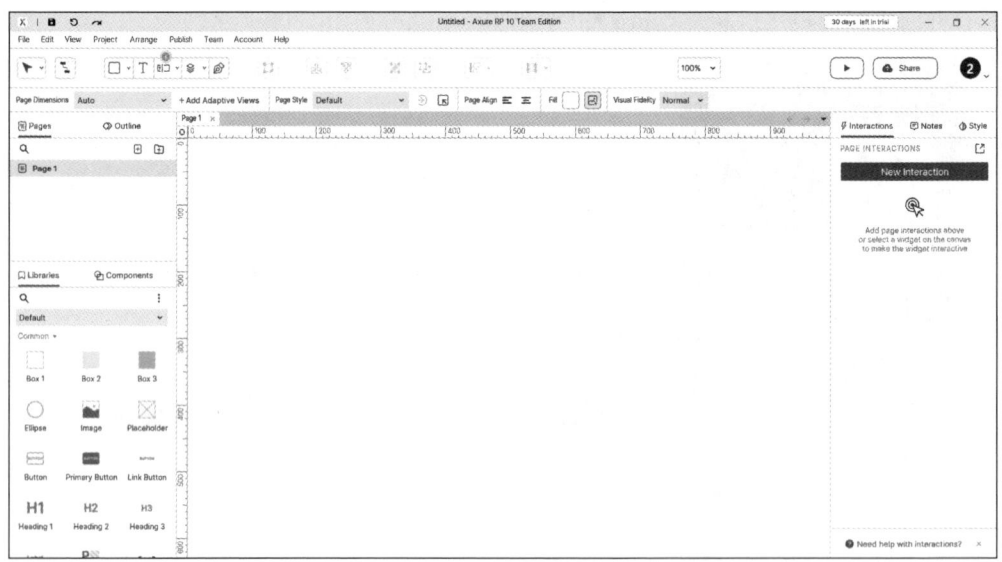

图 6-12　Axure RP 界面

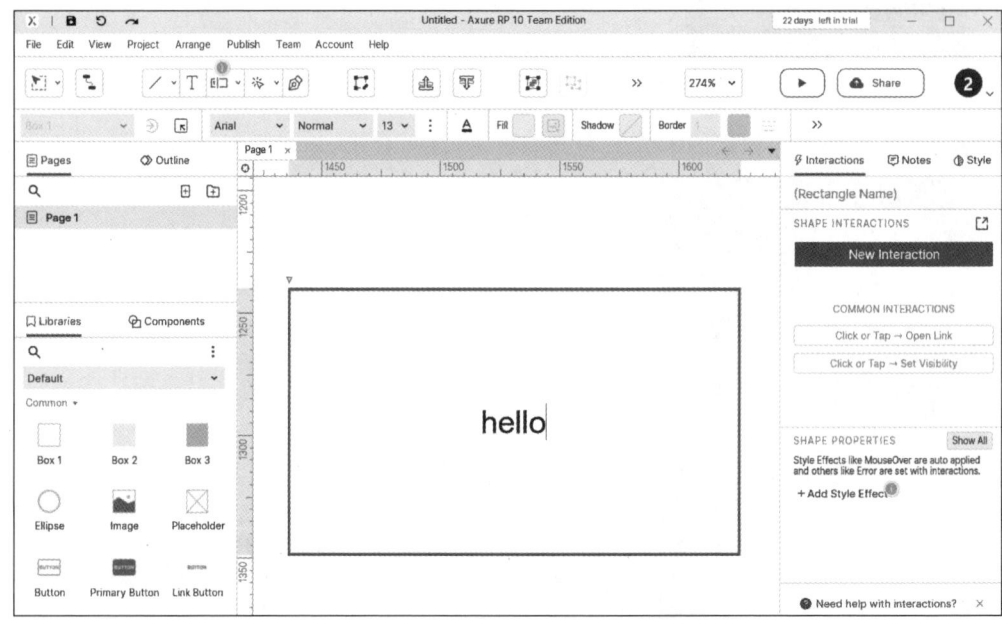

图 6-13　在 Box1 中输入 hello

任务二　Adobe XD 的下载、安装和使用

Adobe XD 是一站式 UX/UI 设计平台,可以进行移动应用和网页设计与原型制作。同时它也是一款结合设计与建立原型功能,同时提供工业级性能的跨平台设计产品。设计师使用 Adobe XD 可以高效准确地完成从静态编译或者框架图到交互原型的制作。

任务目标

1. 知识目标

- 了解 Adobe XD 在用户界面设计和交互设计中的作用和重要性,以及它在原型制作和设计迭代中的优势。
- 掌握 Adobe XD 的基本功能和特点,如创建页面布局、添加交互元素、定义交互逻辑等。

2. 能力目标

- 能够熟练使用 Adobe XD 进行用户界面设计,包括创建页面布局、添加设计元素(如文本、图像、图标等)和定义页面样式。
- 具备使用 Adobe XD 进行交互设计的能力,包括定义页面之间的转场效果、交互动作和用户反馈等。

任务实施

1. 基本操作

(1) 在搜索框中输入 Adobe XD 并打开,如图 6-14 所示。

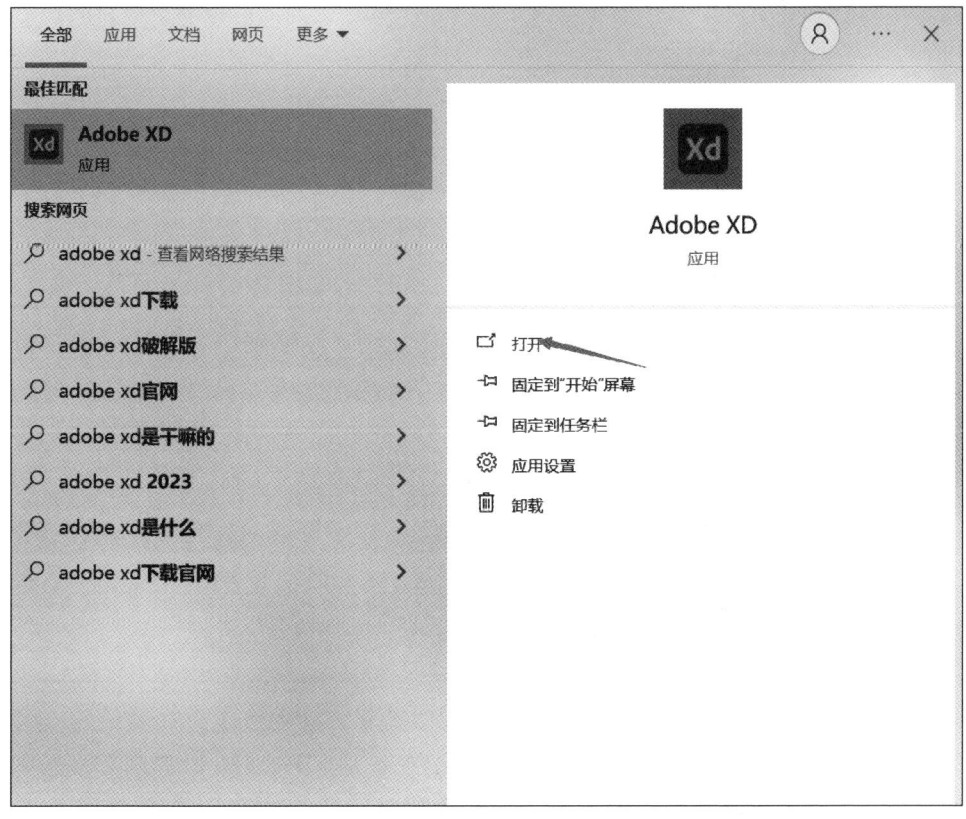

图 6-14　搜索 Adobe XD 并打开

（2）在欢迎界面选择"自定义大小"，输入宽度（W）500，高度（H）500，如图 6-15 所示。

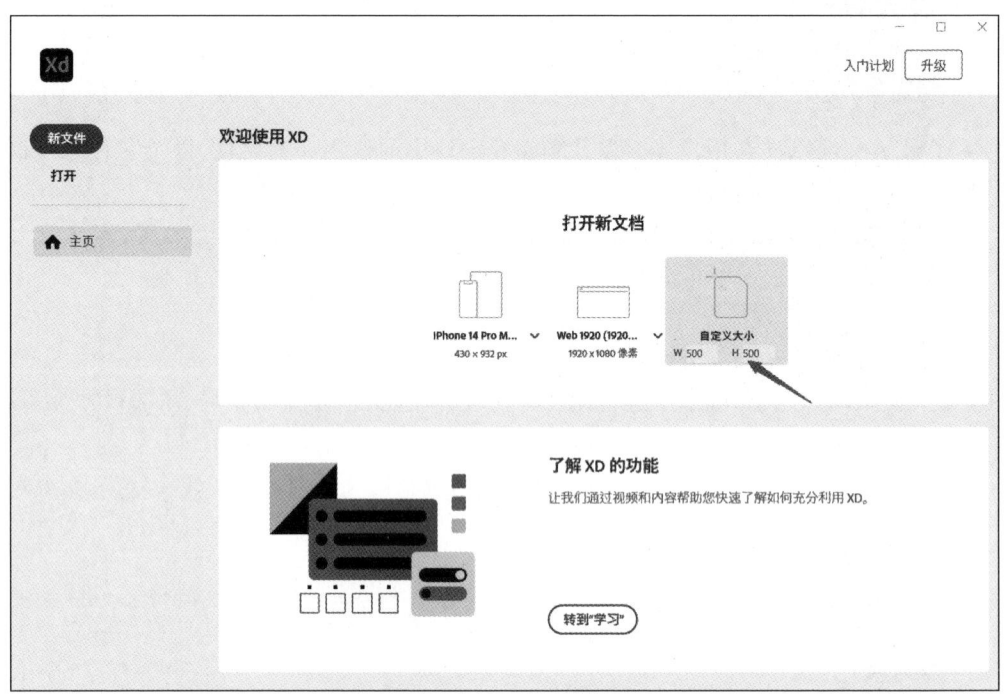

图 6-15　输入宽度 500，高度 500

（3）在画布上使用快捷键 E 选择椭圆工具，按住 Shift 键的同时拖动鼠标在画板上绘制一个正圆，如图 6-16 所示。

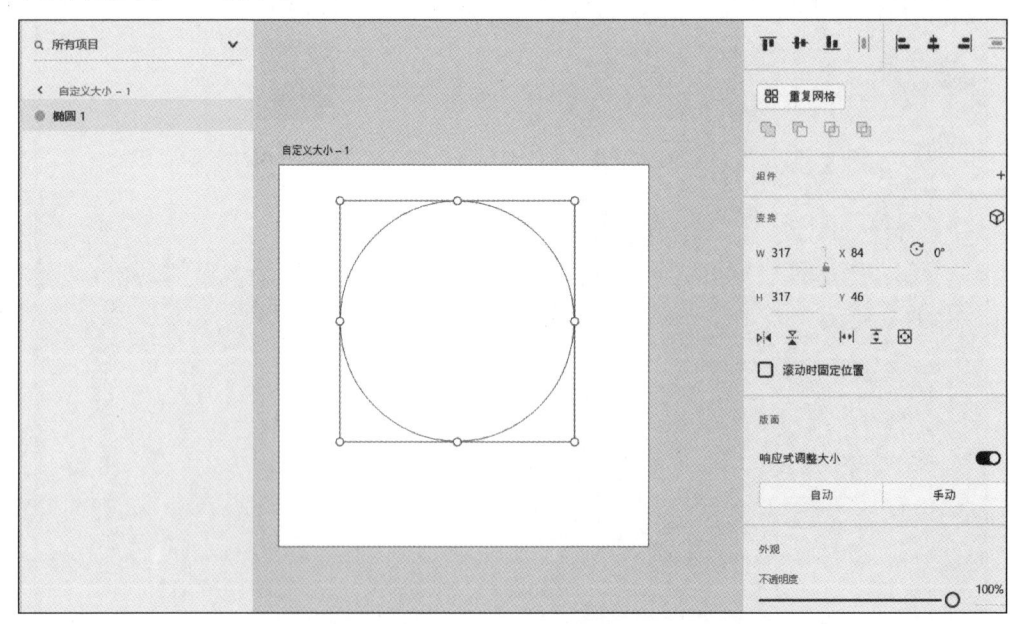

图 6-16　画一个正圆

（4）选中"椭圆 1"，使用快捷键 Ctrl＋C 和 Ctrl＋V 复制图形，选中"椭圆 2"，按住 Shift 键并拖动鼠标缩小复制的"椭圆 2"，并将其放到合适的位置，使"椭圆 1"和"椭圆 2"成为同心圆，如图 6-17 所示。

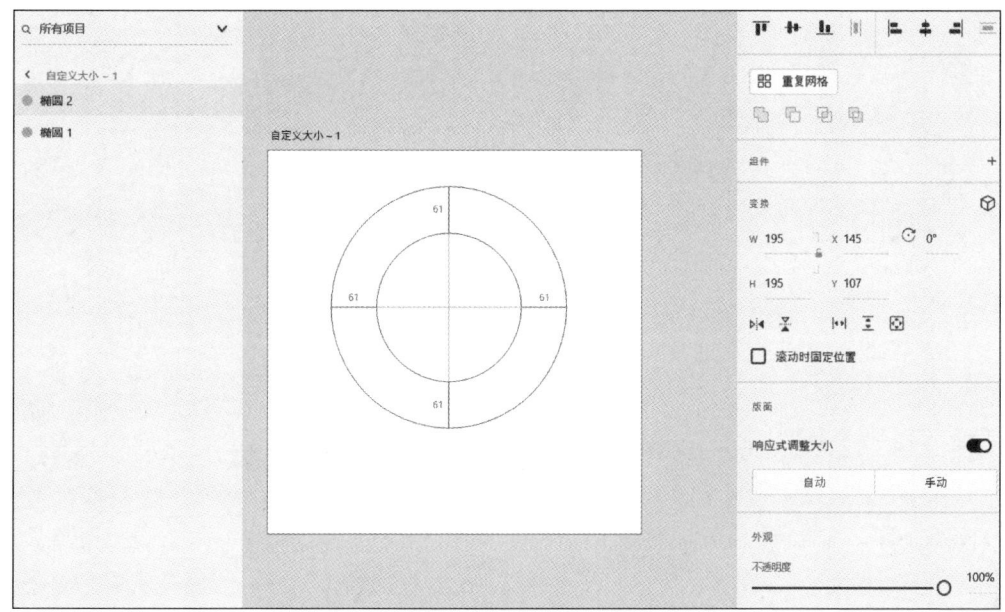

图 6-17　由"椭圆 1"和"椭圆 2"组成的同心圆

（5）在画布上选择"多边形"或使用快捷键 Y 画出三角形，并单击"垂直翻转"按钮，如图 6-18 所示。

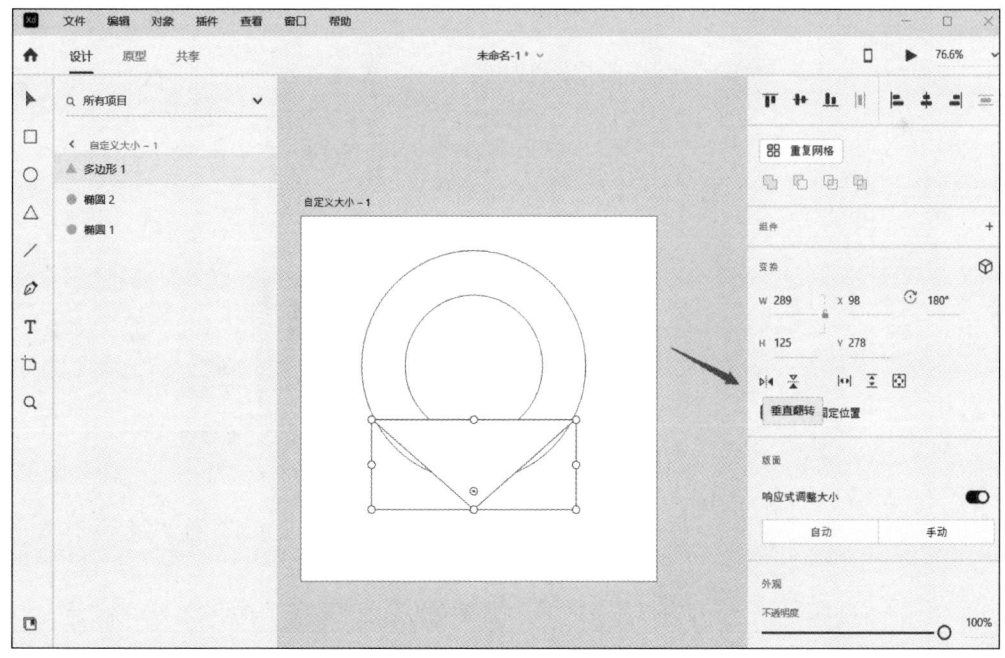

图 6-18　垂直翻转三角形

（6）调整"多边形 1"的大小和位置，使其两边和大圆相切，如图 6-19 所示。

（7）选择"多边形 1"和大圆，为其填充红色，并为"多边形 1"取消勾选"边界"，如图 6-20

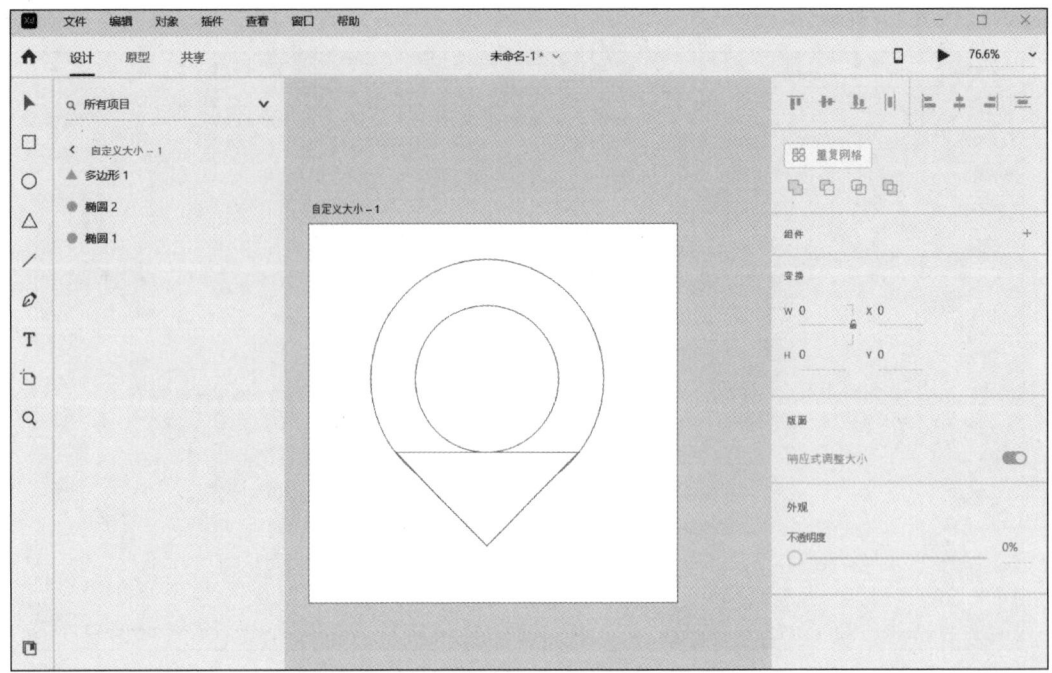

图 6-19 调整位置使三角形和大圆相切

和图 6-21 所示。

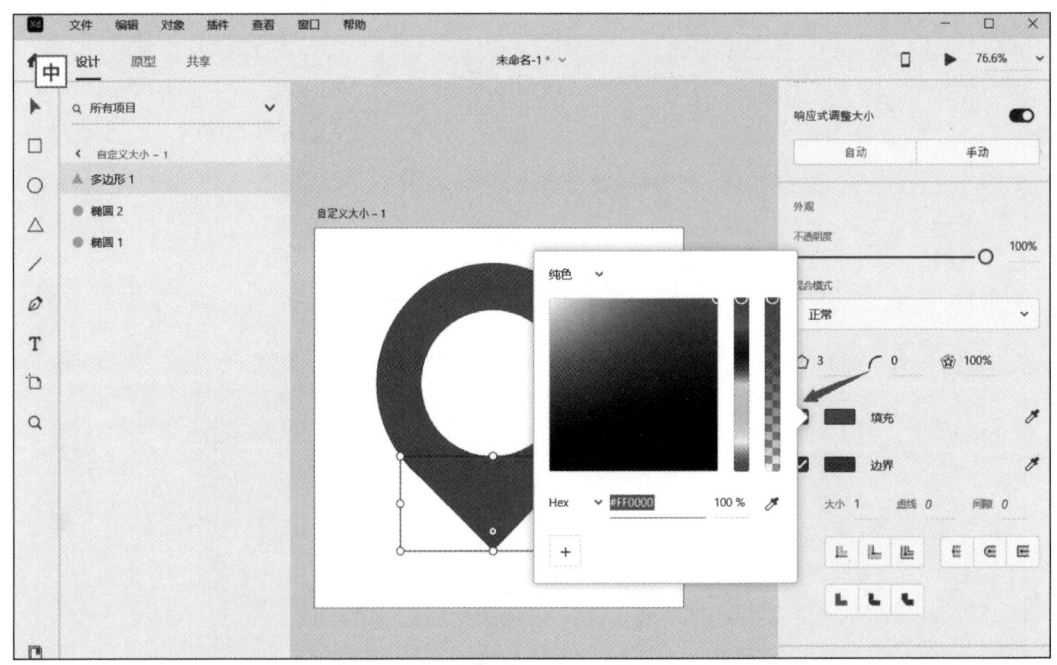

图 6-20 填充红色

(8)最终,从视觉上呈现出一个完整的图标,如图 6-22 所示。

(9)选择"文件"→"保存"选项,命名为"图标 1",并选择保存位置,如图 6-23 和图 6-24 所示。

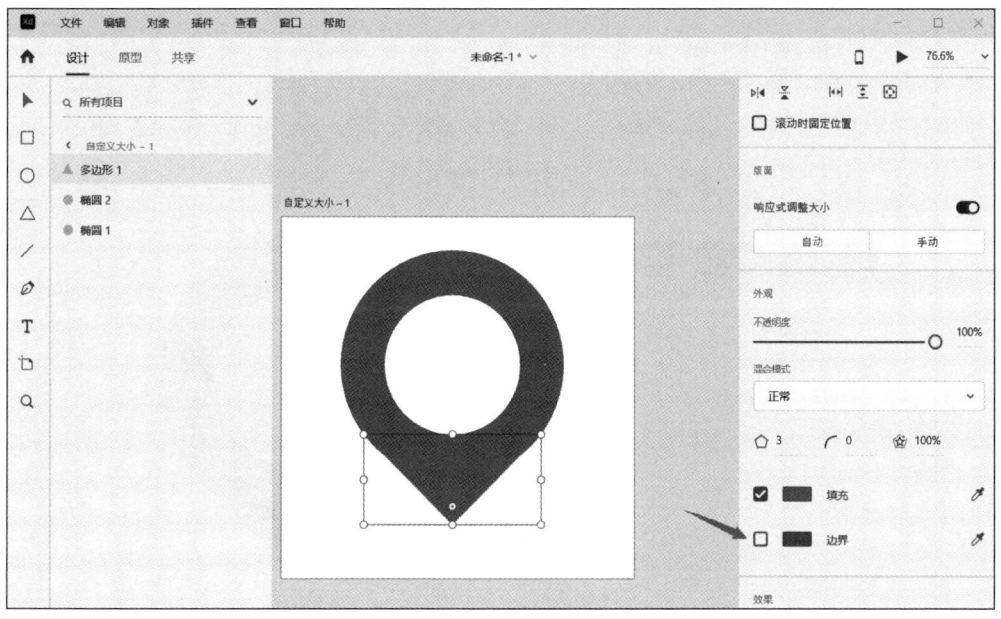

图 6-21 取消勾选"边界"

图 6-22 完整的图标

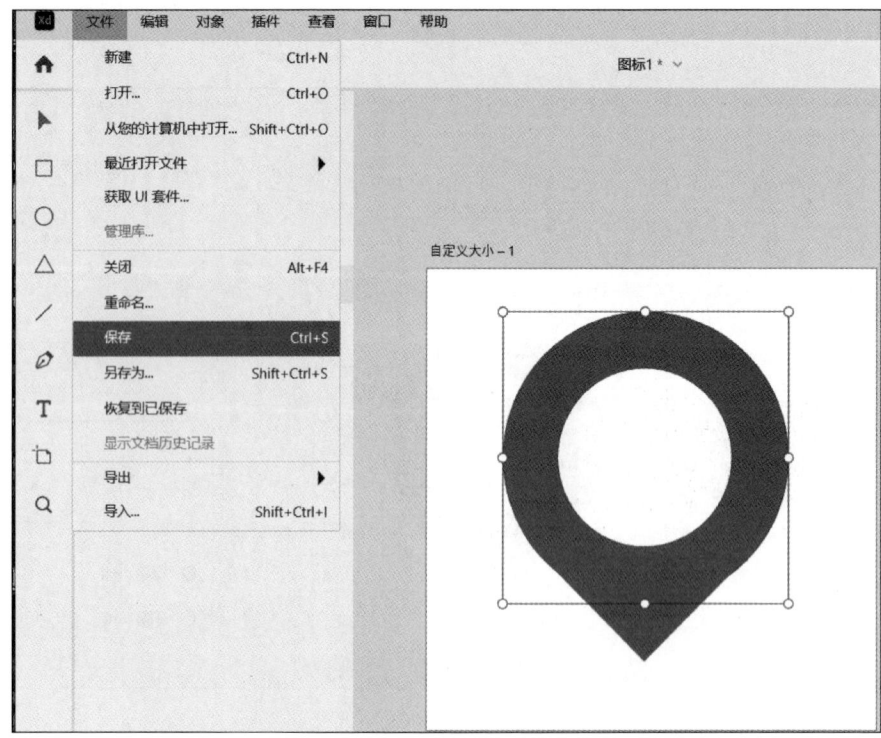

图 6-23 选择"文件"→"保存"选项

图 6-24 命名并选择保存的位置

课后练习

练习一：安装和使用 Axure RP

在浏览器中搜索 Axure RP，进入官网，选择适合自己的操作系统的版本，单击 Download Your Free 30-day Trial，选择安装位置后单击 Install，完成安装。在桌面双击 Axure RP 10

的图标开始使用，创建并登录用户，在画布中添加一个边框并写入 hello。

练习二：使用 Adobe XD

在官网下载好 Adobe XD 之后开始使用，自定义文档大小，在画布中画出一大一小两个圆形，通过移动使它们成为同心圆。画出一个三角形与大圆两边相切，与小圆一边相切，随后为大圆和三角形填充"红色"，为三角形取消勾选"边框"选项，在视觉上呈现出一个完整的图标。

能力提升

除了 Axure RP 和 Adobe XD 之外，Mockplus 也是简单且功能较完善的图像编辑应用程序。它支持全工序的产品设计，包括原型设计、UI 设计、PRD 文档撰写管理、全流程协作、自动标注切图、高效评论审阅等，并支持全部主流设计稿（Figma/Sketch/PS/XD/Axure 等）交付，助力产品经理、设计师、开发人员实现高效设计协作。

项目七 虚拟化工具

项目介绍

虚拟化工具是一种计算机技术,通过在一台物理计算机上创建多个虚拟环境来模拟多个独立的计算机系统。这些虚拟环境被称为虚拟机,每个虚拟机可以运行独立的操作系统和应用程序。虚拟化工具的主要作用是提供更高的资源利用率、灵活性和可管理性。

通过使用虚拟化工具,我们可以在一台物理计算机上同时运行多个虚拟机,从而实现资源的共享和隔离。这种方式可以节省硬件成本,提高服务器的利用率,并简化系统管理和维护工作。虚拟化工具还可以帮助我们快速部署和配置虚拟机,方便进行软件开发、测试和运行环境的搭建。

常见的虚拟化工具包括 VMware、VirtualBox 等,它们提供了丰富的功能,如虚拟机的创建、配置、快照管理、网络设置等。通过学习和掌握虚拟化工具,我们可以更好地理解和应用虚拟化技术,为企业的服务器虚拟化、云计算和软件开发等领域提供有力的支持。

学习目标

➢ 理解虚拟化技术的基本概念、原理和应用领域。
➢ 了解常见虚拟化工具的特点、功能和应用场景。
➢ 学习虚拟机的创建、配置和管理方法。
➢ 掌握虚拟化环境的网络设置、资源分配和安全管理方法。

技能目标

➢ 能够独立使用虚拟化工具创建和配置虚拟机环境。
➢ 具备虚拟机的网络设置和资源分配能力,包括网络连接、端口映射、存储管理等。
➢ 能够进行虚拟机的快照管理、备份和恢复操作。
➢ 具备虚拟化环境的安全管理能力,包括访问控制、防火墙设置和漏洞修复等。

任务一 VMware Workstation 的下载和安装

VMware Workstation 是一款功能强大的桌面虚拟计算机软件,可在单一的桌面上同时运行不同的操作系统,是开发、测试、部署新的应用程序的最佳解决方案。VMware Workstation 可在一部实体机器上模拟完整的网络环境,其灵活性与先进的技术胜过了市面上其他的虚拟计算机软件。对于企业的 IT 开发人员和系统管理员而言,VMware 在虚拟网络、实时快照、拖曳共享文件夹、支持 PXE 等方面的特点使它成为必不可少的工具。

任务目标

1. 知识目标

➢ 理解 VMware Workstation 的基本概念、特点和应用场景。
➢ 掌握 VMware Workstation 虚拟化技术的原理和基本工作流程。
➢ 了解 VMware Workstation 的功能和高级特性,如快照、网络设置和资源管理等。

2. 能力目标

➢ 能够独立使用 VMware Workstation 创建、配置和管理虚拟机环境。
➢ 具备虚拟机的网络设置和资源分配能力,包括网络连接、端口映射、磁盘管理等。
➢ 能够进行虚拟机的快照管理、备份和恢复操作。

任务实施

1. 下载和安装

(1)在浏览器中搜索 vmware workstation,如图 7-1 所示。

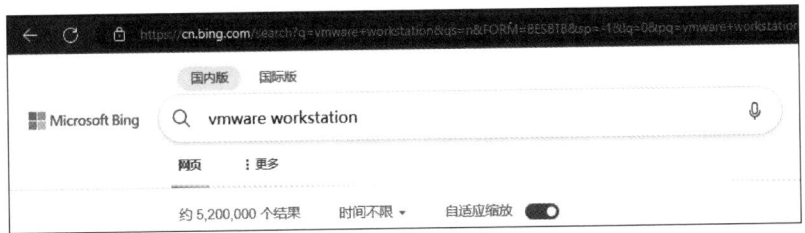

图 7-1　搜索 vmware workstation

(2)找到"Windows 虚拟机 | Workstation Pro | VMware | CN",如图 7-2 所示。

图 7-2　找到 Windows 虚拟机

(3) 下拉找到"试用 Workstation 17 Pro",单击"下载试用版"按钮,如图 7-3 所示。

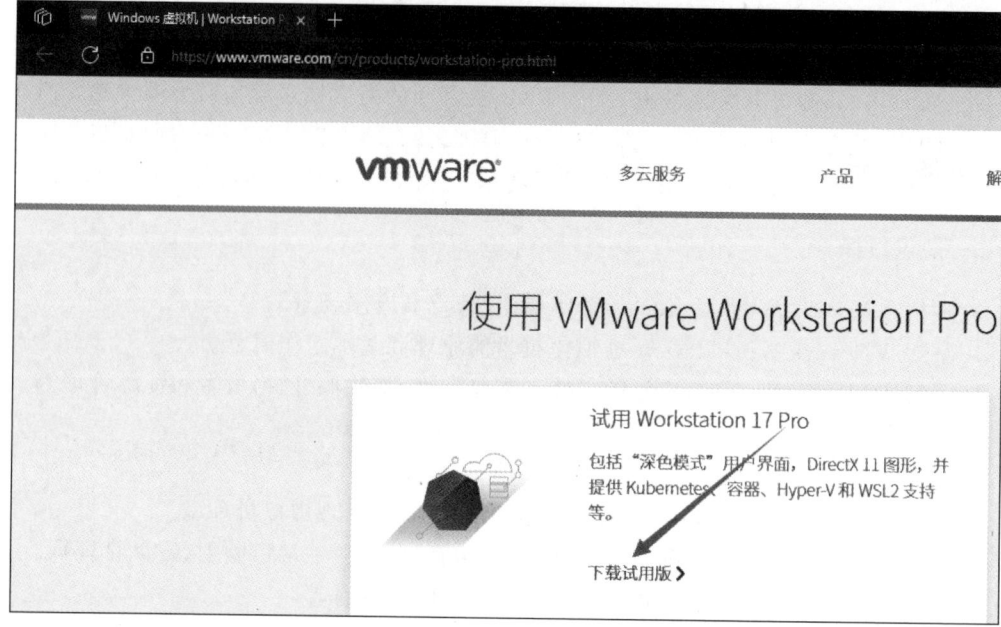

图 7-3　下载试用版

(4) 单击 DOWNLOAD NOW 按钮,如图 7-4 所示。

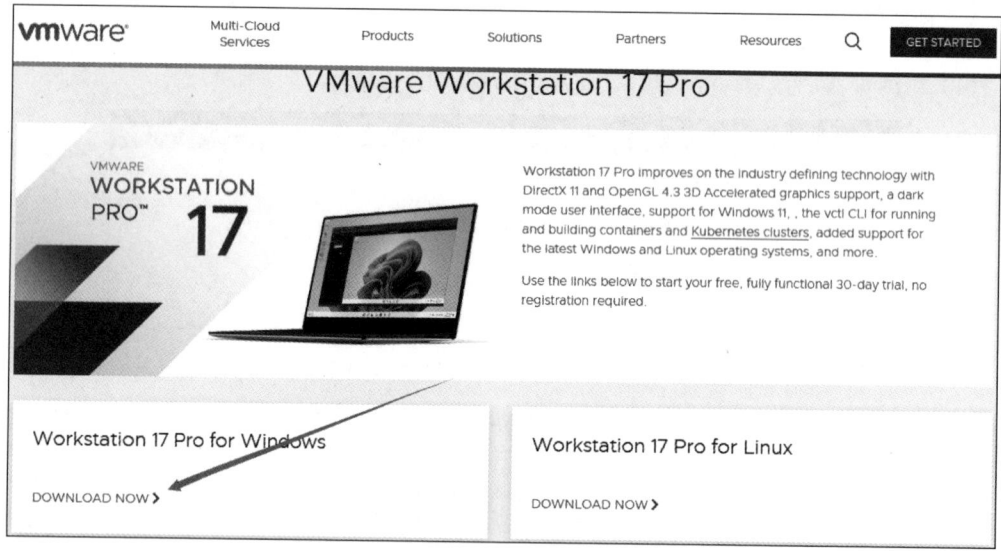

图 7-4　单击 DOWNLOAD NOW 按钮

(5) 下载完成,单击"文件夹",如图 7-5 所示。

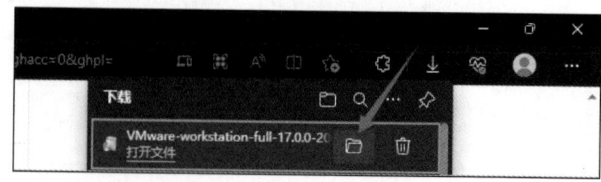

图 7-5　打开 VMware 下载文件夹

(6) 双击安装包开始安装，如图 7-6 所示。

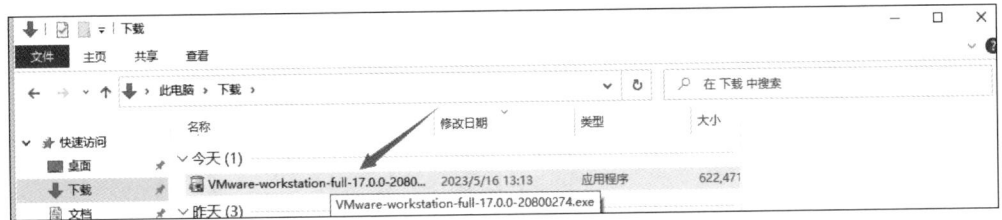

图 7-6　开始安装

(7) 进入安装向导，单击"下一步"按钮，如图 7-7 所示。

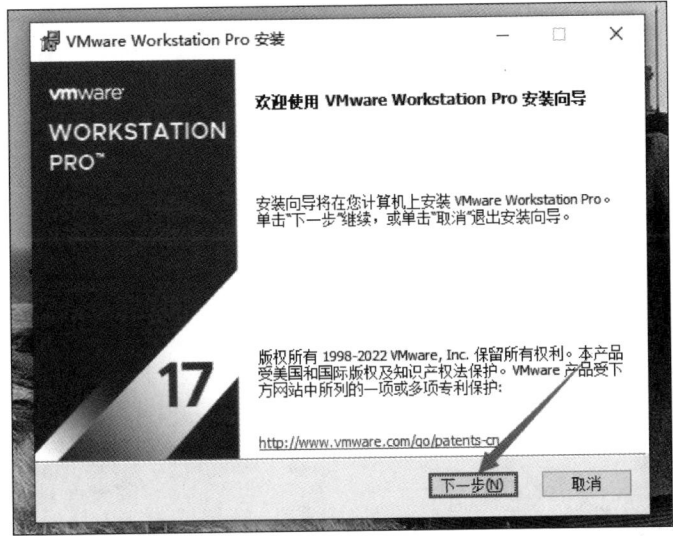

图 7-7　进入安装向导

(8) 勾选许可协议条款，单击"下一步"按钮，如图 7-8 所示。

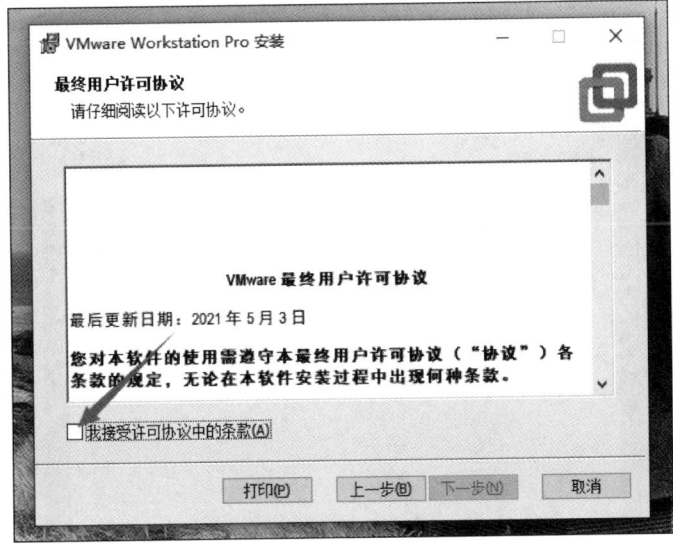

图 7-8　勾选许可协议条款

(9) 选择安装位置,单击"下一步"按钮,如图 7-9 所示。

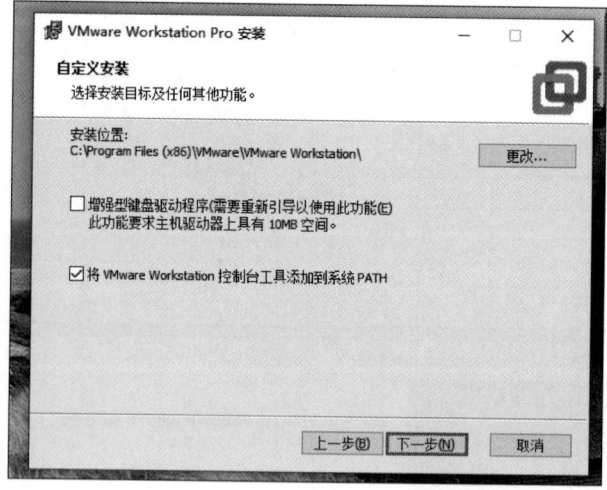

图 7-9 选择安装位置

(10) 建议安装在 C 盘以外的磁盘,先创建一个文件夹用于保存 VMware,如图 7-10 所示。

图 7-10 创建一个用于保存 VMware 的文件夹

(11) 单击"更改"按钮,选择安装路径,如图 7-11 所示。

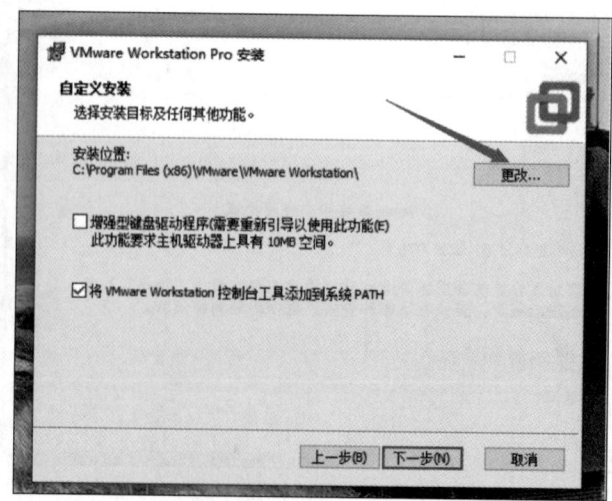

图 7-11 选择安装路径

（12）找到新创建的用于保存 VMware 的文件夹，单击"确定"按钮，如图 7-12 和图 7-13 所示。

图 7-12　找到新创建的用于保存 VMware 的文件夹

图 7-13　单击"确定"按钮

（13）单击"下一步"按钮，如图 7-14 所示。

（14）可以勾选检查更新和体验计划并创建快捷方式，如图 7-15 和图 7-16 所示。

（15）单击"安装"按钮，如图 7-17 所示。

（16）激活 VMware，如图 7-18 和图 7-19 所示。

（17）完成安装，如图 7-20 所示。

（18）从开始菜单启动 VMware，单击"开始"菜单，找到 VMware 图标，单击该图标即可启动，如图 7-21 所示。

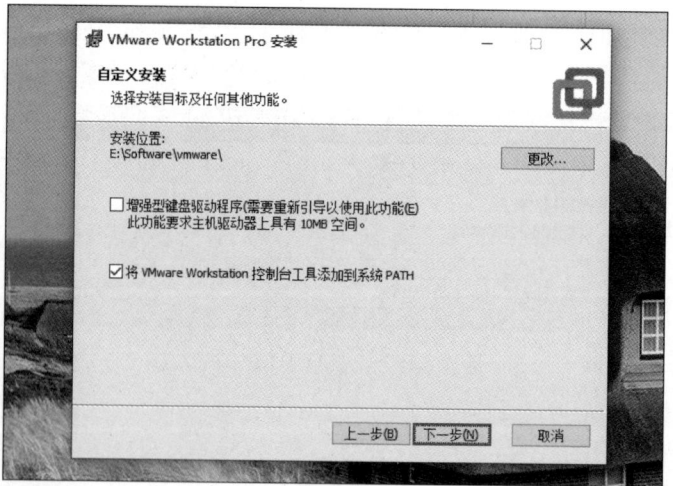

图 7-14 单击"下一步"按钮

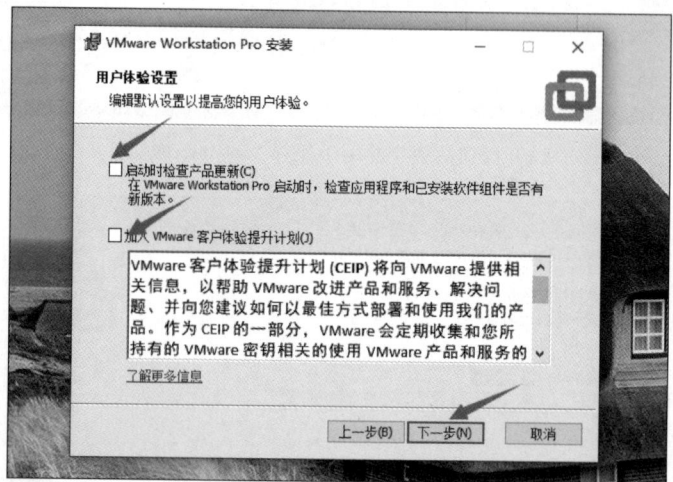

图 7-15 可以勾选检查更新和体验计划

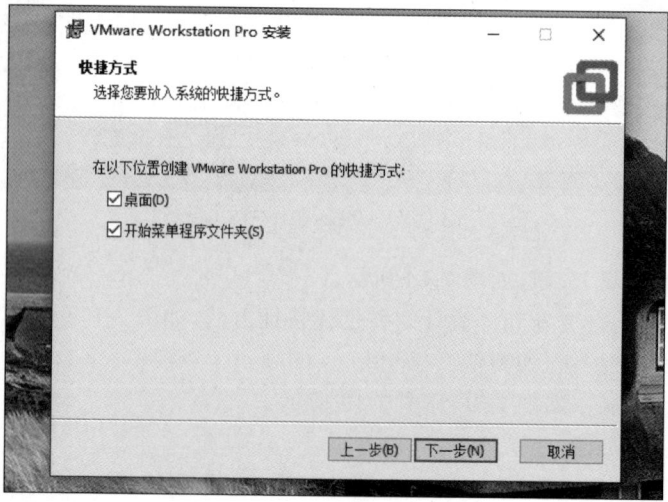

图 7-16 创建快捷方式

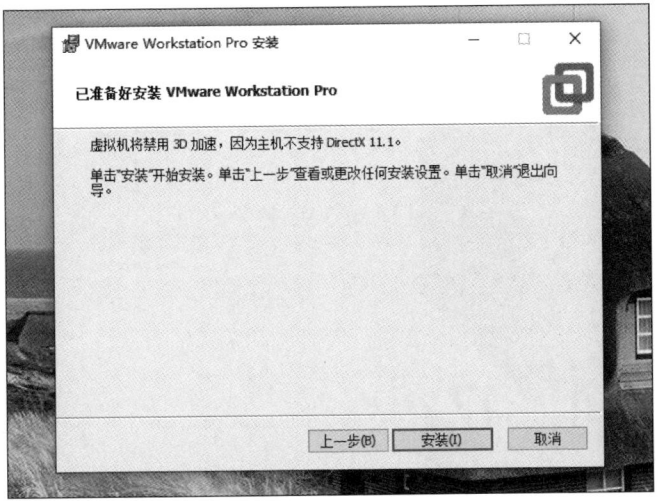

图 7-17　开始安装

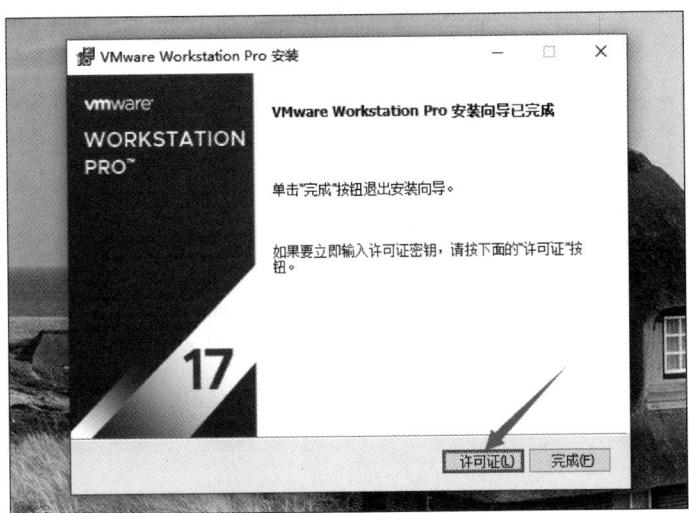

图 7-18　单击"许可证"按钮

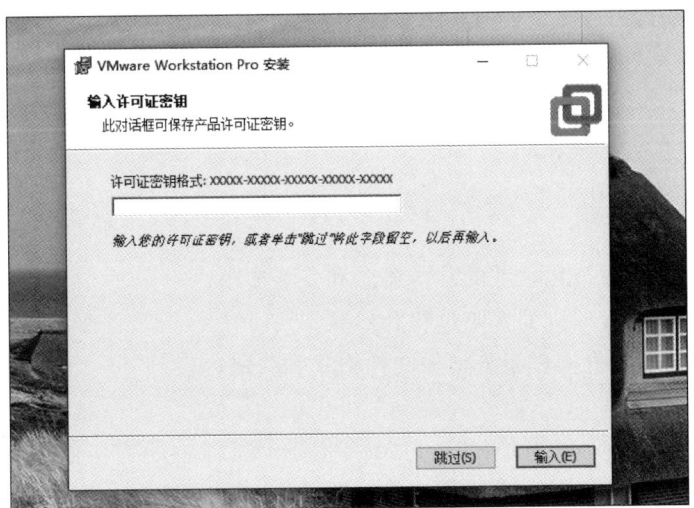

图 7-19　输入密钥

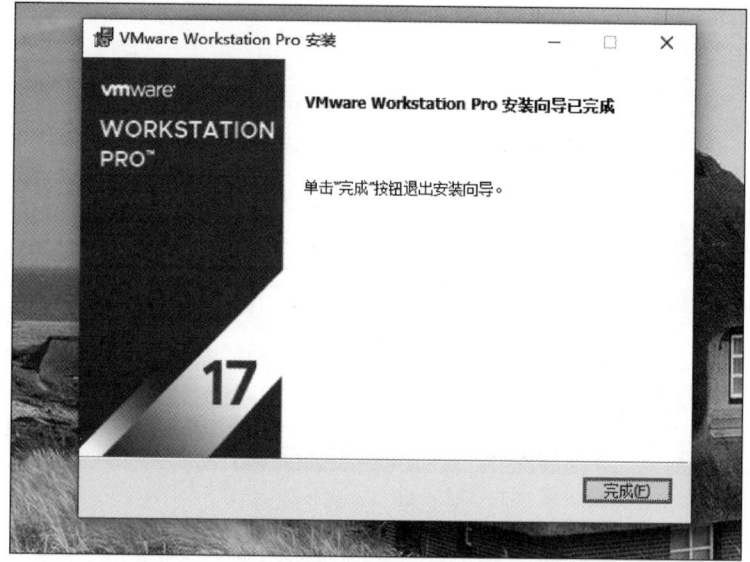

图 7-20 完成安装

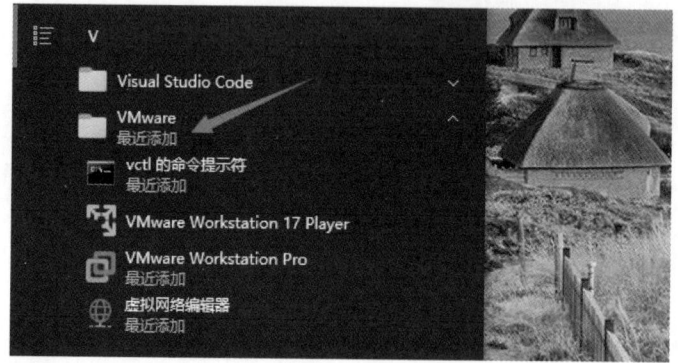

图 7-21 双击 VMware Workstation Pro

任务二 VMware Workstation 安装 CentOS 虚拟机

任务目标

1. 知识目标

- 了解 VMware 虚拟化软件的基本概念和安装要求。
- 掌握 VMware 虚拟机的安装过程和步骤。
- 了解常见的虚拟机操作系统镜像文件格式和获取途径。

2. 能力目标

- 能够独立安装 VMware 虚拟化软件并进行基本设置。

- 具备从操作系统镜像文件创建虚拟机的能力，包括选择合适的操作系统类型和版本、分配资源等。
- 能够进行虚拟机的基本配置，如网络设置、磁盘大小和存储控制器等。

任务实施

1. 创建 CentOS 虚拟机

（1）准备 CentOS 7 镜像，如图 7-22 所示。

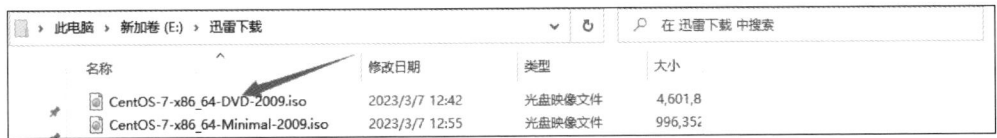

图 7-22　准备 CentOS 7 镜像

（2）打开 VMware Workstation，单击"创建新的虚拟机"，如图 7-23 所示。

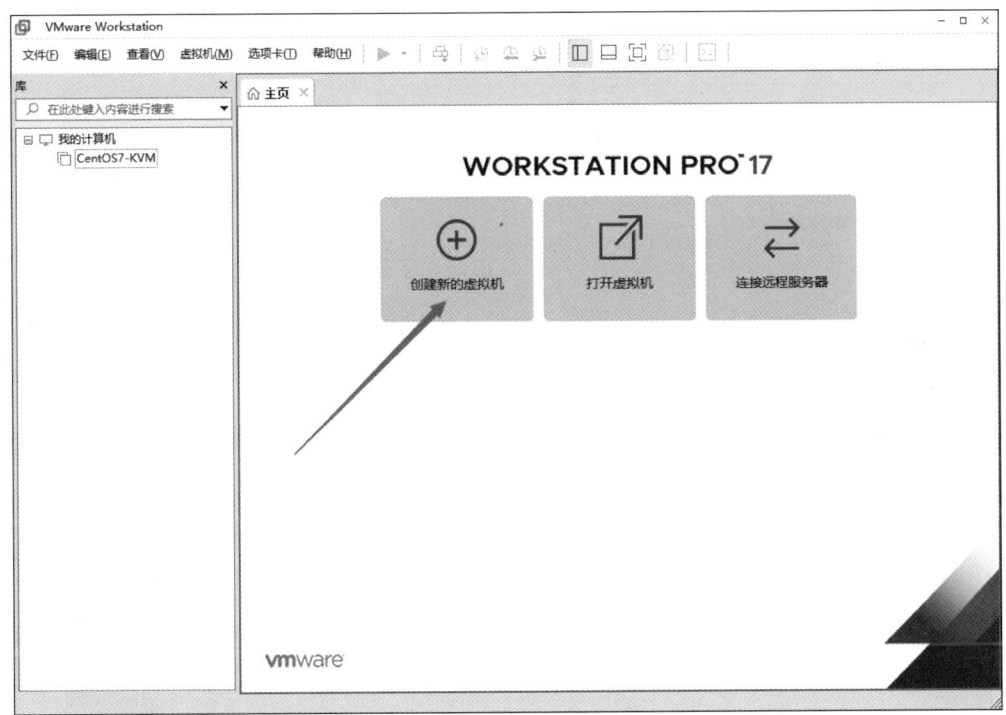

图 7-23　创建新的虚拟机

（3）选择"典型"，并单击"下一步"按钮，如图 7-24 所示。

（4）选择"稍后安装操作系统"，并单击"下一步"按钮，如图 7-25 所示。

（5）选择 Linux 操作系统，选择"CentOS 7 64 位"版本，并单击"下一步"按钮，如图 7-26 和图 7-27 所示。

（6）修改虚拟机名称为"CentOS7-test"，如图 7-28 所示。

（7）修改虚拟机保存位置，默认是 C 盘，如图 7-29 所示。

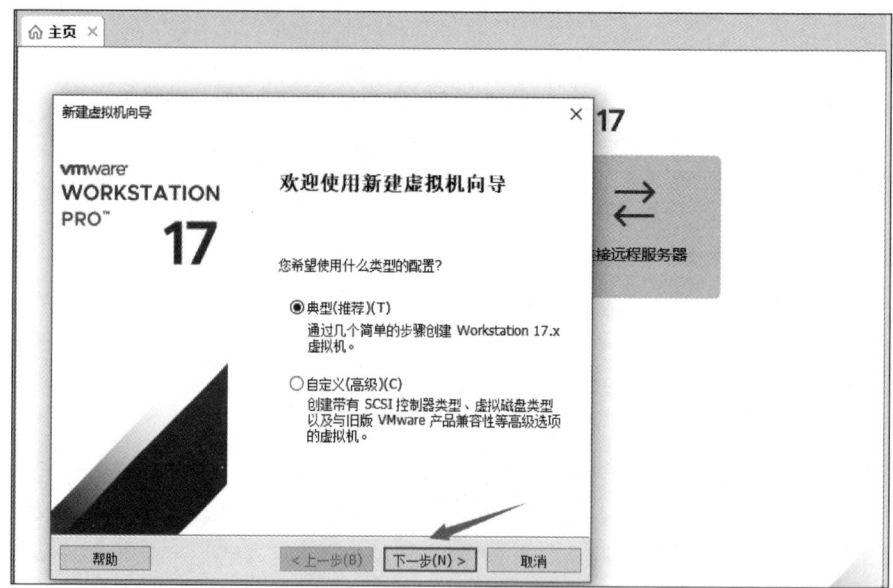

图 7-24　选择"典型"

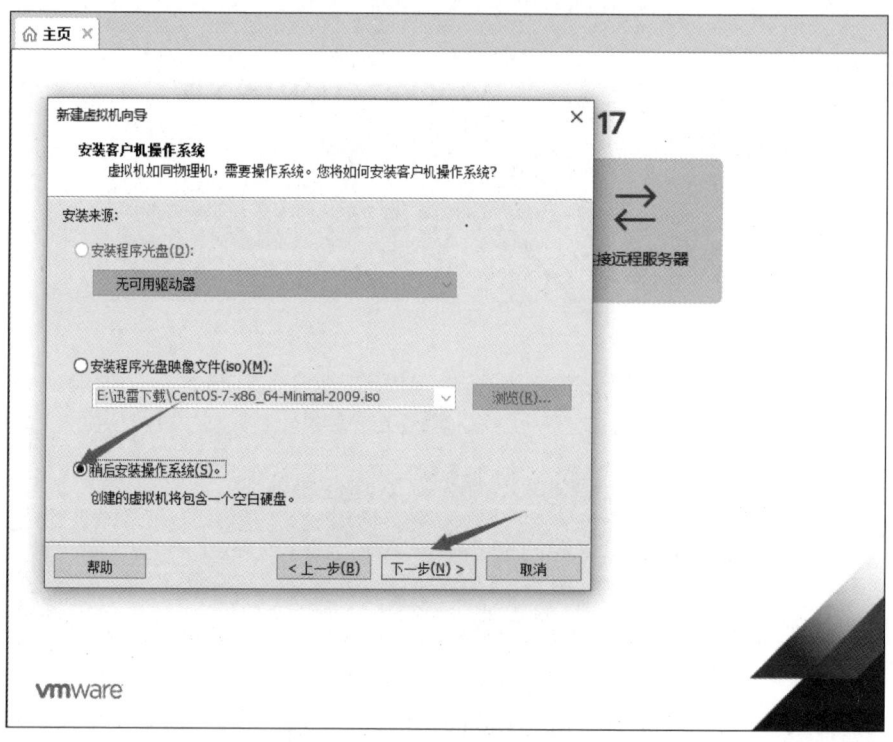

图 7-25　稍后安装操作系统

(8) 在 C 盘以外的磁盘创建文件夹,用于保存虚拟机,如图 7-30 所示。

(9) 单击"浏览",修改虚拟机保存位置,如图 7-31 所示。

(10) 指定磁盘容量,如果没有特殊需求,保持默认就可以,单击"下一步"按钮,如图 7-32 所示。

项目七 虚拟化工具 147

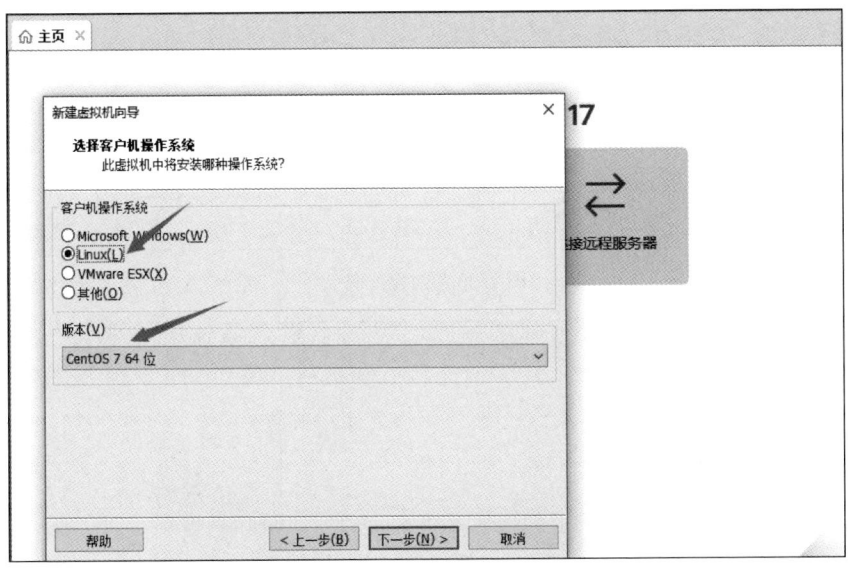

图 7-26 选择操作系统及其版本

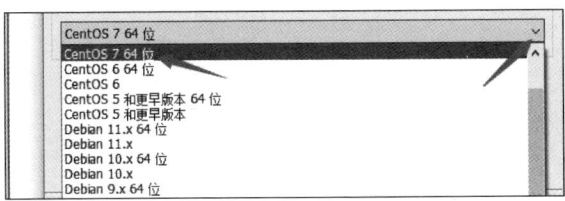

图 7-27 选择操作系统与版本

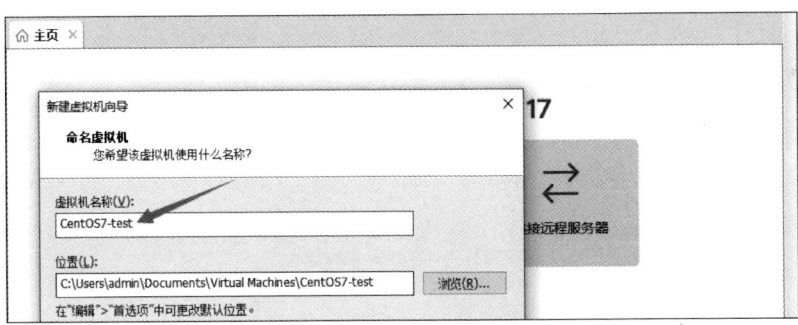

图 7-28 修改虚拟机名称

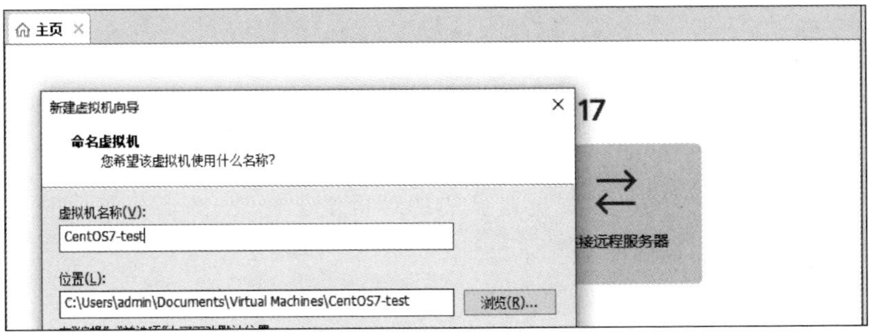

图 7-29 虚拟机保存位置

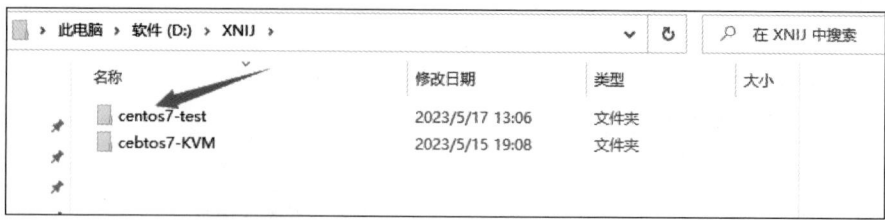

图 7-30 创建文件夹

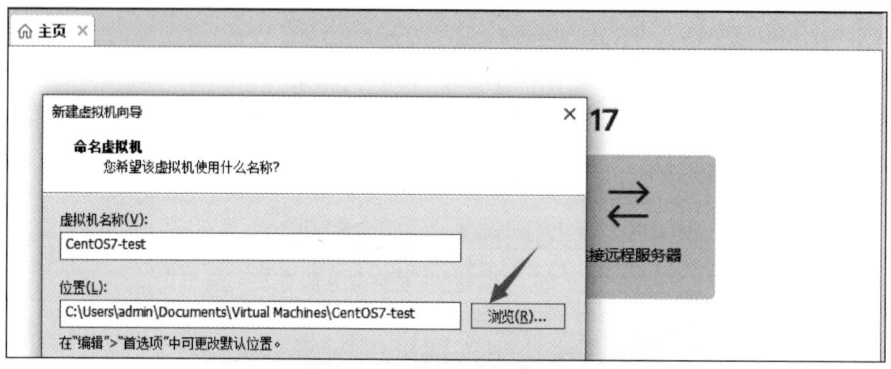

图 7-31 修改虚拟机保存位置

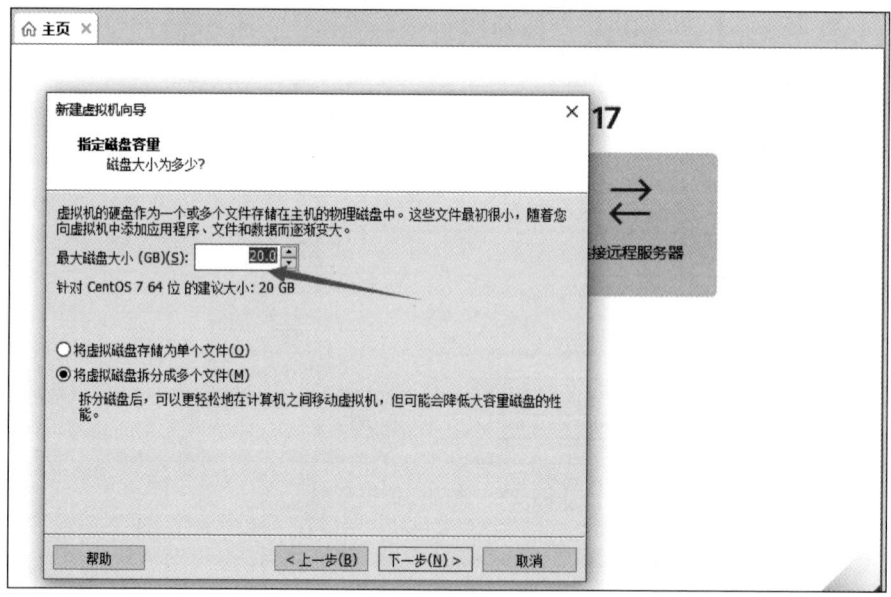

图 7-32 指定磁盘容量

(11) 单击"自定义硬件"按钮,如图 7-33 所示。

(12) 修改 CPU 和内存大小,根据自己的物理机情况修改,图形化界面的系统建议给大一点,4 核 4GB,如图 7-34 和图 7-35 所示。

(13) 选择安装的映像文件,如图 7-36～图 7-38 所示。

(14) 单击"关闭"按钮,再单击"完成"按钮,如图 7-39 和图 7-40 所示。

(15) 安装完成之后生成新的虚拟机,如图 7-41 所示。

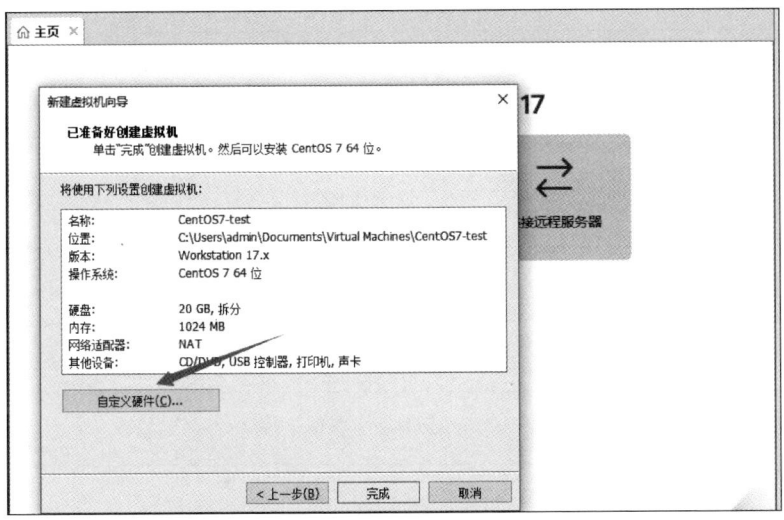

图 7-33 单击"自定义硬件"按钮

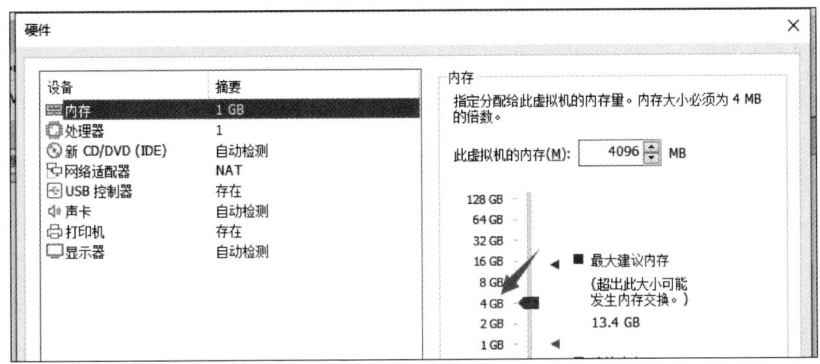

图 7-34 修改内存大小

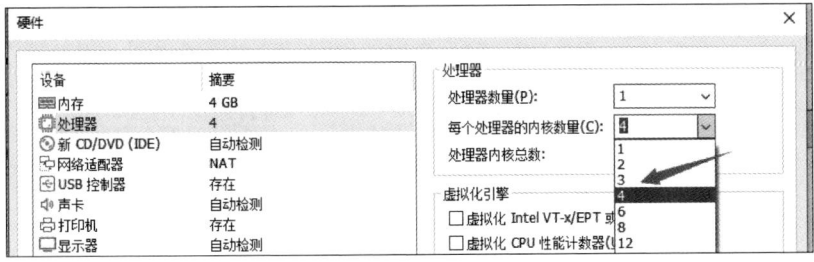

图 7-35 修改 CPU 内核数量

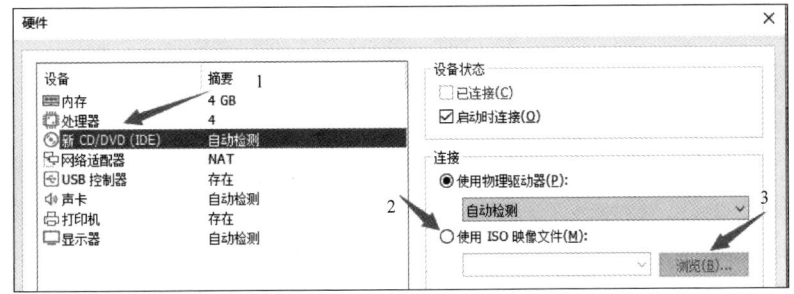

图 7-36 选择 ISO 映像文件 1

图 7-37 选择 ISO 映像文件 2

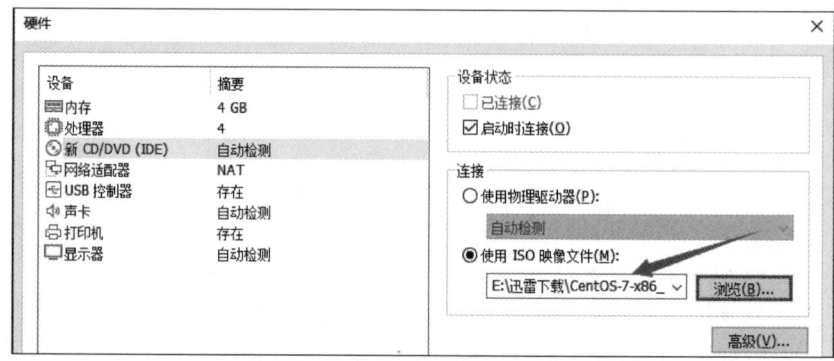

图 7-38 选择安装系统的镜像

图 7-39 单击"关闭"按钮

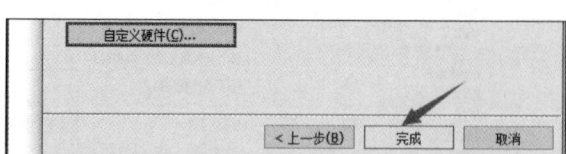

图 7-40 完成安装

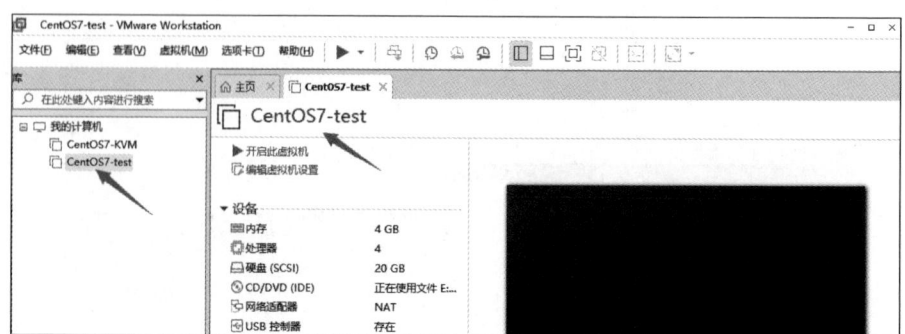

图 7-41 新的虚拟机

2. 虚拟机的安装

（1）单击"开启此虚拟机"按钮，如图 7-42 所示。

图 7-42　开启此虚拟机

（2）单击黑色框内的任意位置，然后按 Enter 键，如图 7-43 和图 7-44 所示。

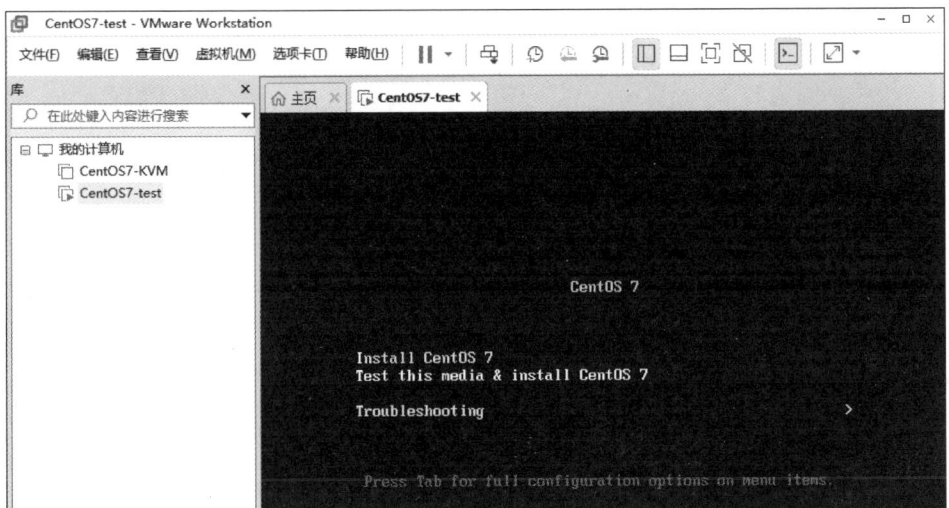

图 7-43　进入虚拟机

图 7-44　单击任意位置

（3）跳过检测，按 Esc 键，如图 7-45 所示。

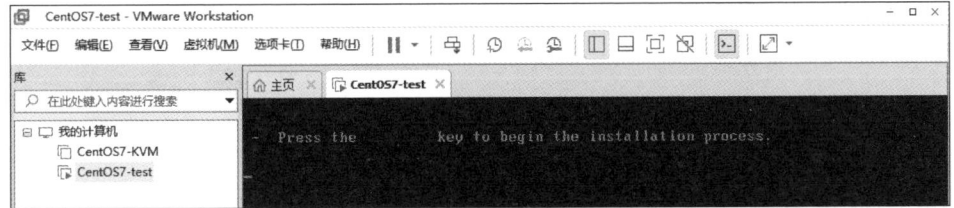

图 7-45　跳过检测

（4）选择语言，如图 7-46 和图 7-47 所示。

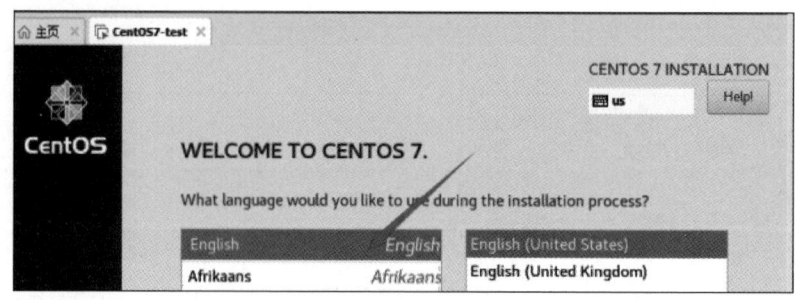

图 7-46　选择语言界面

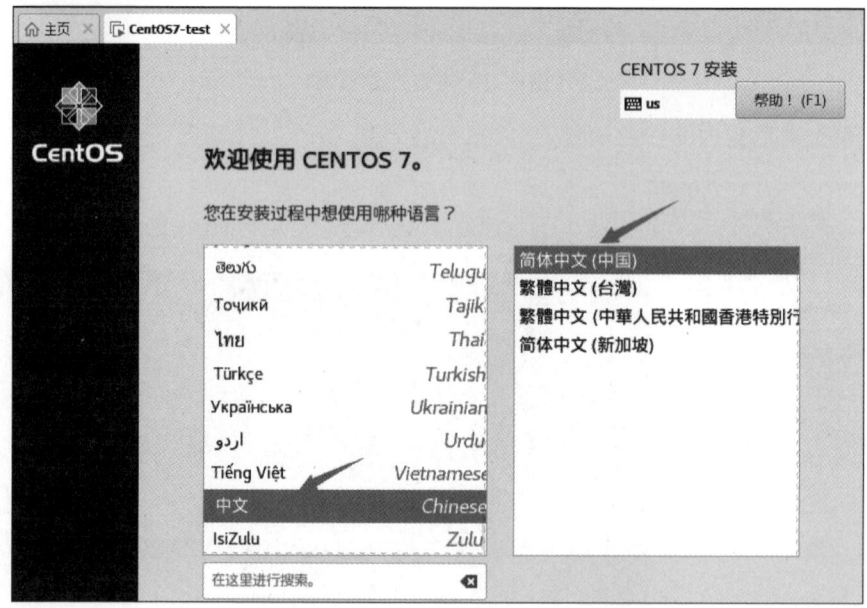

图 7-47　选择语言

（5）选择完成单击"继续"按钮，如图 7-48 所示。

图 7-48　继续安装

（6）单击"软件选择"按钮，默认是最小化安装，如图 7-49 所示。
（7）选择"GNOME 桌面"，然后单击"完成"按钮，如图 7-50 所示。
（8）单击"安装位置"按钮，如图 7-51 所示。
（9）只有一块硬盘，保持默认就可以，单击"完成"按钮，进入下一步，如图 7-52 所示。
（10）单击"开始安装"按钮，如图 7-53 所示。
（11）设置 ROOT 密码，并双击"完成"按钮，如图 7-54、图 7-55 所示。
（12）等待安装完成之后启动虚拟机。

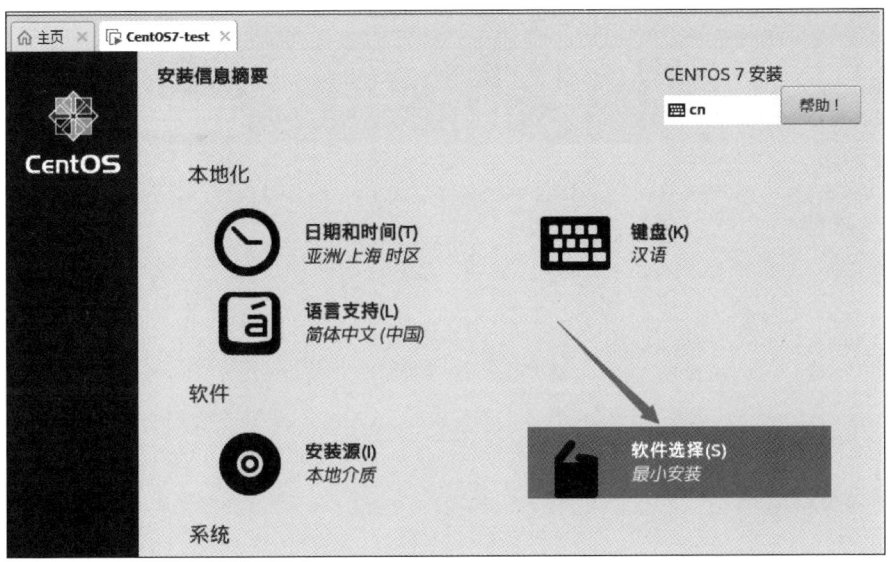

图 7-49　单击"软件选择"按钮

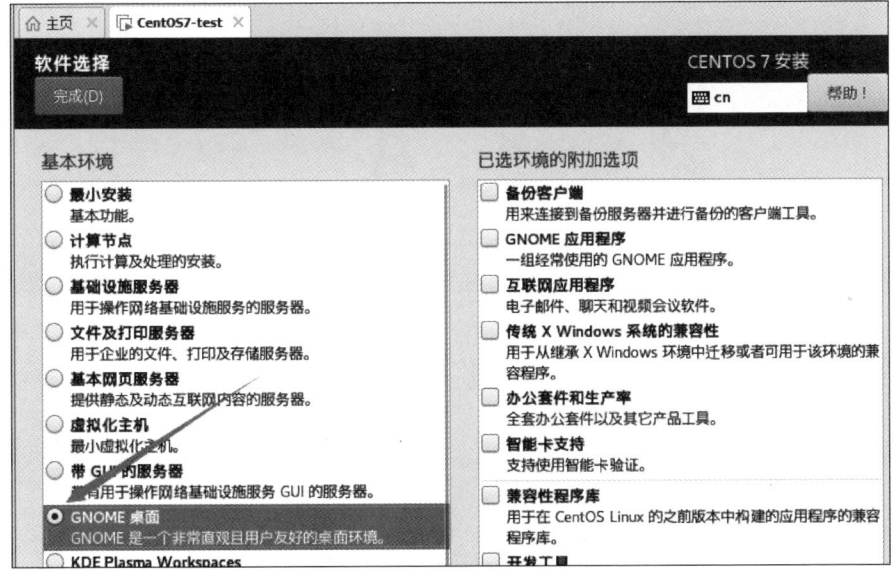

图 7-50　选择"GNOME 桌面"

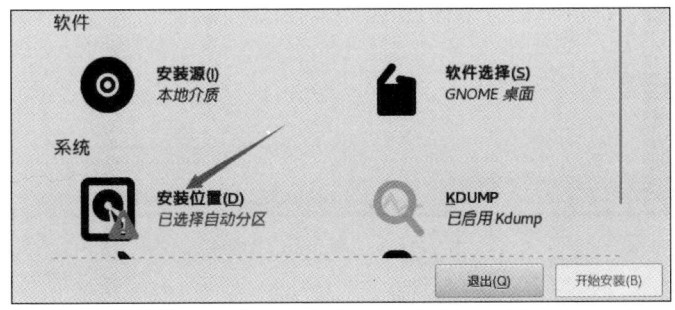

图 7-51　单击"安装位置"按钮

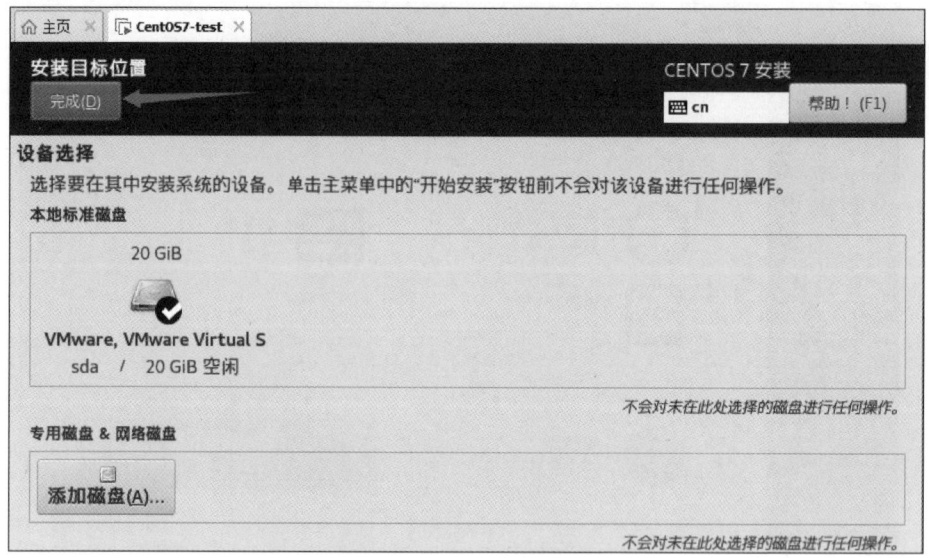

图 7-52 选择安装位置

图 7-53 单击"开始安装"按钮

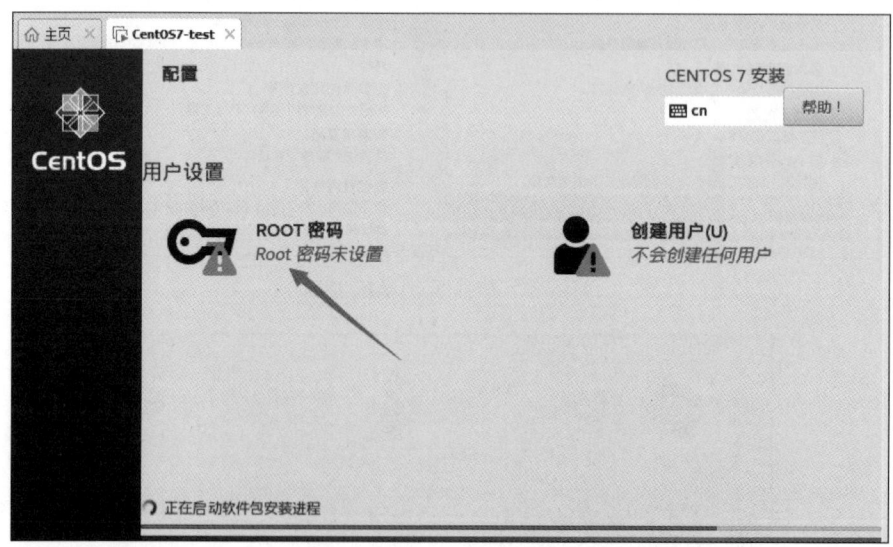

图 7-54 选择 ROOT 密码

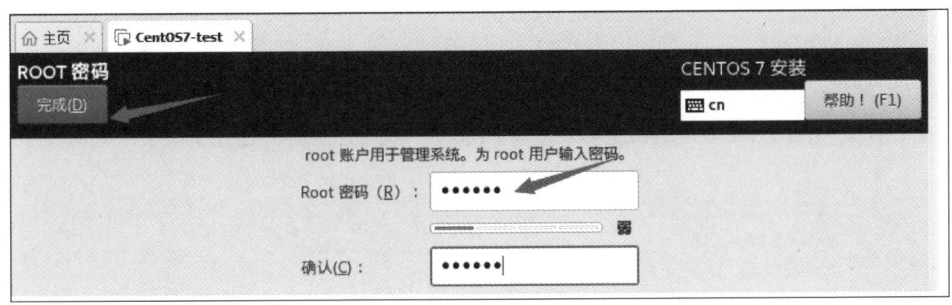

图 7-55　设置密码

3．配置虚拟机

（1）安装完成，单击"重启"按钮，如图 7-56 所示。

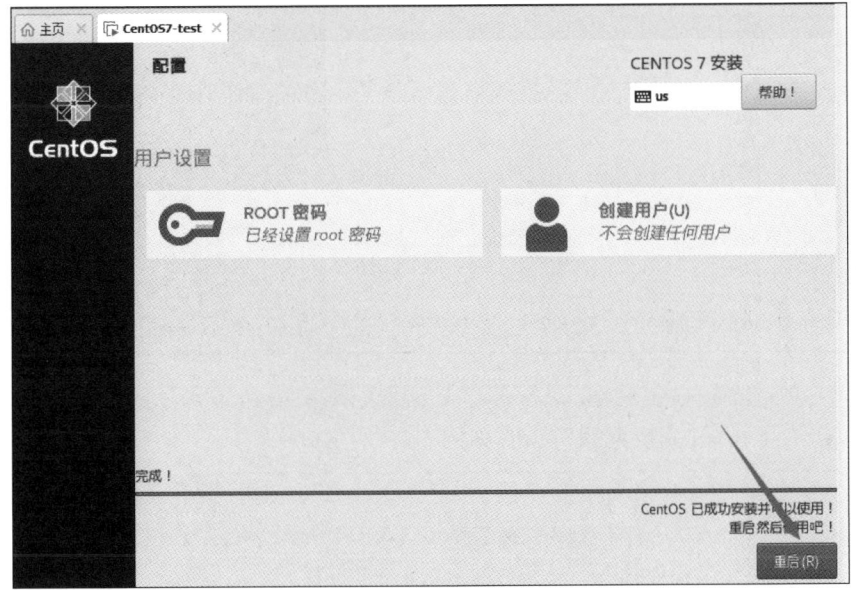

图 7-56　重启虚拟机

（2）在 LICENSING 中，勾选"我同意许可协议"，并单击"完成"按钮，如图 7-57 和图 7-58 所示。

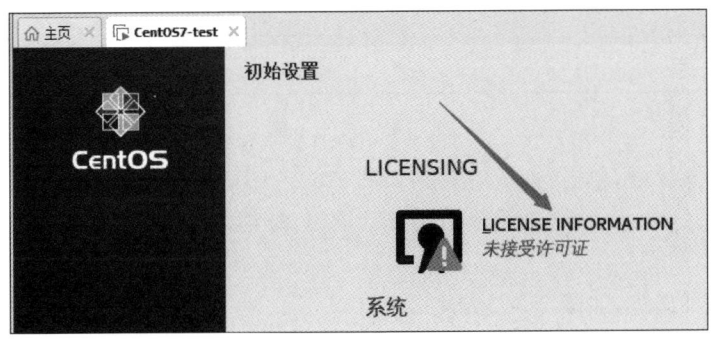

图 7-57　选择许可证

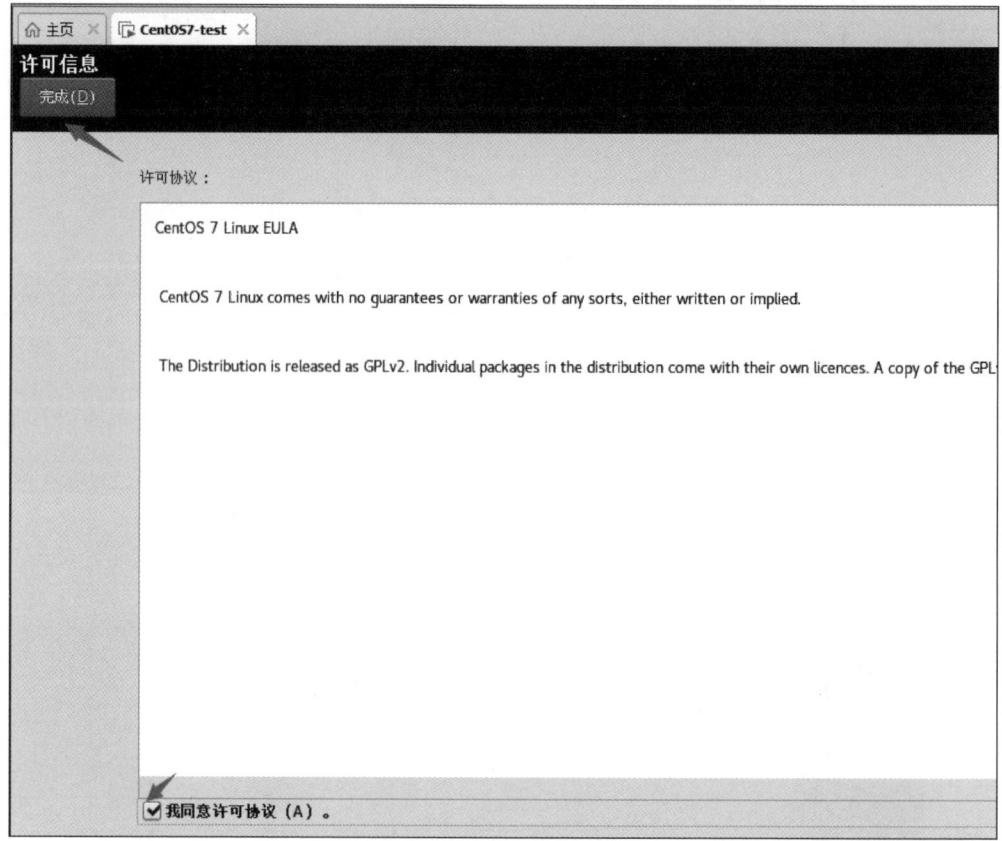

图 7-58　同意许可协议

（3）单击右下角的"完成配置"按钮，如图 7-59 所示。

图 7-59　完成配置

（4）默认选择汉语，单击"前进"按钮，如图 7-60～图 7-62 所示。

（5）选择时区，搜索上海或者单击地图上的上海都能定位，然后单击"前进"按钮，如图 7-63 所示。

（6）跳过账号连接，如图 7-64 所示。

（7）设置用户名，如图 7-65 所示。

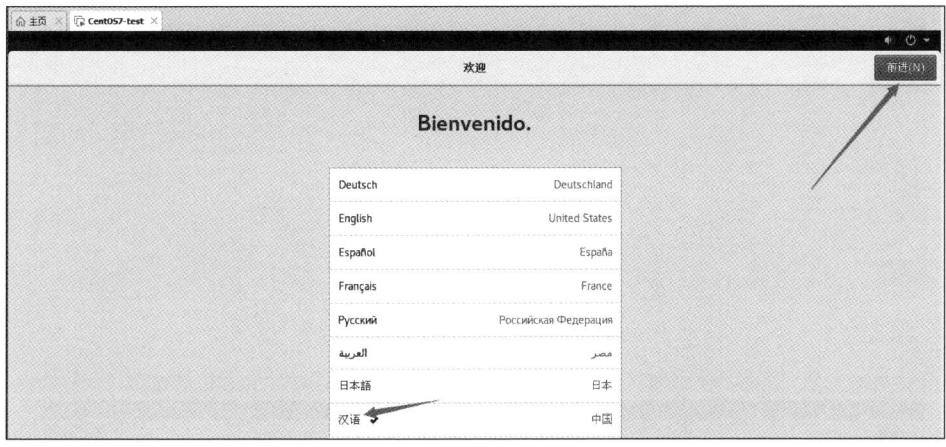

图 7-60 选择汉语并前进

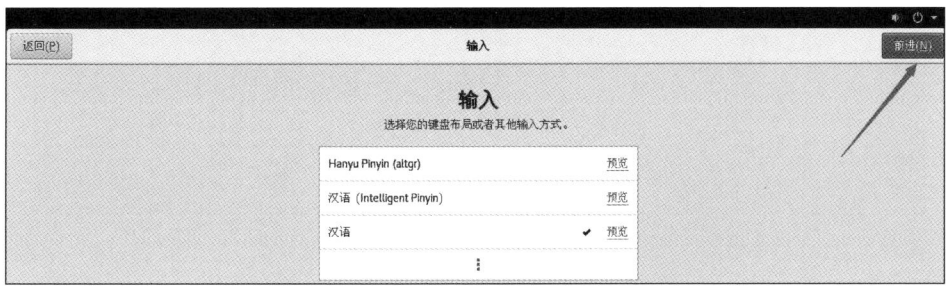

图 7-61 选择汉语输入并前进

图 7-62 打开位置服务并前进

图 7-63 选择时区

图 7-64　跳过账号连接

图 7-65　设置用户名

(8) 设置密码，不能过于简单，如图 7-66 和图 7-67 所示。

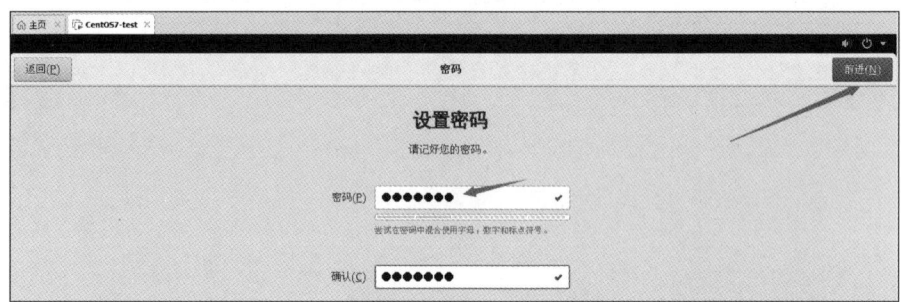

图 7-66　设置密码

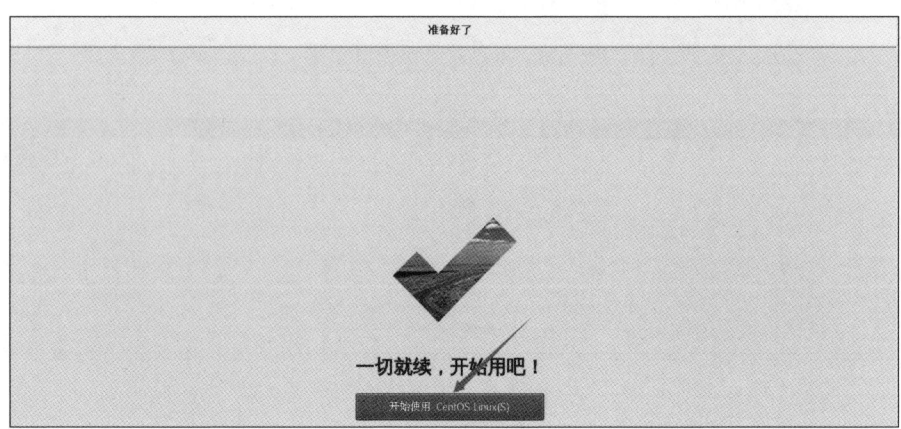

图 7-67　开始使用

(9) 开始使用 CentOS,如图 7-68 和图 7-69 所示。

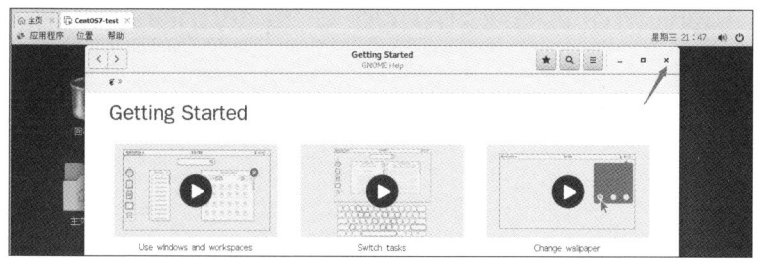

图 7-68　关闭窗口

图 7-69　开始使用 CentOS

(10) 右击屏幕,在弹出的快捷菜单中选择"打开终端"选项,如图 7-70 所示。

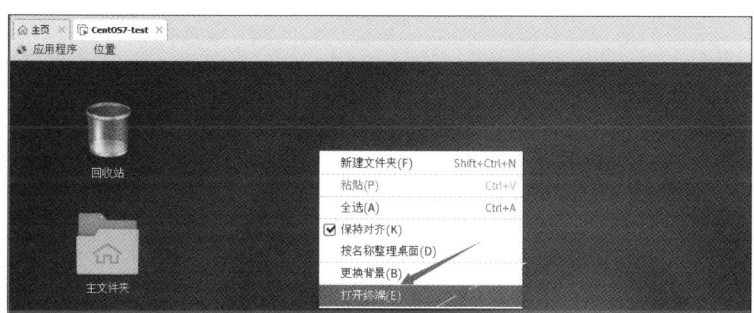

图 7-70　打开终端

(11) 输入"ip a"查看 IP 地址,如图 7-71 所示。

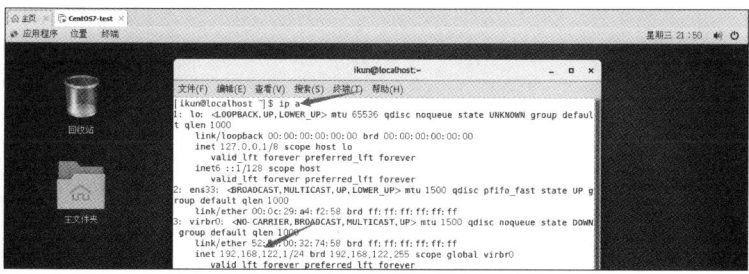

图 7-71　查看 IP 地址

任务三　VMware Workstation 安装 Windows 虚拟机

任务目标

1. 知识目标

- 了解 Windows 虚拟机的应用场景。
- 掌握在 VMware Workstation 中创建 Windows 虚拟机的步骤。

2. 能力目标

- 能够独立在 VMware 虚拟化软件中安装 Windows 操作系统。
- 具备选择合适的 Windows 映像文件并安装和配置操作系统的能力。
- 能够进行 Windows 虚拟机的基本设置和调整，如内存分配、网络连接和硬件设备的安装等。

任务实施

1. 创建 Windows 虚拟机

（1）准备 Windows 10 映像，如图 7-72 所示。

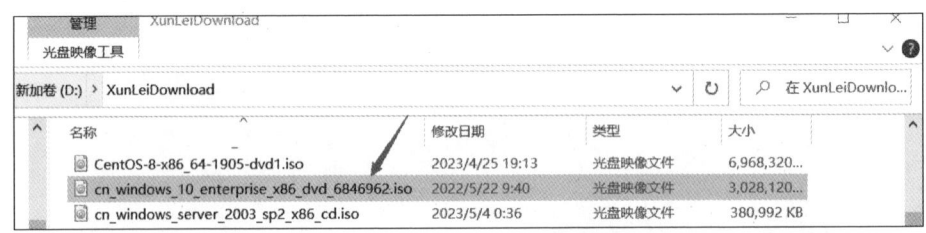

图 7-72　准备映像文件

（2）打开 VMware Workstation，单击"创建新的虚拟机"，如图 7-73 所示。

（3）选择"自定义（高级）"，并单击"下一步"按钮，如图 7-74 所示。

（4）选择"稍后安装操作系统"，并单击"下一步"按钮，如图 7-75 所示。

（5）选择 Microsoft Windows 系统和 Windows 10 x64 版本，并单击"下一步"按钮，如图 7-76 所示。

（6）给虚拟机配置名称并更改安装位置，单击"下一步"按钮，如图 7-77 所示。

（7）固件类型选择 BIOS，单击"下一步"按钮，如图 7-78 所示。

（8）配置处理器数量，单击"下一步"按钮，如图 7-79 所示。

（9）配置虚拟机内存大小，单击"下一步"按钮，如图 7-80 所示。

（10）网络类型选择"使用网络地址转换（NAT）"，单击"下一步"按钮，如图 7-81 所示。

（11）I/O 控制器类型选择 LSI Logic SAS，单击"下一步"按钮，如图 7-82 所示。

（12）磁盘类型选择 NVMe，单击"下一步"按钮，如图 7-83 所示。

项目七 虚拟化工具 161

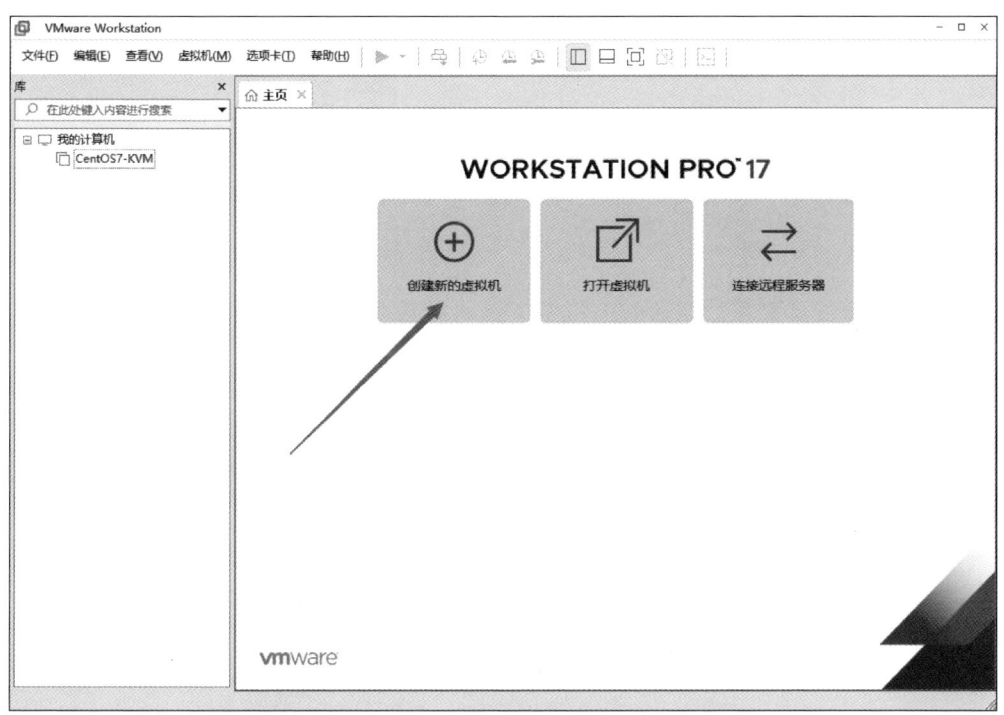

图 7-73 创建新的虚拟机

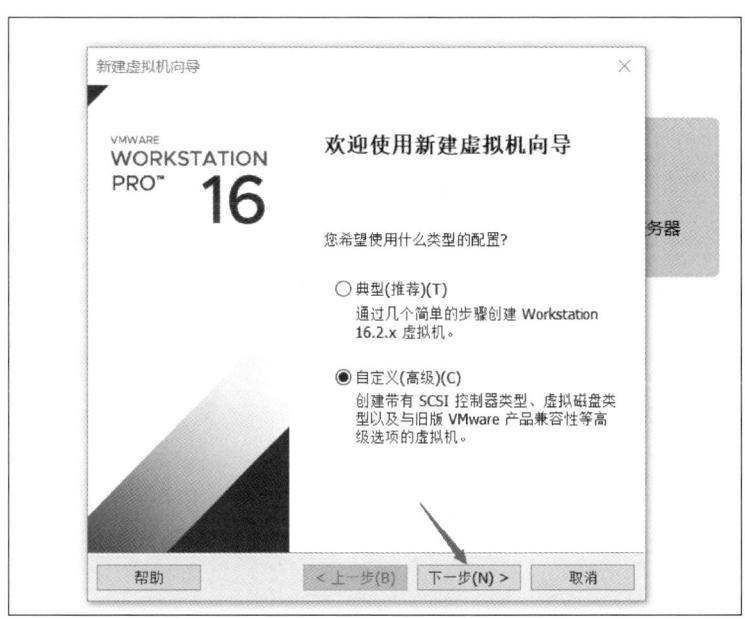

图 7-74 选择"自定义(高级)"

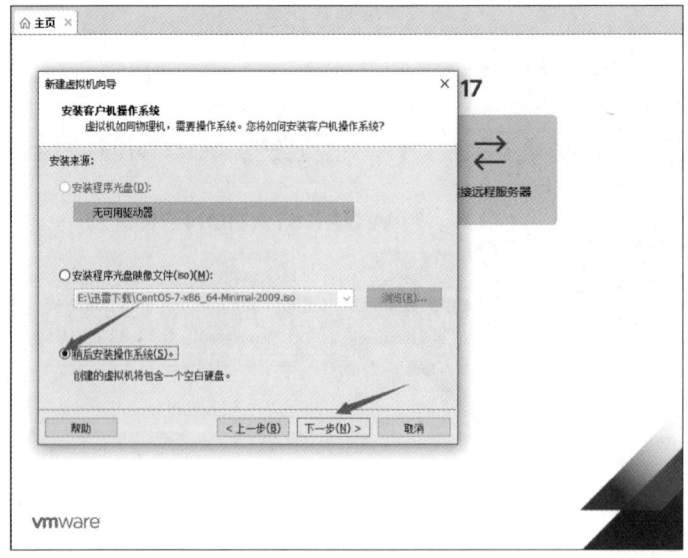

图 7-75　稍后安装操作系统

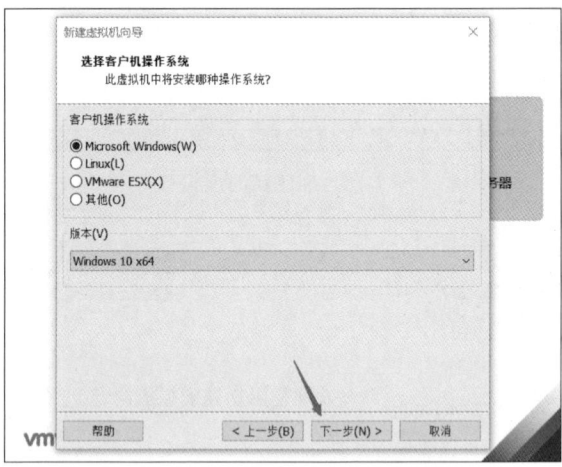

图 7-76　选择操作系统和版本

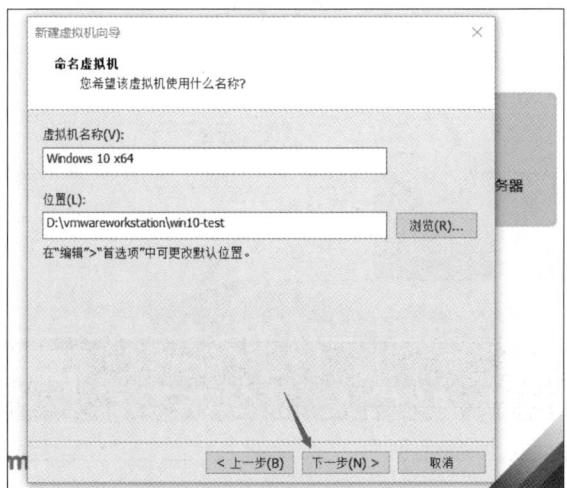

图 7-77　自定义虚拟机名称和位置

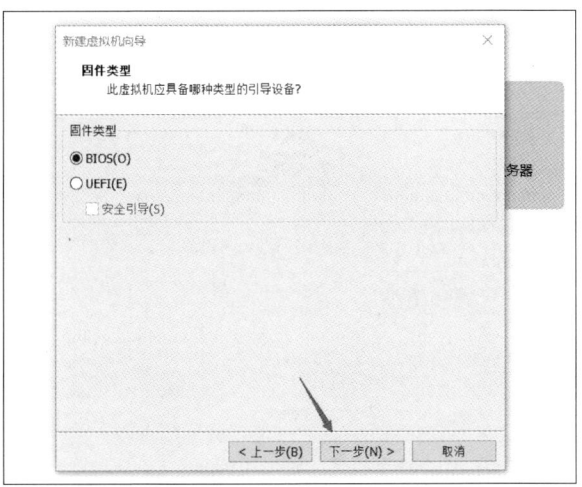

图 7-78　选择固件类型

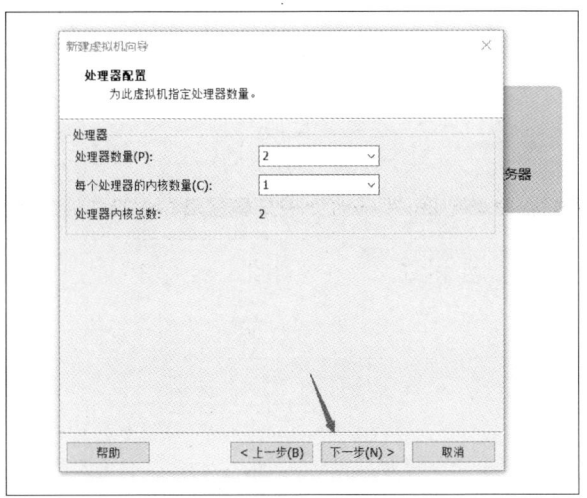

图 7-79　配置处理器数量

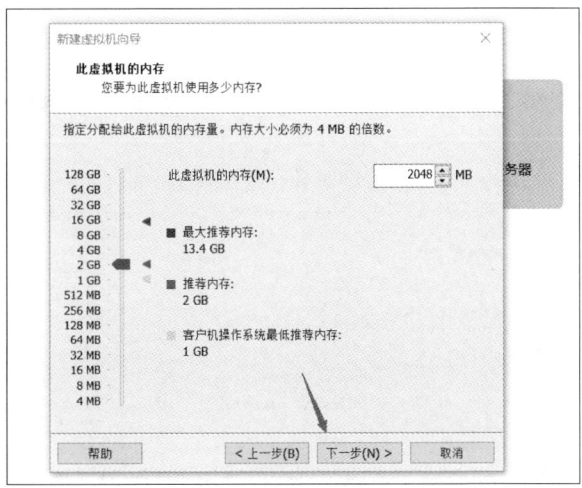

图 7-80　配置虚拟机内存大小

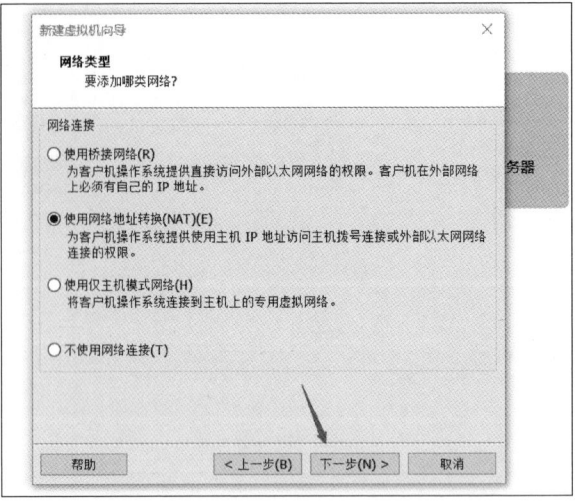

图 7-81 选择网络连接类型

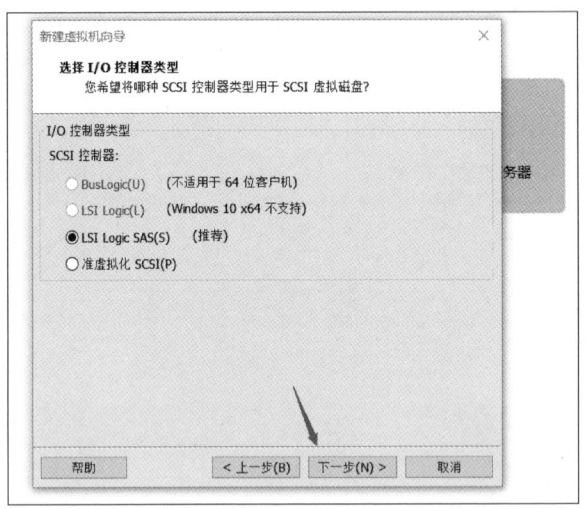

图 7-82 选择控制器类型

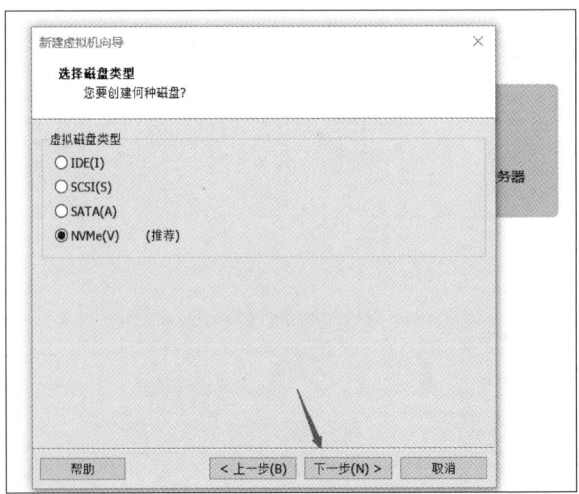

图 7-83 选择磁盘类型

（13）磁盘选择"创建新虚拟磁盘"，单击"下一步"按钮，如图7-84所示。

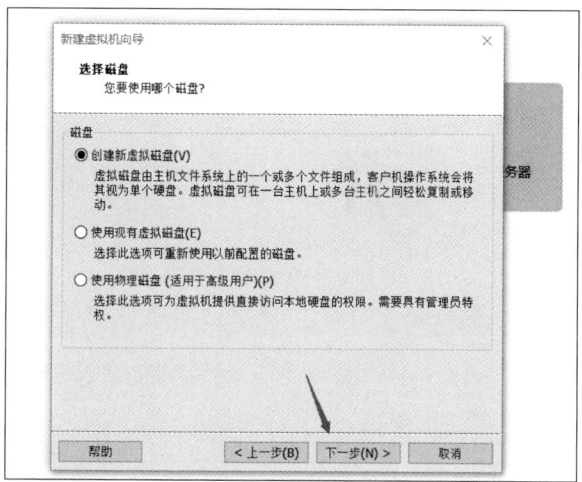

图 7-84　选择磁盘

（14）配置磁盘容量大小（Windows 默认为 60GB），选择"将虚拟磁盘拆分成多个文件"，单击"下一步"按钮，如图 7-85 所示。

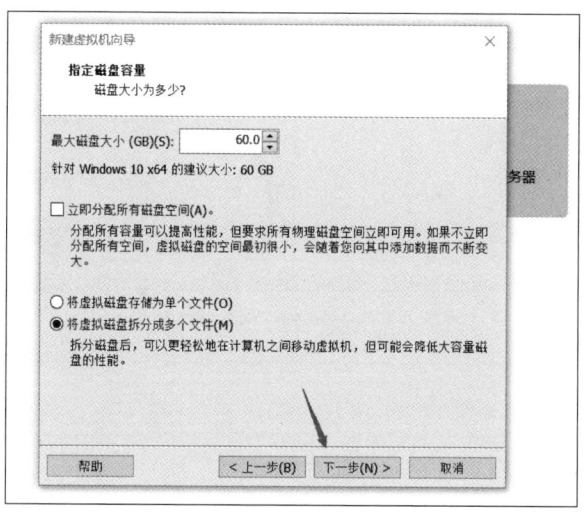

图 7-85　配置磁盘大小

（15）单击"自定义硬件"按钮，如图 7-86 所示。

（16）勾选"使用 ISO 映像文件"，如图 7-87 所示。

（17）选择之前下载好的映像文件，如图 7-88 所示。

2．安装 Windows 虚拟机

（1）单击"开启此虚拟机"，如图 7-89 所示。

（2）在 Windows 安装程序中，选择安装语言、时间和键盘，并单击"下一步"按钮，如图 7-90 所示。

（3）单击"现在安装"按钮，如图 7-91 所示。

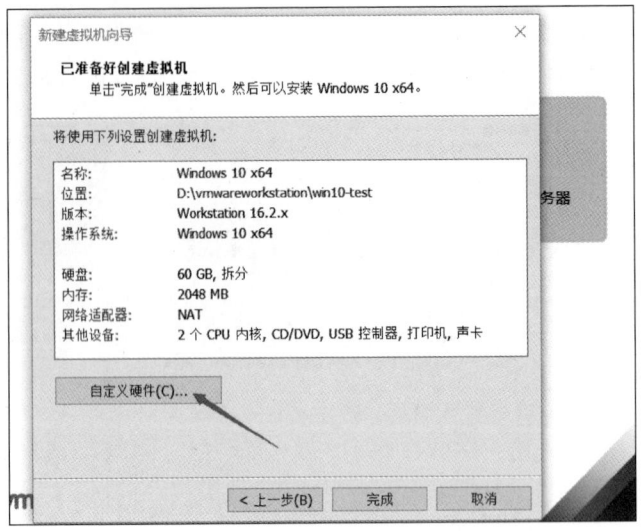

图 7-86　单击"自定义硬件"按钮

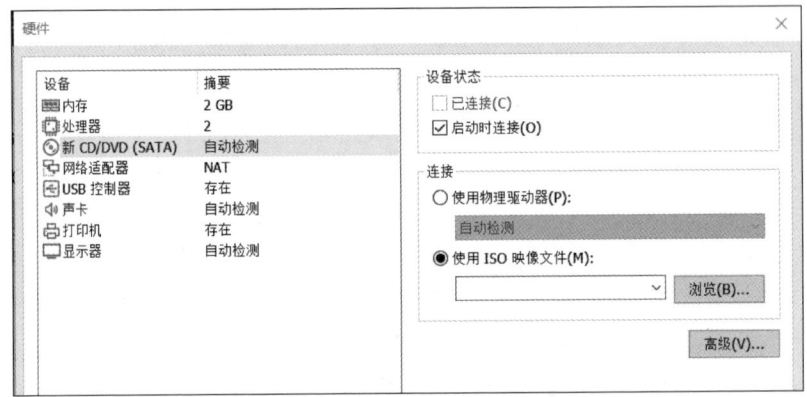

图 7-87　勾选"使用 ISO 映像文件"

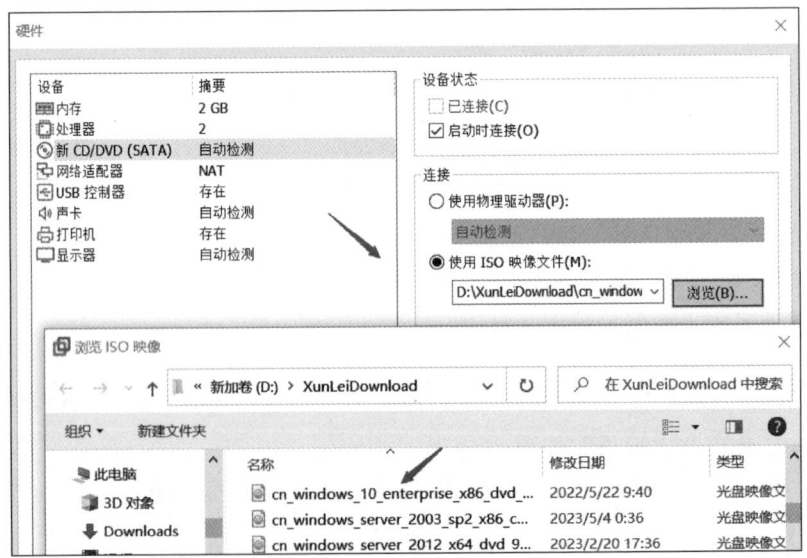

图 7-88　选择映像文件

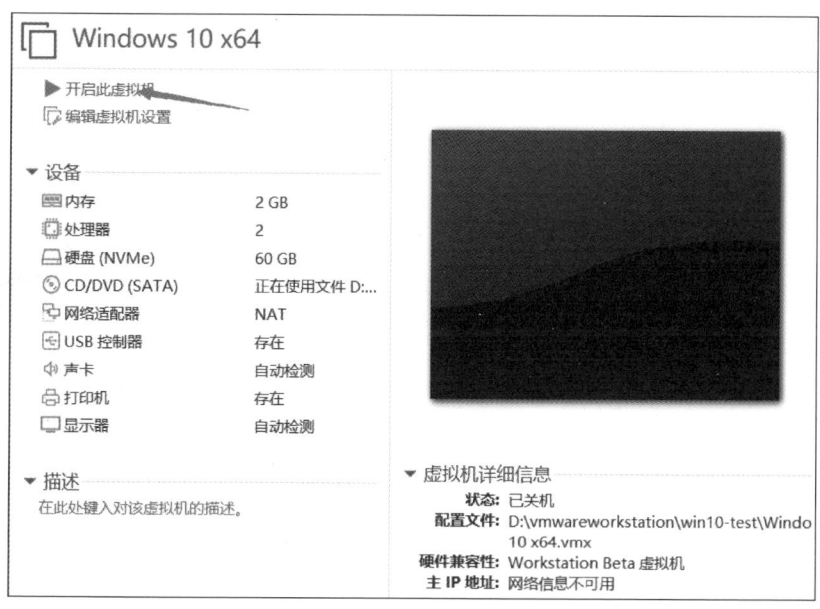

图 7-89　开启虚拟机

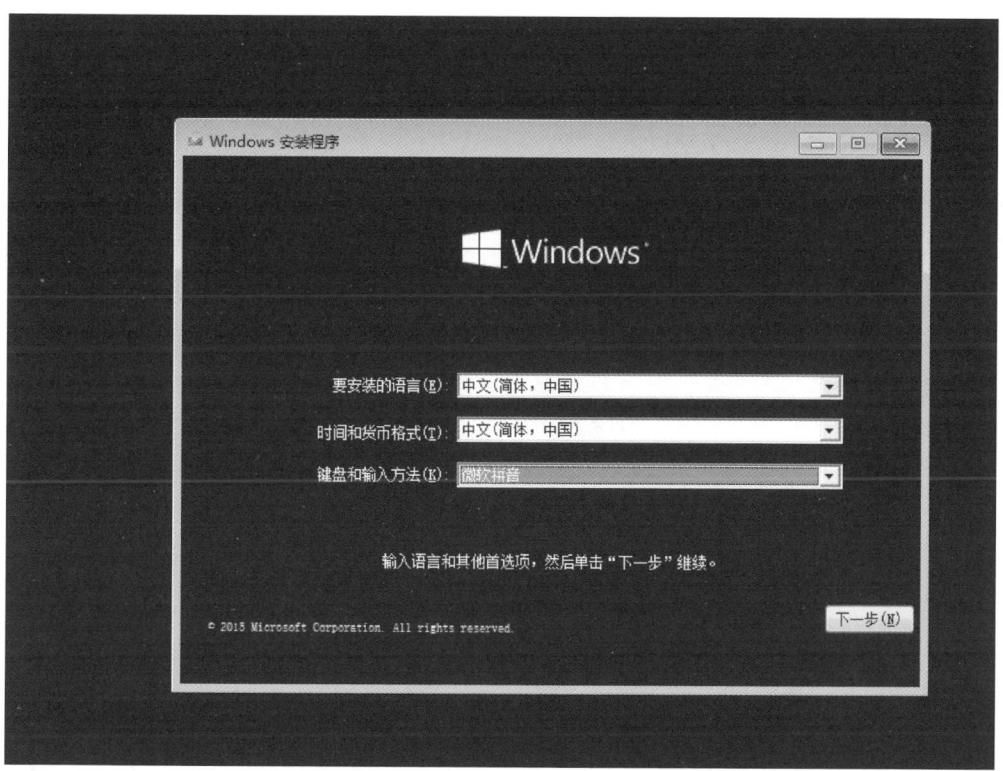

图 7-90　选择安装语言、时间和键盘

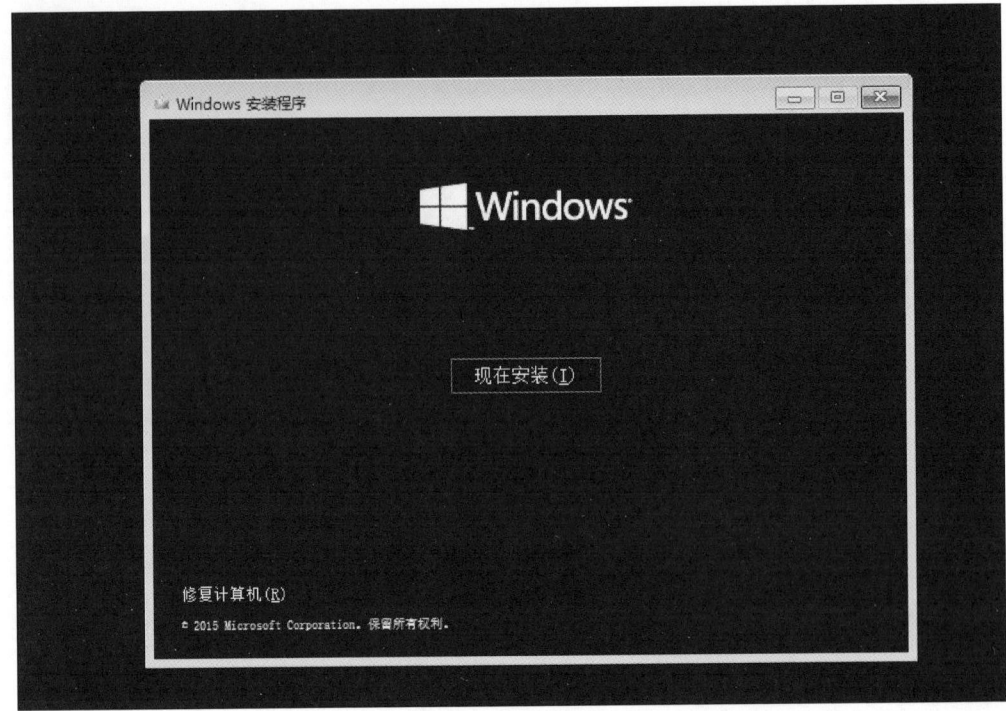

图 7-91　开始安装

（4）勾选"我接受许可条款"，并单击"下一步"按钮，如图 7-92 所示。

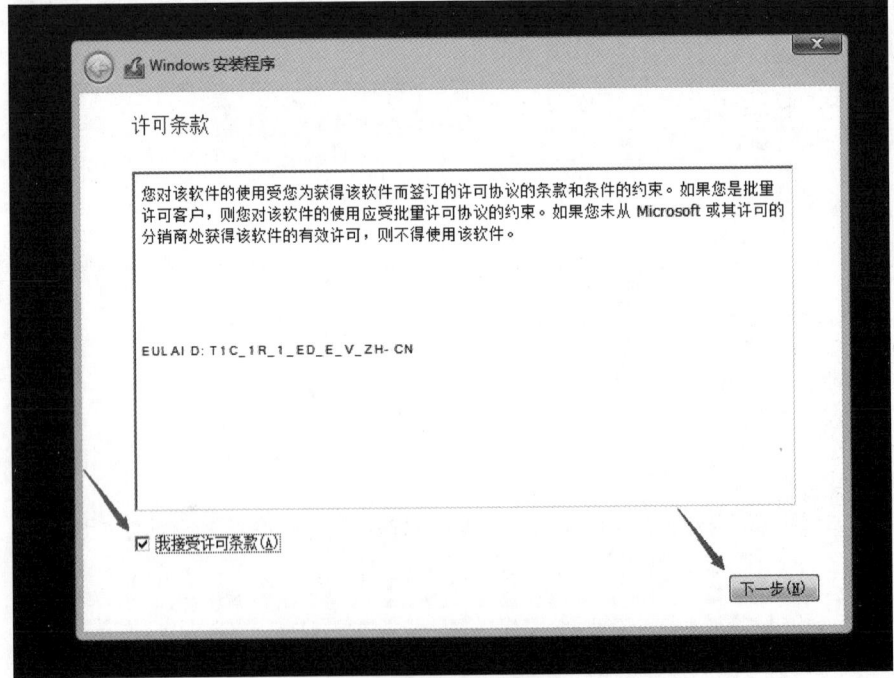

图 7-92　接受许可条款

（5）选择"自定义：仅安装 Windows（高级）"，如图 7-93 所示。

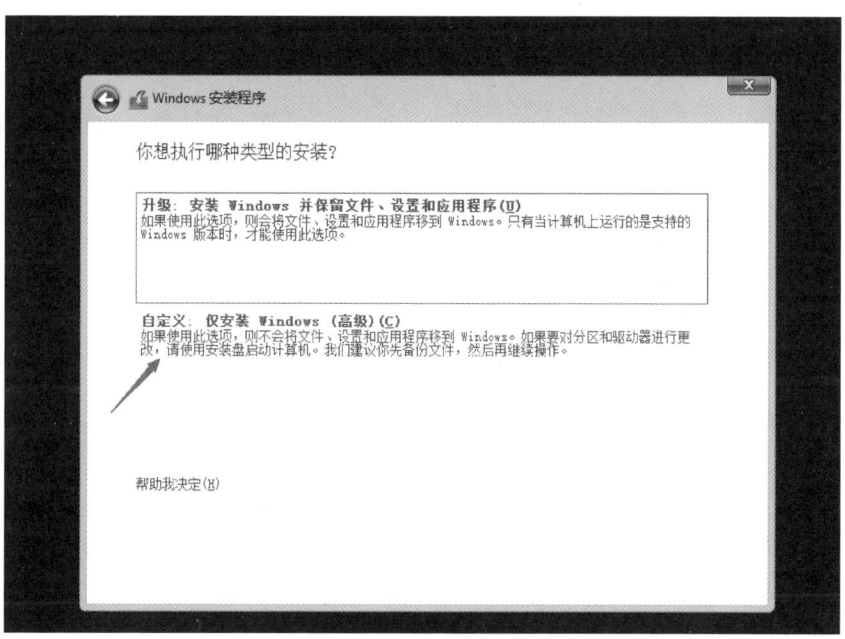

图 7-93 选择自定义

(6) 选择安装位置为"驱动器",并单击"下一步"按钮,如图 7-94 所示。

图 7-94 选择安装位置

(7) 安装完成后,等待重启,如图 7-95 所示。

(8) 单击"使用快速设置"按钮,如图 7-96 所示。

(9) 连接方式选择"加入本地 Active Directory 域",并单击"下一步"按钮,如图 7-97 所示。

(10) 创建用户并设置密码,单击"下一步"按钮,如图 7-98 所示。

图 7-95　等待重启

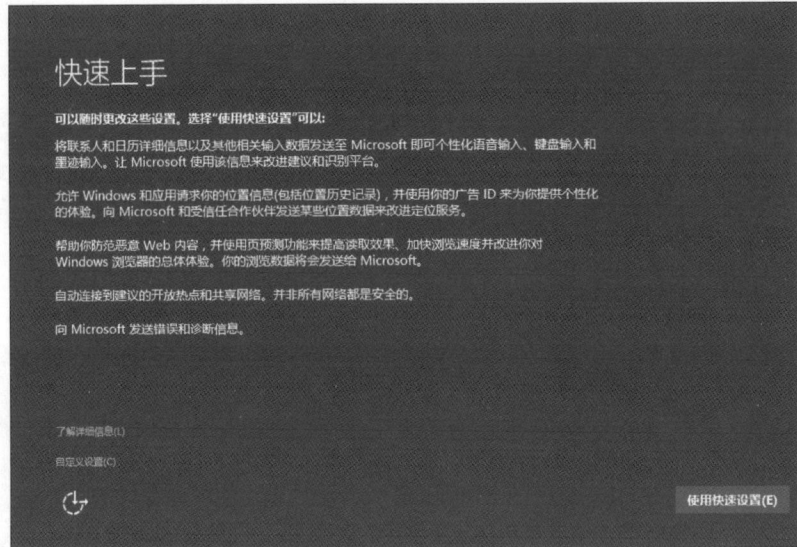

图 7-96　使用快速设置

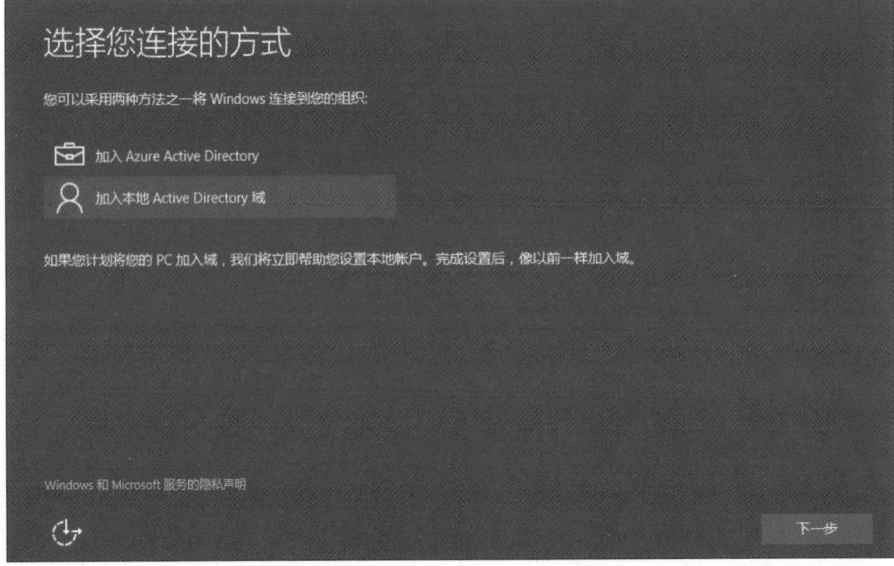

图 7-97　选择连接方式

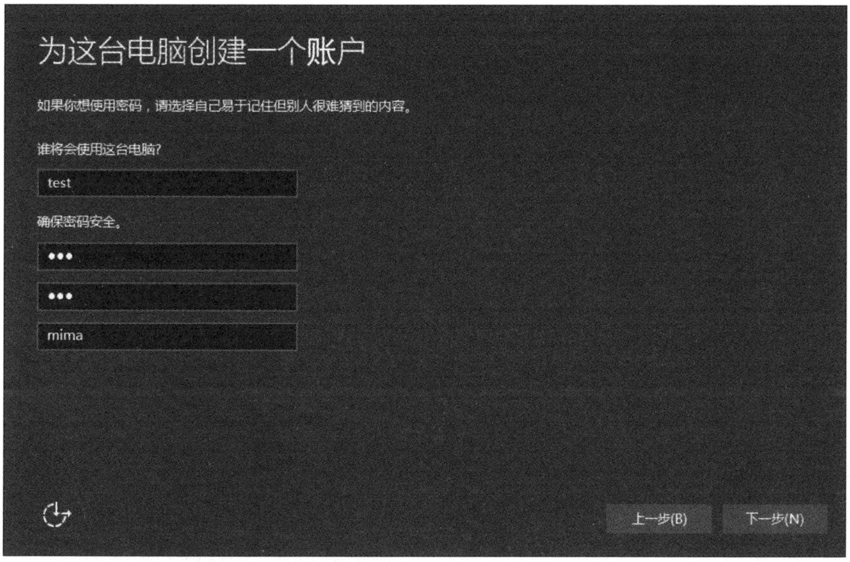

图 7-98 创建用户

3. 开始使用 Windows 虚拟机

(1) 等待一段时间后,开始使用 Windows 10,如图 7-99 所示。

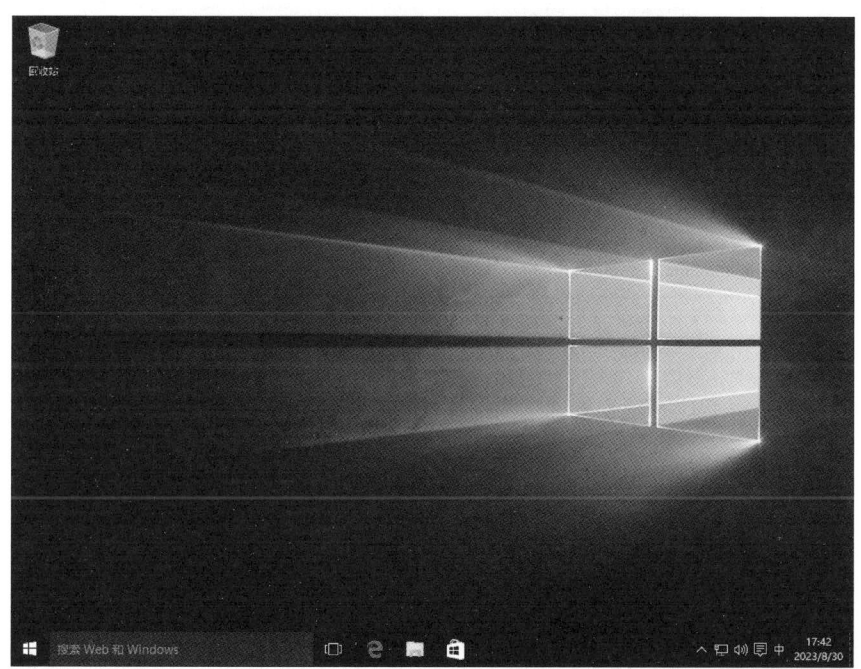

图 7-99 开始使用

(2) 在搜索框中输入 CMD,然后右击,在弹出的快捷菜单中选择"以管理员身份运行"选项,如图 7-100 所示。

(3) 在命令提示符窗口中输入"ipconfig /all",然后按回车键,如图 7-101 所示。

(4) 在输出中,可以查看本机的 IP 地址,如图 7-102 所示。

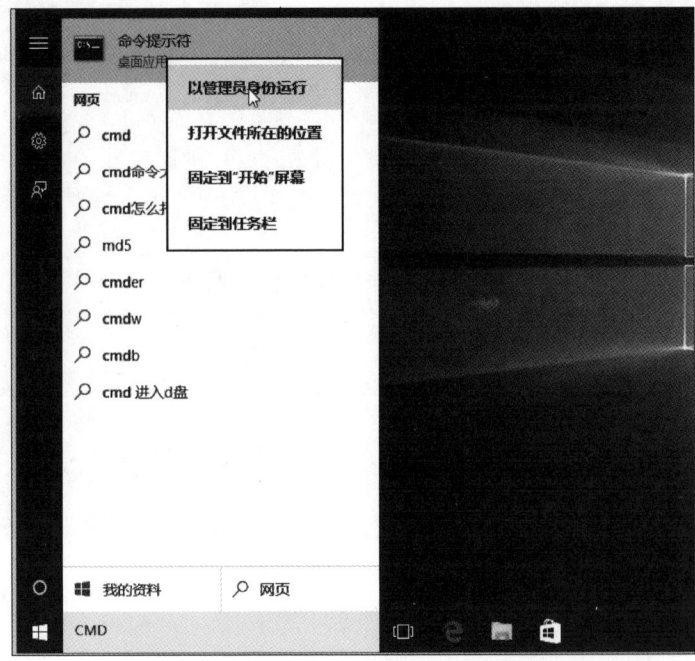

图 7-100　以管理员身份运行命令提示符

图 7-101　输入"ipconfig/all"

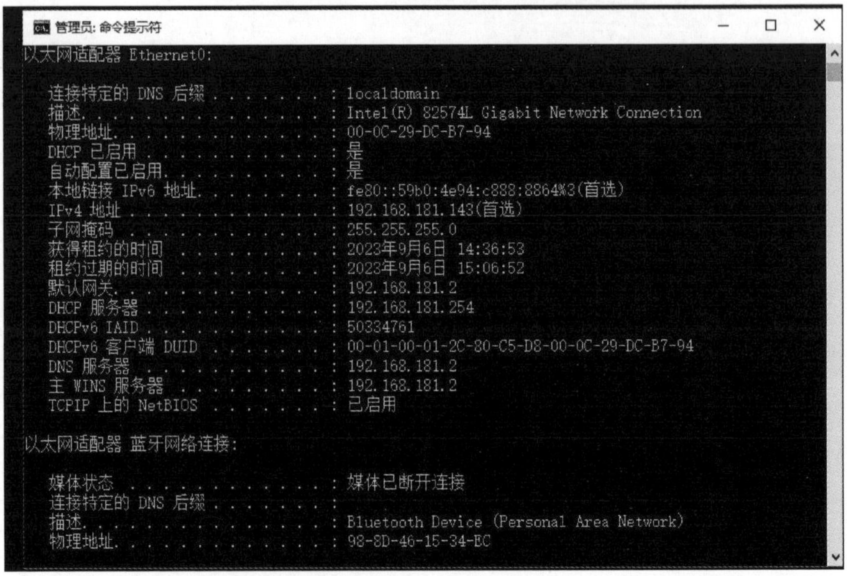

图 7-102　查看 IP 地址

课后练习

练习一：下载和安装 VMware Workstation

在浏览器中搜索 VMware Workstation 进入官网，下载适合自己的操作系统的版本。打开安装包，按照安装向导选择安装路径、创建快捷方式等。在"编辑">"虚拟网络编辑器"中查看网络配置。

练习二：VMware Workstation 安装 CentOS 虚拟机

打开 VMware Workstation，新建虚拟机。在新建虚拟机的向导中，选择"标准（推荐）"，在下一个页面中选择"稍后安装操作系统"，客户机操作系统选择 Linux，版本选择 CentOS，为虚拟机命名并选择虚拟机的安装位置。根据自身计算机的内存情况，为虚拟机分配适量的内存，一般建议是物理机的一半。网络类型选择"网络地址转换（NAT）"。I/O 控制类型和磁盘类型都选择推荐的那一项，创建一个新的虚拟磁盘，将虚拟磁盘存储为单个文件。硬件配置完成后，在"编辑虚拟机设置—CD/DVD"选择下载的 CentOS 映像。开启虚拟机电源，选择 Install CentOS 7，按回车键进入系统安装过程。安装完成后重启。

练习三：VMware Workstation 安装 Windows 虚拟机

打开 VMware Workstation，创建新的虚拟机。在新建虚拟机的向导中，选择"典型（推荐）"，在下一个页面中选择"稍后安装操作系统"，在客户机操作系统选择页面中选择 Microsoft Windows，版本选择 Windows 10 x64，然后为虚拟机命名，并选择虚拟机的安装位置。根据自身计算机的可用空间大小，设定虚拟磁盘的大小，将虚拟磁盘存储为单个文件。自定义虚拟机的硬件配置，如内存、硬盘、网络设置等，配置完成后单击"完成"。选中该虚拟机，编辑虚拟机设置，在 CD/DVD(SATA) 中，选择"使用 ISO 映像文件"，选择之前下载好的 Windows 10 系统映像。选中该虚拟机，单击右侧的"开启此虚拟机"，之后按照系统提示进行安装。

能力提升

基于 CentOS 7 的安装配置与使用 KVM（图形化操作系统）

KVM 全称是基于内核的虚拟机（Kernel-based Virtual Machine），它是 Linux 操作系统自带的一个虚拟化平台，简单配置一下即可以使用。安装图形化管理界面就像 VMware Workstation 一样。根据课堂上对虚拟化软件的学习，并结合互联网搜索相关教程，尝试基于 CentOS 7 图形操作系统完成 KVM 的安装配置与使用。

1. **实验环境**

操作系统：CentOS 7 x64

处理器核心：4

运行内存：8G

存储空间：100G

虚拟机软件：VMware 16，其他版本也行，但推荐使用新版本

2. 开启虚拟化设置

一定要开启虚拟化支持,否则安装的系统无法进行虚拟化,如图7-103所示。

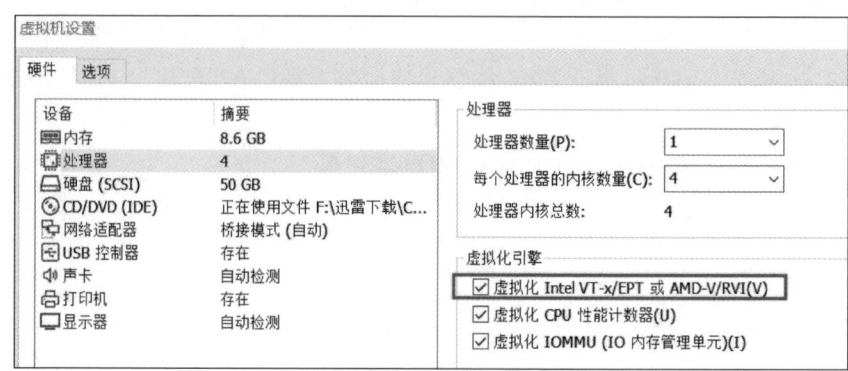

图7-103 选择虚拟化

3. 在VMware中创建一个高配置的CentOS 7的虚拟机

这里选择创建一台带桌面的CentOS 7虚拟机,在创建虚拟机时,选中"GNOME 桌面"即可,如图7-104所示。

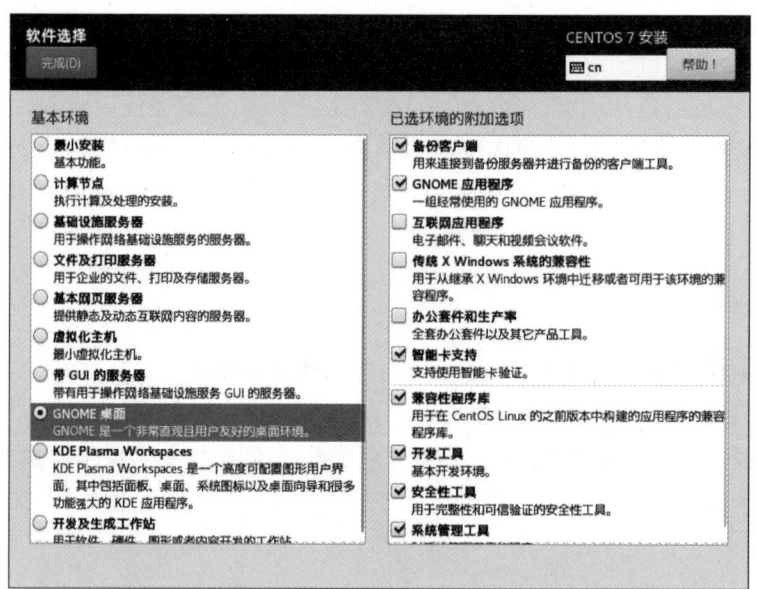

图7-104 选择安装桌面版

4. 安装配置并使用KVM

(1) 查看CPU是否支持虚拟化。

输出vmx或者svm表明支持CPU虚拟化,如图7-105所示。

(2) 查看系统是否加载kvm,执行如图7-106所示的命令,如果显示没有加载,则执行如图7-107所示的命令。

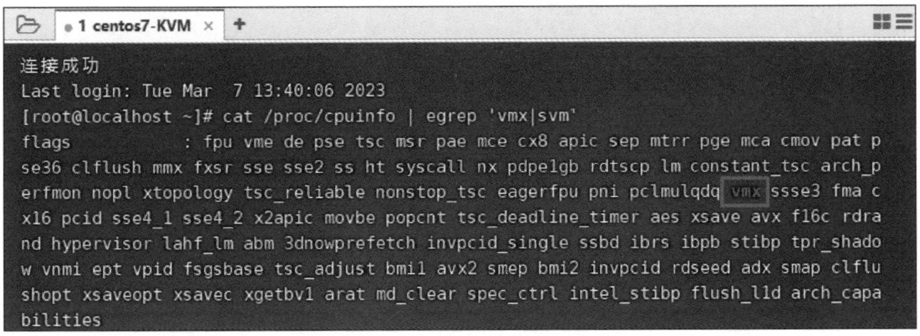

图 7-105　查看是否支持虚拟化

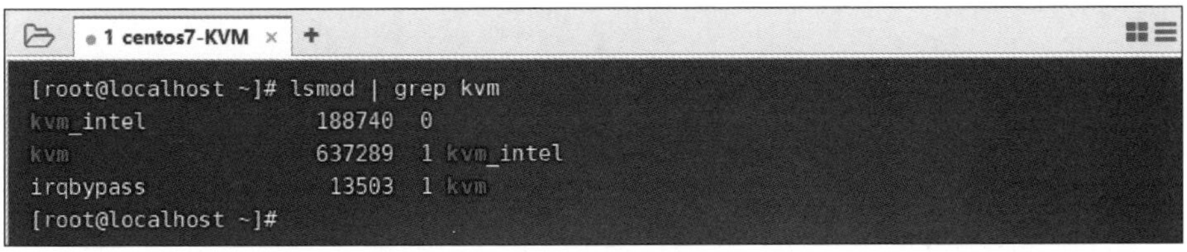

图 7-106　查看是否加载 kvm

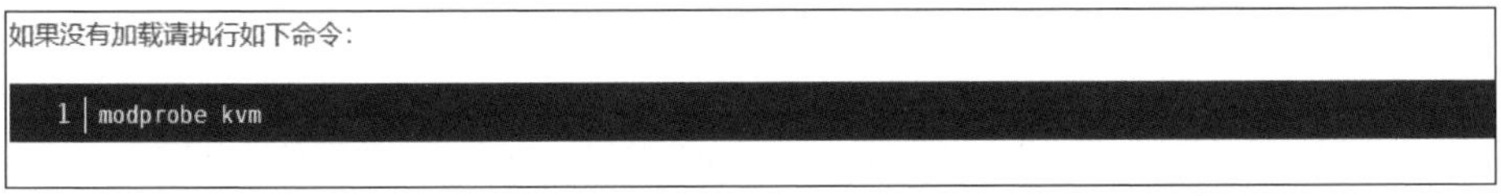

图 7-107　执行命令

（3）关闭 selinux。

执行 vim /etc/selinux/config 命令，打开配置文件，将"SELINUX"的参数改为"disabled"，修改完成之后重启系统，如图 7-108 所示。

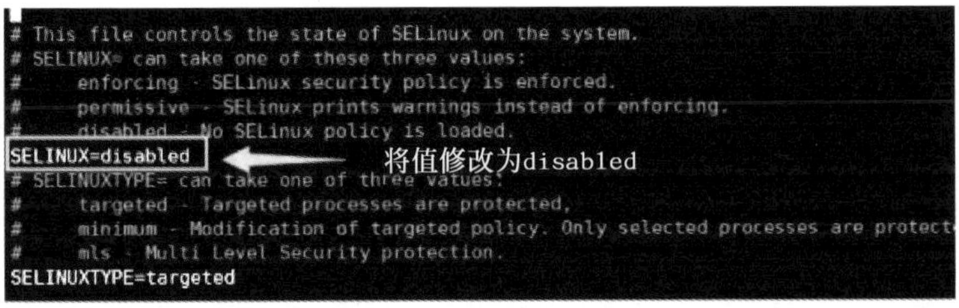

图 7-108　关闭 selinux

修改完成之后重启系统。

（4）安装 KVM 相关软件包。安装命令如下：

yum install qemu-kvm qemu-img virt-manager libvirt libvirt-python virt-manager libvirt-client virt-install virt-viewer-y，如图 7-109 所示。

这是已经安装过的效果，首次执行时系统会安装所需要的软件包以及插件，执行完成之后注意返回信息，一定要确认有没有安装成功。

（5）启动 libvirt 并设置开机自启动，如图 7-110 所示。

（6）创建两个新的目录，一个存放系统映像，另一个存放虚拟机的硬盘。

```
[root@localhost ~]# yum install qemu-kvm qemu-img virt-manager  libvirt libvirt-pytho
n virt-manager libvirt-client virt-install virt-viewer -y
已加载插件: fastestmirror, langpacks
Loading mirror speeds from cached hostfile
 * base: mirrors.163.com
 * extras: mirrors.163.com
 * updates: mirrors.163.com
软件包 10:qemu-kvm-1.5.3-175.el7_9.6.x86_64 已安装并且是最新版本
软件包 10:qemu-img-1.5.3-175.el7_9.6.x86_64 已安装并且是最新版本
软件包 virt-manager-1.5.0-7.el7.noarch 已安装并且是最新版本
软件包 libvirt-4.5.0-36.el7_9.5.x86_64 已安装并且是最新版本
软件包 libvirt-python-4.5.0-1.el7.x86_64 已安装并且是最新版本
软件包 virt-manager-1.5.0-7.el7.noarch 已安装并且是最新版本
软件包 libvirt-client-4.5.0-36.el7_9.5.x86_64 已安装并且是最新版本
软件包 virt-install-1.5.0-7.el7.noarch 已安装并且是最新版本
软件包 virt-viewer-5.0-18.el7.x86_64 已安装并且是最新版本
无须任何处理
[root@localhost ~]#
```

图 7-109　安装 KVM 相关软件包

```
1 centos7-KVM
[root@localhost ~]# systemctl start libvirtd
[root@localhost ~]# systemctl enable libvirtd
[root@localhost ~]#
```

图 7-110　设置开机自启

这里已经创建过了,所以会提示文件已存在,如图 7-111 所示。

```
[root@localhost ~]# mkdir /home/iso
mkdir: 无法创建目录"/home/iso": 文件已存在
[root@localhost ~]# mkdir /home/images/
mkdir: 无法创建目录"/home/images/": 文件已存在
[root@localhost ~]#
```

图 7-111　创建目录

(7) 创建物理桥接设备。先查看网卡信息,找到自己的虚拟机网卡名称。一般都是 ens33,但也有可能叫其他的名字,根据虚拟机的实际情况来操作,如图 7-112 所示。

```
1 centos7-KVM
[root@localhost ~]# ifconfig
ens33: flags=4163<UP,BROADCAST,RUNNING,MULTICAST>  mtu 1500
        ether 00:0c:29:8a:d6:5e  txqueuelen 1000  (Ethernet)
        RX packets 680778  bytes 987775937 (942.0 MiB)
        RX errors 0  dropped 0  overruns 0  frame 0
        TX packets 161537  bytes 17880915 (17.0 MiB)
        TX errors 0  dropped 0 overruns 0  carrier 0  collisions 0
```

图 7-112　查看网卡名称

(8) 关闭 NetworkManager。如果实验环境使用 CentOS 6 进行安装,关闭 Network Manager 的命令如图 7-113 所示。

```
1 centos7-KVM
[root@localhost ~]# chkconfig NetworkManager off
注意: 正在将请求转发到"systemctl disable NetworkManager.service"。
[root@localhost ~]# service NetworkManager stop
Redirecting to /bin/systemctl stop NetworkManager.service
[root@localhost ~]#
```

图 7-113　关闭 NetworkManager

如果实验环境使用 CentOS 7，关闭 NetworkManager 的命令如图 7-114 所示。

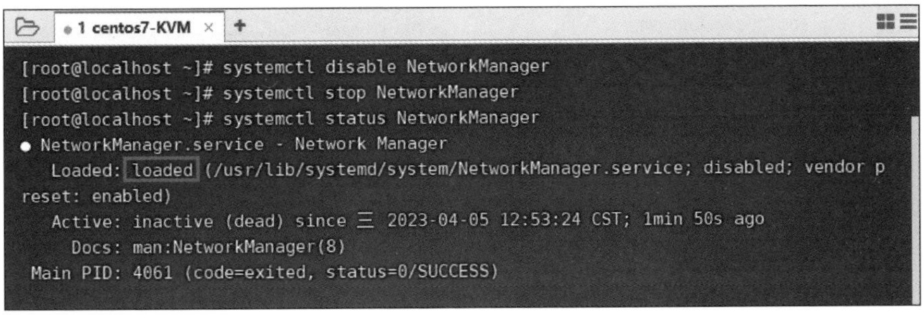

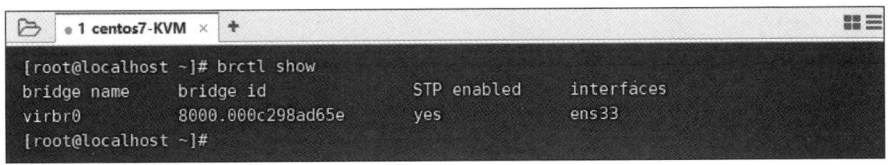

图 7-114　关闭 NetworkManager

（9）桥接设备关联网卡，如图 7-115 所示。

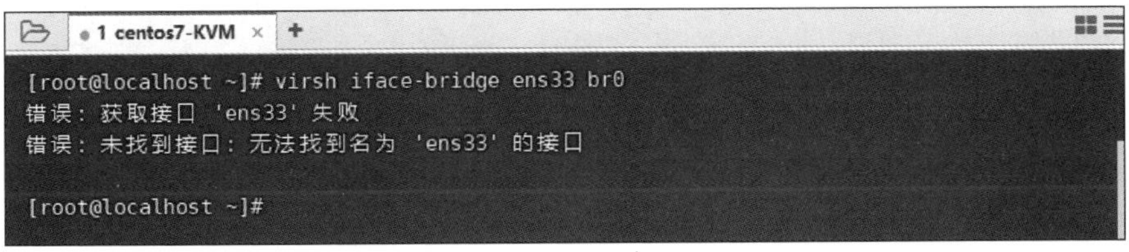

图 7-115　关联网卡

如果提示桥接失败，则执行 brctl show，看到 interfaces 下面有 ens33 就可以了，这个过程就像在 VMware 创建虚拟机的时候选择网络连接模式一样，如图 7-116 所示。

图 7-116　查看是否成功

5．创建虚拟机

（1）进入图形化管理界面，如图 7-117 所示。

root@localhost　~]　# virt-manager
root@localhost　~]　#

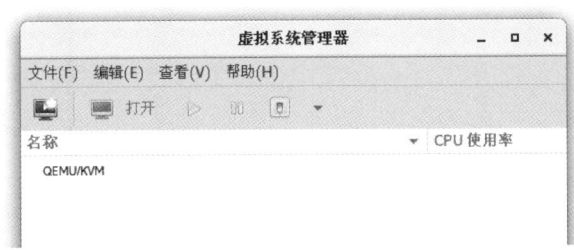

图 7-117　进入图形化管理

（2）新建虚拟机，如图 7-118 所示。
（3）将映像上传至虚拟机的 /home/iso 目录下，如图 7-119 所示。

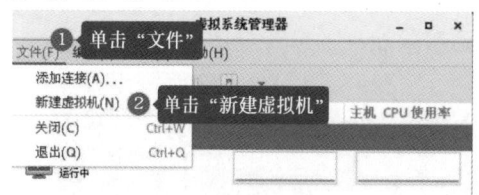
图 7-118　新建虚拟机

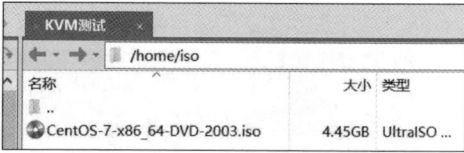
图 7-119　上传映像

(4) 选择安装映像的介质,如图 7-120 所示。

(5) 选择系统映像的路径,如图 7-121 所示。

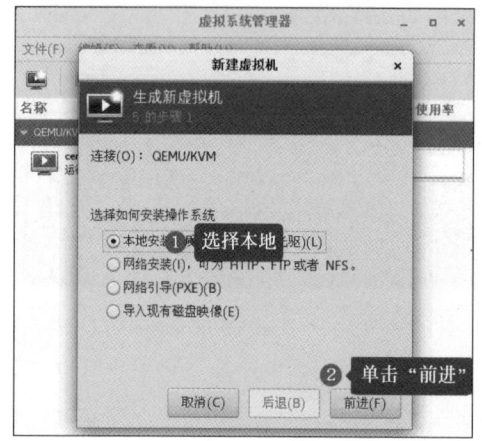
图 7-120　选择安装映像的介质

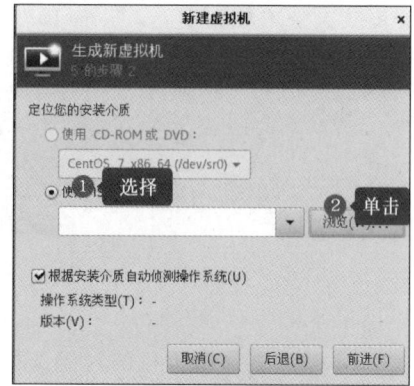
图 7-121　选择系统映像的路径

(6) 选择映像的位置,如图 7-122 所示。

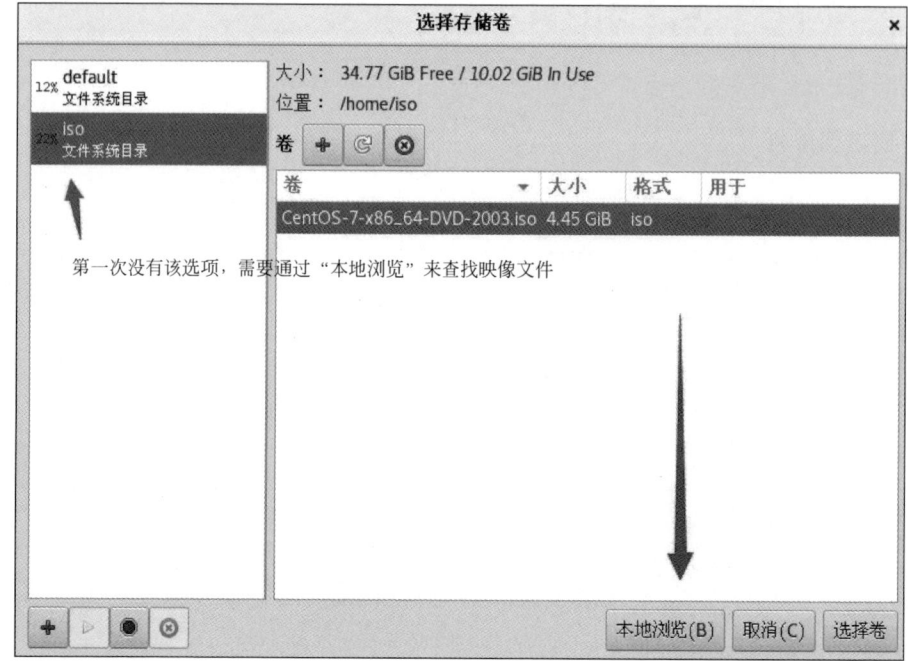
图 7-122　选择映像的位置

(7) 选择映像文件，如图 7-123 所示。

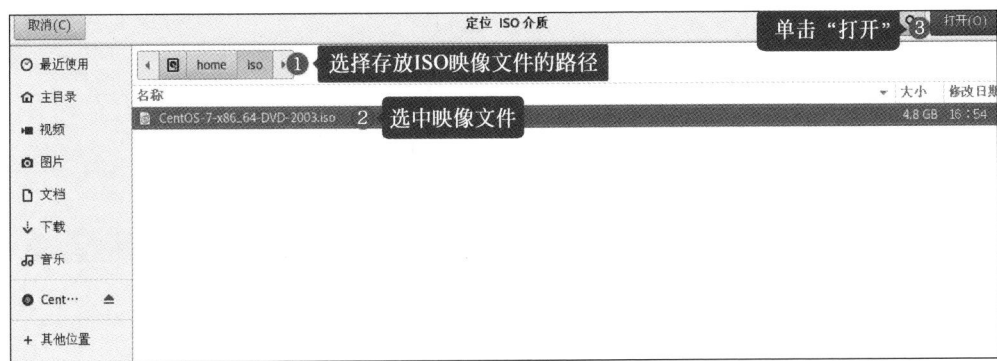

图 7-123 选择映像文件

(8) 找到映像后单击"前进"按钮，如图 7-124 所示。

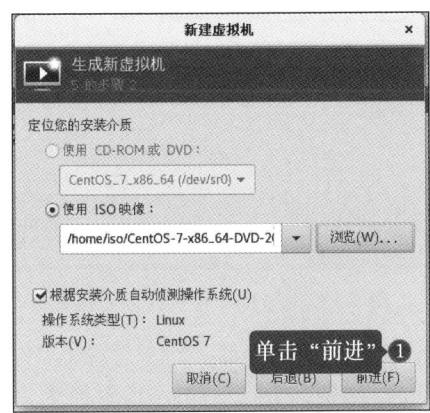

图 7-124 单击"前进"按钮

(9) 配置新建虚拟机的内存与 CPU，如图 7-125 所示。

(10) 配置虚拟机的可用存储空间大小，如图 7-126 所示。

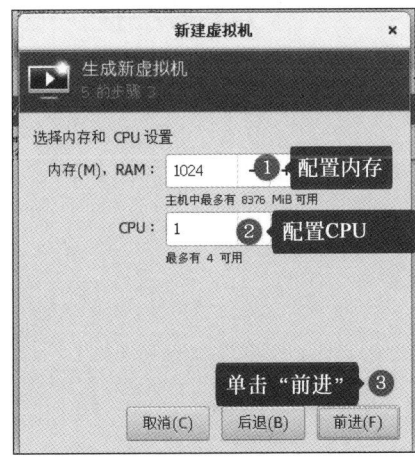

图 7-125 配置内存和 CPU

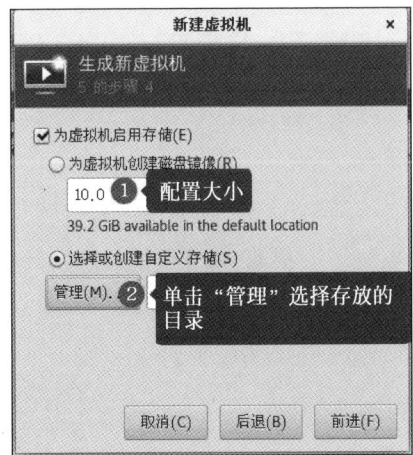

图 7-126 配置虚拟机大小

(11)选择虚拟机的存储目录,即虚拟机的存放位置,如图 7-127 所示。

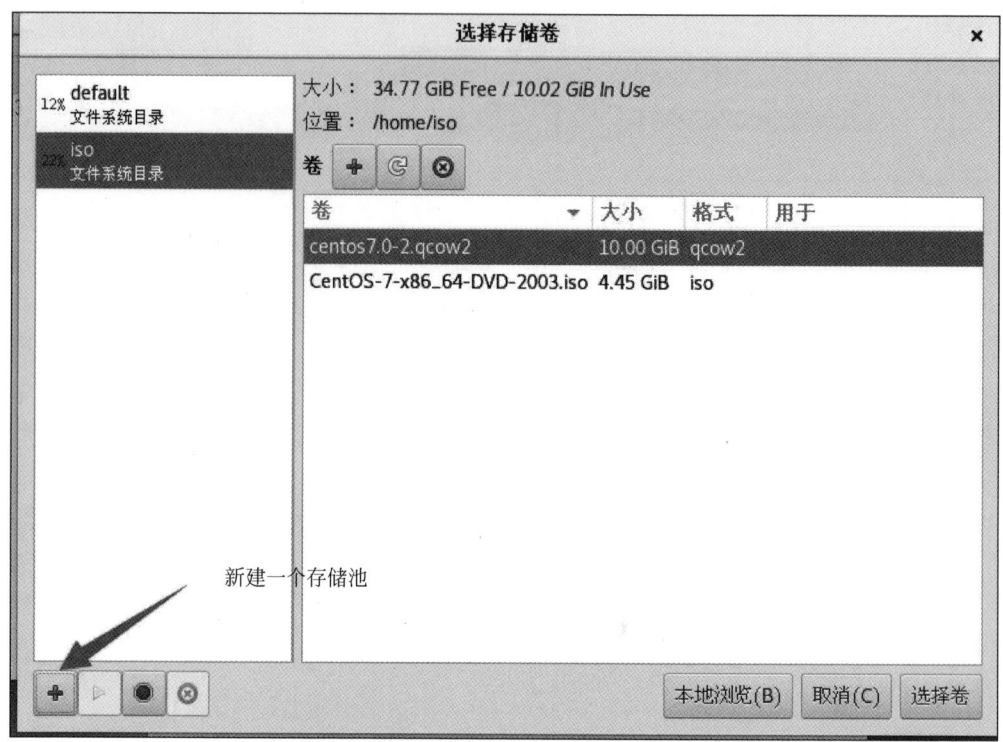

图 7-127 选择虚拟机的存储位置

(12)定义存储池的名称,如图 7-128 所示。

(13)选择存储池的路径,默认是/var/lib/libvirt,更换为之前创建的/home/images 目录,如图 7-129 所示。

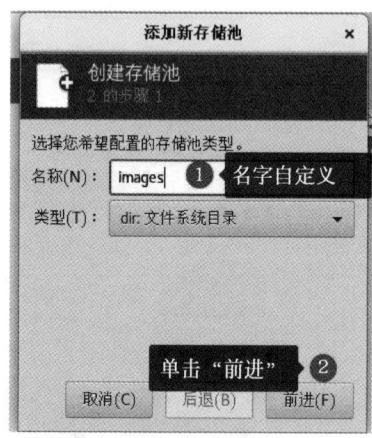 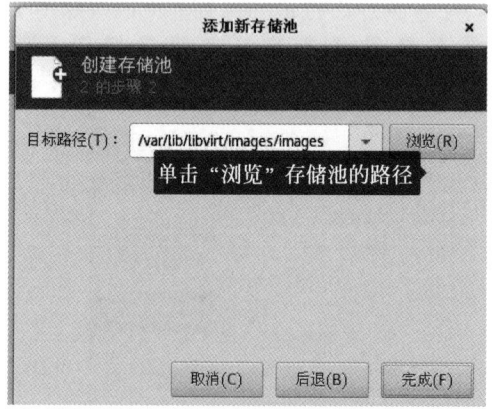

图 7-128 自定义虚拟机名称　　　　图 7-129 选择存放地址

(14)添加存储卷,如图 7-130 所示。

存储卷这个概念需要解释一下,在 Windows 系统中安装虚拟机,选择虚拟机存放位置的时候只要是个文件夹就行,但在 Linux 系统里面还需要给这个文件定义一个特定空间,然后再把虚拟机存在里面。

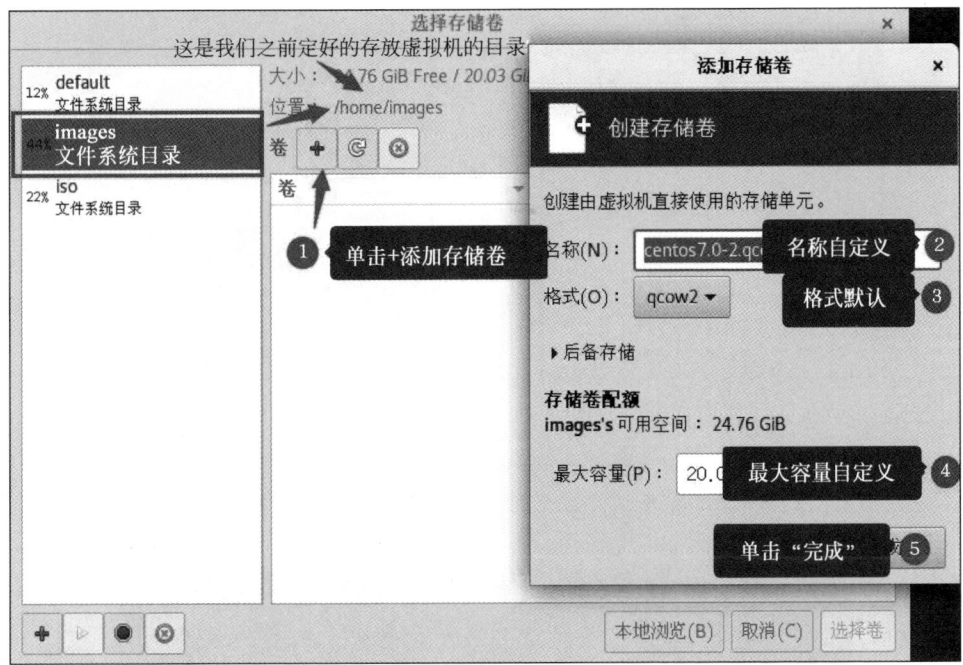

图 7-130　添加存储卷

（15）选择创建好的存储卷，如图 7-131 所示。

图 7-131　选择卷

（16）单击"前进"按钮，如图 7-132 所示。

（17）自定义虚拟机名称，如图 7-133 所示。

（18）启动虚拟机，开始正常的安装 CentOS 的步骤即可，这就实现了在虚拟机里面安装虚拟机，如图 7-134 所示。

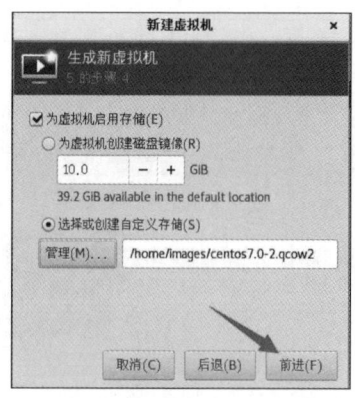 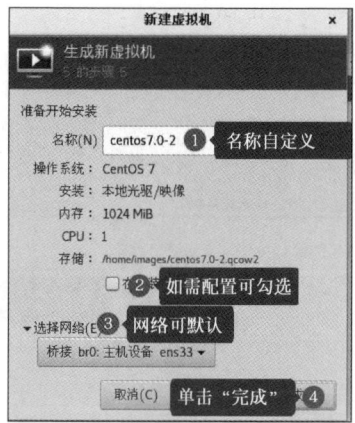

图 7-132　单击"前进"按钮　　　　图 7-133　自定义虚拟机名称

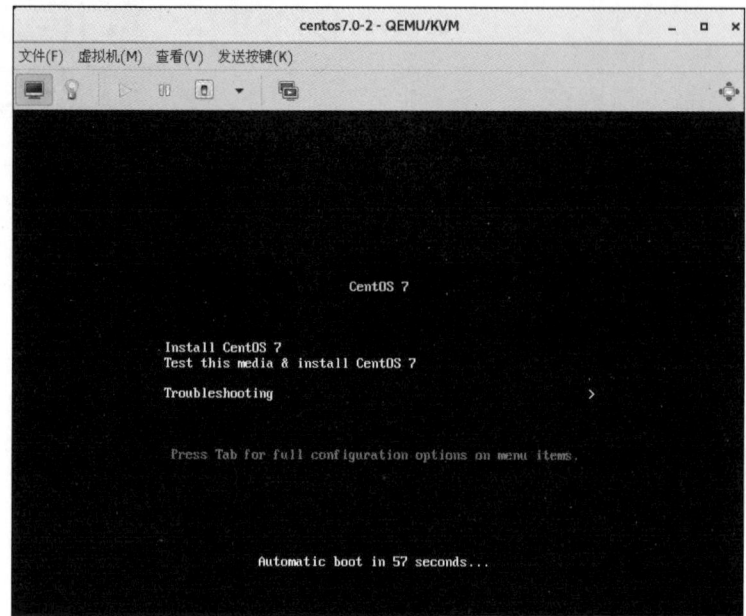

图 7-134　启动虚拟机

项目八 系统工具

项目介绍

Windows 系统工具是一些内置于 Windows 操作系统的实用程序,用于帮助我们管理和维护计算机的运行。其中包括任务管理器、文件资源管理器、控制面板等工具。任务管理器可以查看和管理正在运行的程序和进程,以及监控系统资源的使用情况;文件资源管理器用于浏览和管理文件和文件夹;控制面板提供了对系统进行设置和管理的控制功能。这些工具能够帮助我们更好地管理计算机,提高工作效率。

学习目标

- ➢ 了解 Windows 系统工具的作用和重要性。
- ➢ 掌握常见 Windows 系统工具的功能和使用方法,如任务管理器、文件资源管理器和控制面板等。
- ➢ 了解其他辅助工具,如注册表编辑器和系统还原等,以及它们的使用场景和注意事项。

技能目标

- ➢ 能够熟练使用任务管理器进行进程管理、资源监控和启动项管理。
- ➢ 具备使用文件资源管理器进行文件和文件夹管理、搜索和复制等操作的能力。
- ➢ 能够熟练使用控制面板进行系统设置和管理,包括网络设置、设备管理和程序安装等操作。

任务一 任务管理器的使用

Windows 任务管理器是一款内置于 Windows 操作系统中的实用工具,用于查看和管理正在运行的程序和进程。它可以帮助我们监控计算机系统资源的使用情况,并提供简单的性能分析和故障排查功能。通过任务管理器,我们可以结束卡死的程序或进程,管理启动项,以及查看 CPU、内存、磁盘和网络的使用情况。它是日常使用和维护计算机时的重要工具之一,帮助用户提高系统的稳定性和性能。

任务目标

1. 知识目标

➢ 了解任务管理器的作用和重要性。
➢ 掌握任务管理器的基本功能,如查看进程、程序和服务,以及监控系统资源的使用情况。
➢ 了解任务管理器的高级功能,如启动项管理、性能分析和故障排查工具的使用。

2. 能力目标

➢ 能够熟练使用任务管理器查看和结束运行的程序和进程,包括应用程序、后台进程和系统服务等。
➢ 具备使用任务管理器监控系统资源的能力,包括查看 CPU、内存、磁盘和网络的使用情况,以及识别资源占用过高的程序或进程。
➢ 能够利用任务管理器进行启动项管理,禁用或启用开机自动启动的程序,提高系统启动速度和性能。

任务实施

1. 打开任务管理器

方式一:右击屏幕下方任务栏的空白处,然后在弹出的快捷菜单中选择"任务管理器"选项即可,如图 8-1 所示。

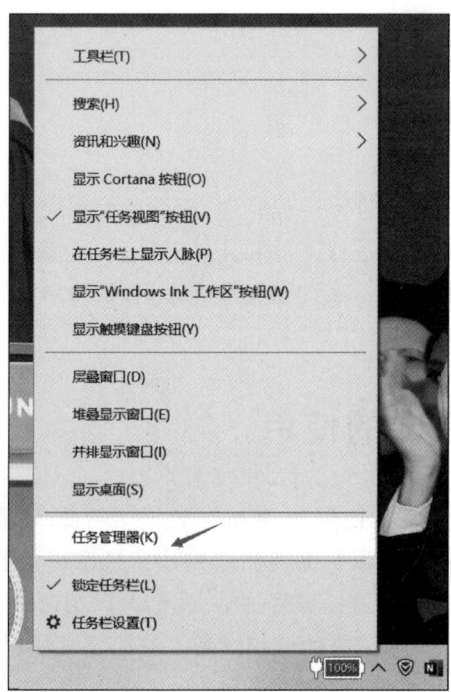

图 8-1 任务管理器

方式二：同时按下 Win+R 键，然后在弹出的对话框中输入 cmd 并按回车键，如图 8-2 所示。

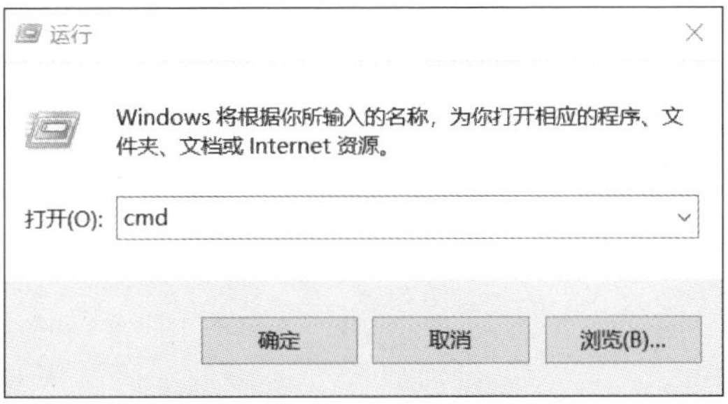

图 8-2　计算机命令窗口

在命令提示符界面中输入 taskmgr 运行即可，如图 8-3 所示。

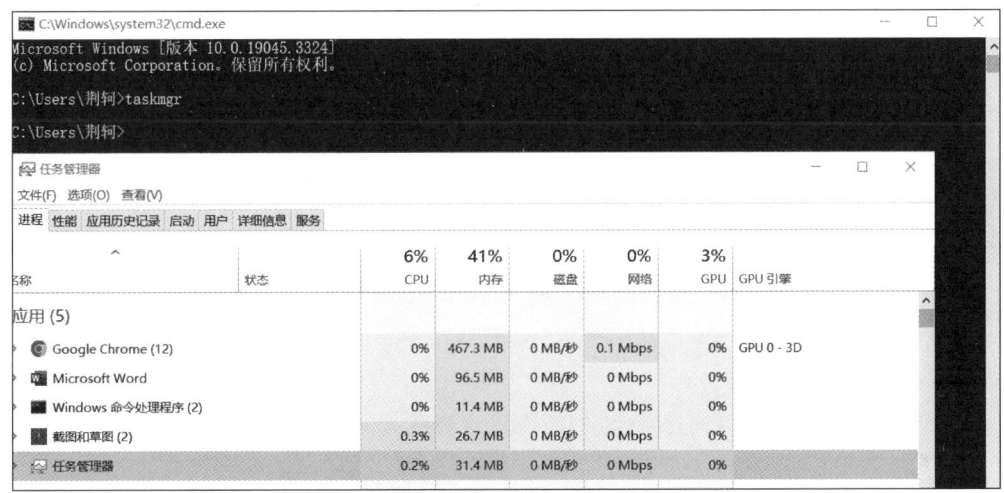

图 8-3　任务管理器界面

方法三：同时按下 Ctrl+Alt+Delete 键，再单击"任务管理器"即可，如图 8-4 所示。

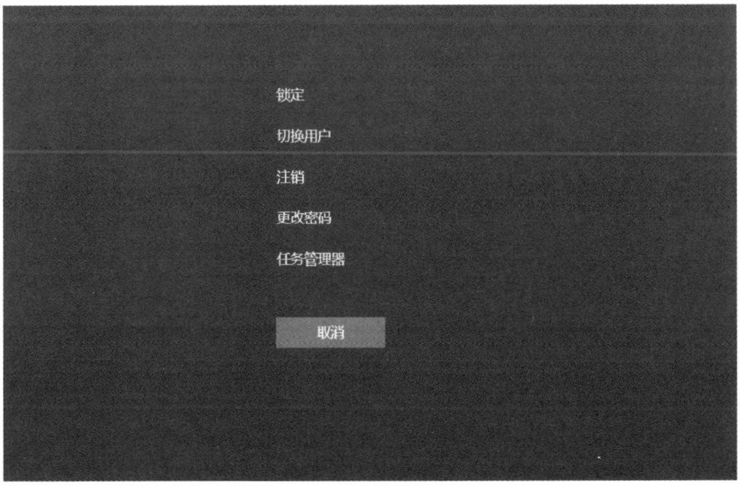

图 8-4　Ctrl+Alt+Delete 键界面

方法四：同时按下 Esc＋Shift＋Ctrl 键，直接打开任务管理器，如图 8-5 所示。

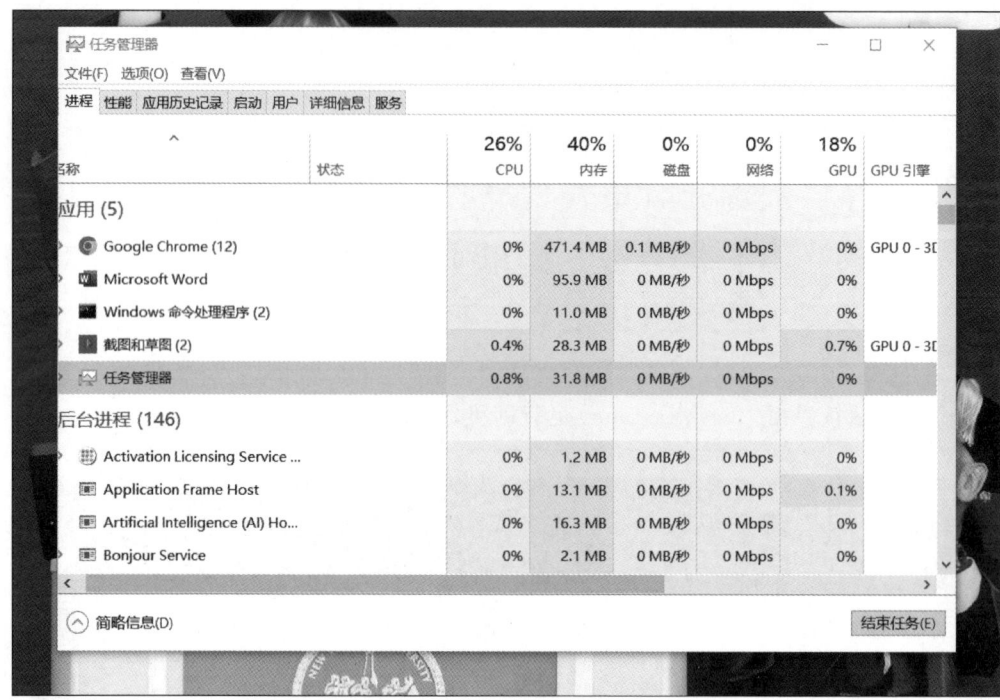

图 8-5　Esc＋Shift＋Ctrl 界面

2．基本操作

（1）单击"进程"，查看当前计算机的所有进程任务，如图 8-6 所示。

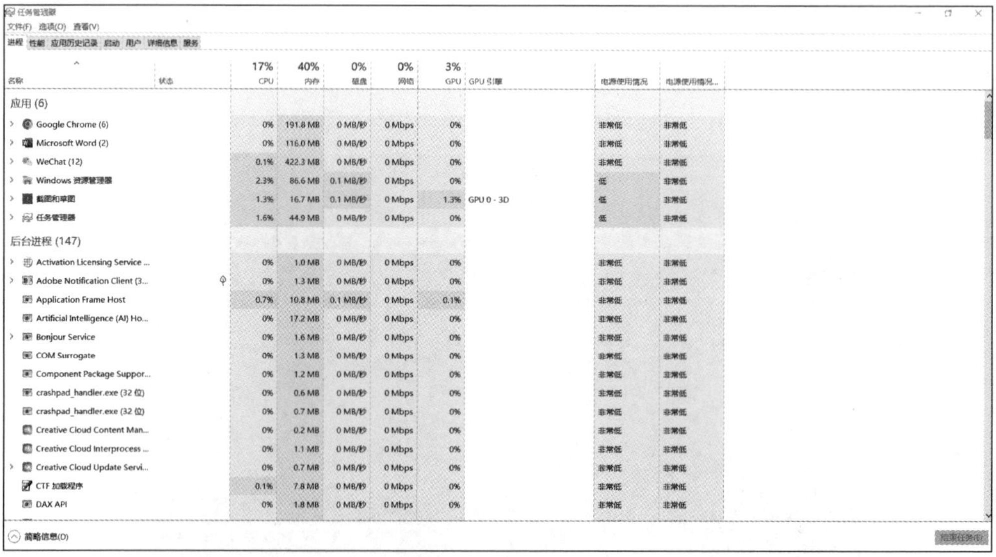

图 8-6　查看进程

（2）选择 Google Chrome 后，单击"结束任务"按钮来关闭此进程，如图 8-7 所示。
（3）单击"性能"，查看当前计算机的 CPU、内存、磁盘等使用情况，如图 8-8 所示。

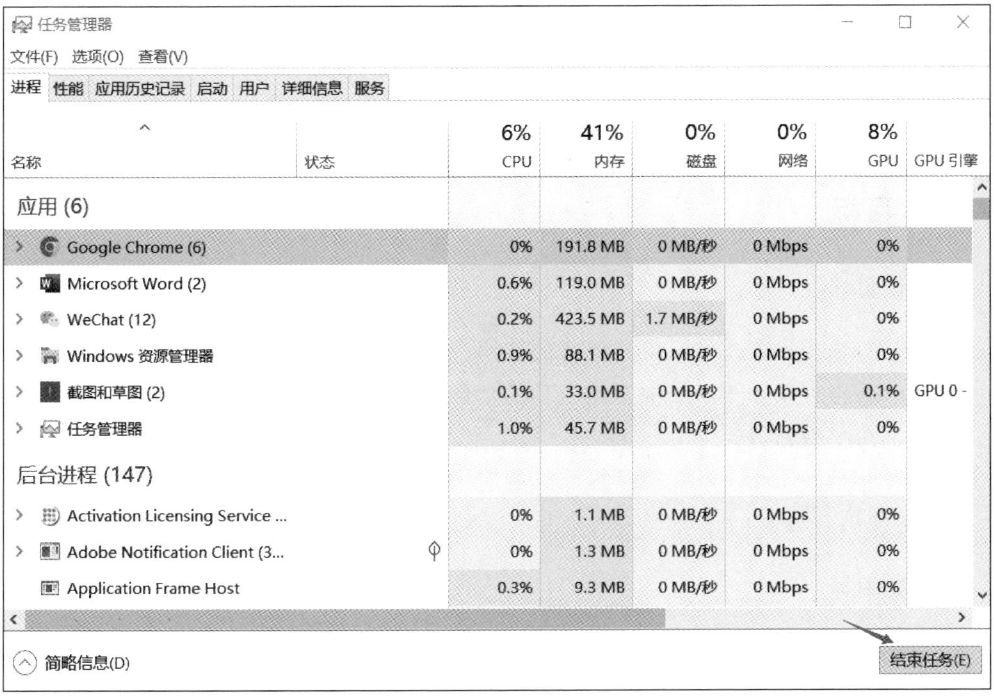

项目八　系统工具

图 8-7　结束进程

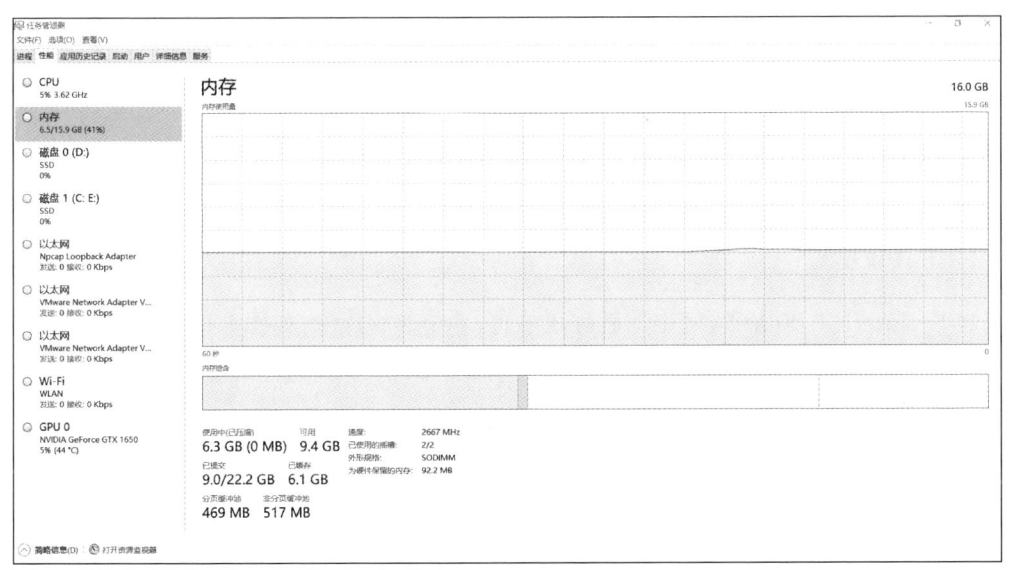

图 8-8　性能界面

任务二　Sysinternals Suite 的下载和使用

Sysinternals Suite 是一套由微软公司提供的强大的系统工具集合，用于诊断和解决 Windows 操作系统中的各种问题。它包含了许多实用的工具，如进程监视器、注册表编辑器、网络监视器等,可以帮助我们深入了解和管理计算机系统的各个方面。Sysinternals Suite 提供了丰富的功能和高级的调试工具,对于计算机系统的故障排查和性能优化非常有帮助。无论是学习计算机系统管理还是进行故障排除,Sysinternals Suite 都是一款非常有用的工具集合。

任务目标

1. 知识目标

- 了解 Sysinternals Suite 工具集合的作用。
- 掌握 Sysinternals Suite 中常用工具的功能和使用方法,如进程监视器、注册表编辑器、网络监视器等。
- 了解 Sysinternals Suite 中高级工具的应用方法,如系统性能分析工具和故障排查工具的使用方法。

2. 能力目标

- 能够熟练使用 Sysinternals Suite 中的工具进行进程监视和故障排查,识别并解决系统中的问题,如进程异常、注册表错误等。
- 具备使用 Sysinternals Suite 进行系统性能分析的能力,包括监控和分析 CPU、内存、磁盘和网络的使用情况,以及识别性能瓶颈并提供优化建议。
- 能够利用 Sysinternals Suite 进行网络监视和调试,包括监控网络连接、分析网络流量和识别网络问题。

任务实施

1. 下载和安装

在 Sysinternals Suite 官网中下载好压缩包,并全部解压缩,如图 8-9 所示。

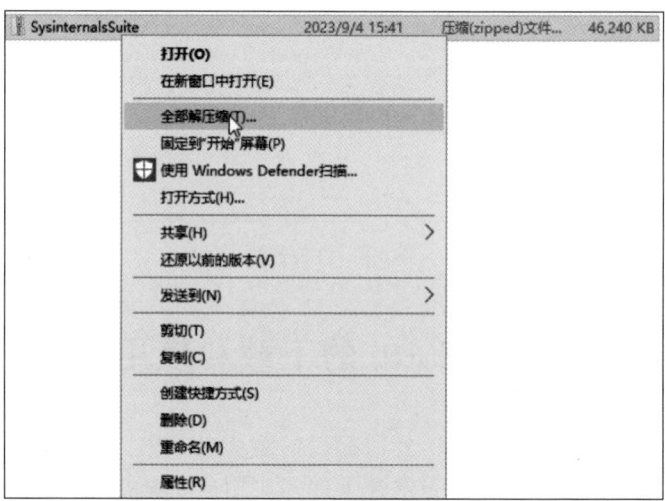

图 8-9 全部解压缩

2. 基本操作

（1）解压缩后，打开 procexp，如图 8-10 所示。

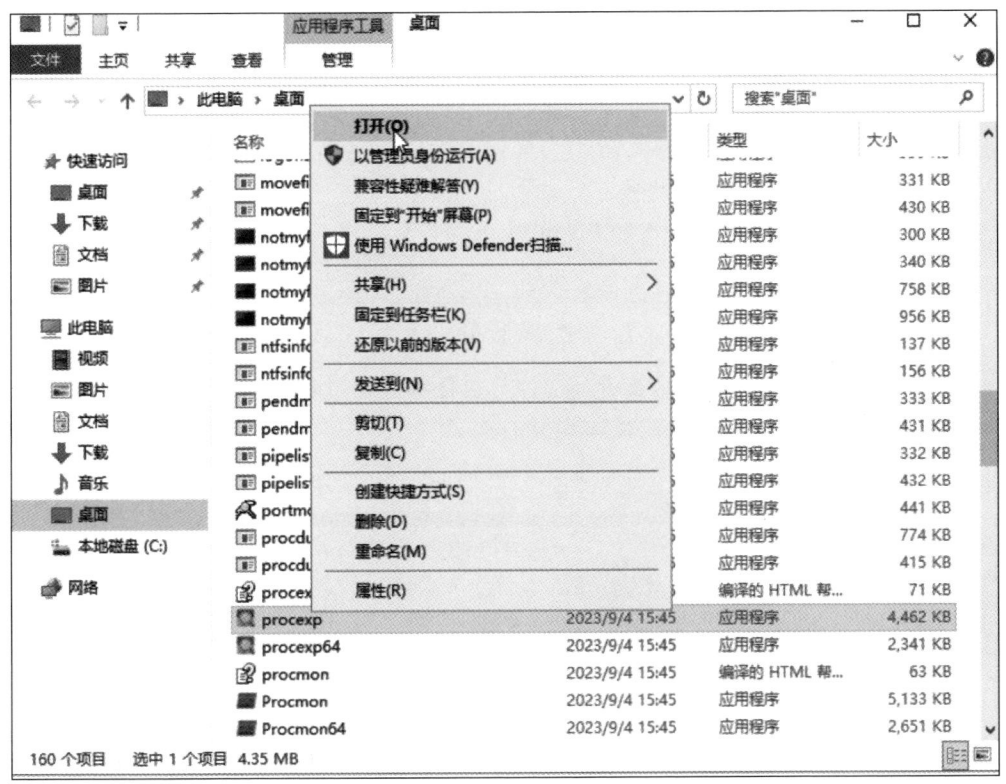

图 8-10　打开 procexp 文件

（2）在安全警告中，单击"运行"按钮，如图 8-11 所示。

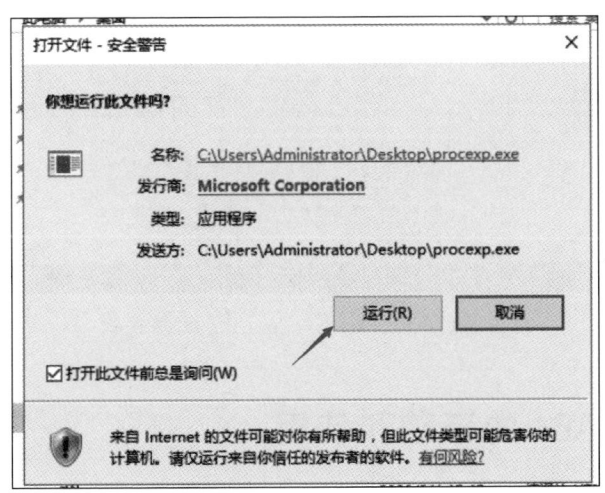

图 8-11　运行此文件

（3）在许可协议中，单击 Agree 按钮，如图 8-12 所示。

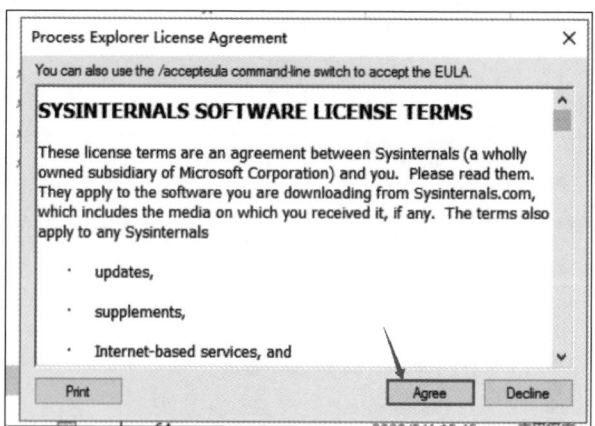

图 8-12　单击 Agree 按钮

（4）在 Process Explorer 中，查看当前计算机任务进程，如图 8-13 所示。

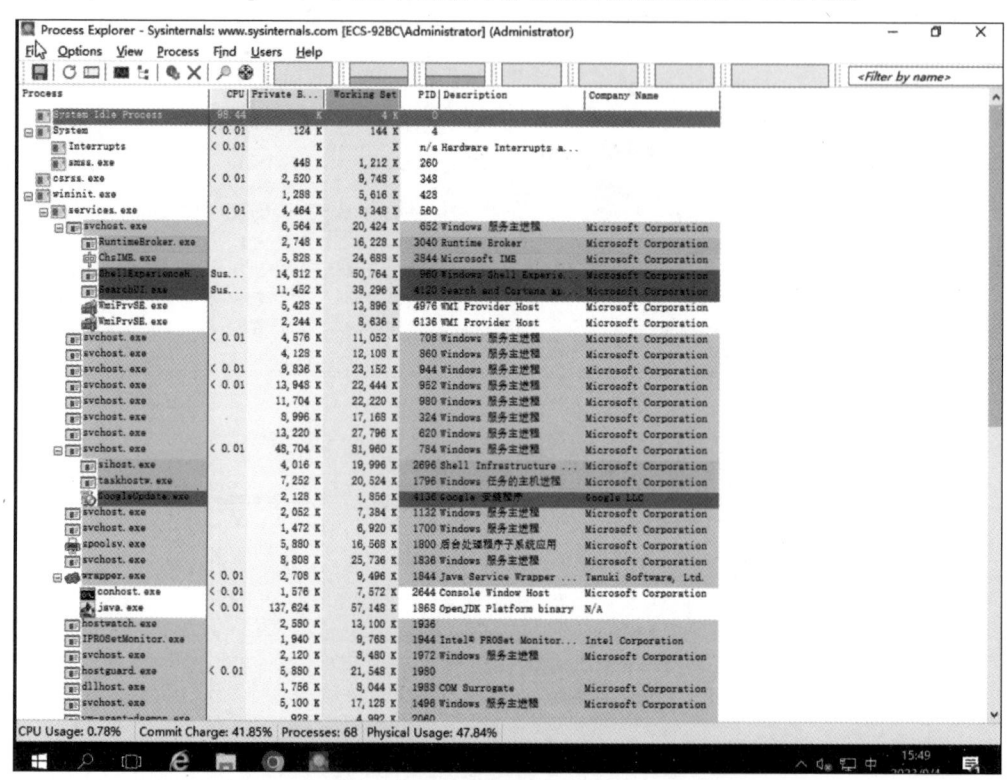

图 8-13　Process Explorer 中的任务进程

任务三　AIDA64 的下载和使用

AIDA64 是一款测试软硬件系统信息的工具，它可以详细地显示出计算机的每一个方面的信息。AIDA64 不仅提供了诸如协助超频、硬件侦错、压力测试和传感器监测等多种功能，而且还可以对处理器、系统内存和磁盘驱动器的性能进行全面评估。

任务目标

1. 知识目标

➢ 了解 AIDA64 的作用。
➢ 掌握 AIDA64 的功能模块和主要特点,如硬件信息、系统稳定性测试、性能监控等。

2. 能力目标

➢ 能够熟练使用 AIDA64 进行计算机硬件信息的收集和分析,包括处理器、内存、硬盘、显卡等硬件组件的详细参数和性能数据。
➢ 具备使用 AIDA64 进行系统诊断和稳定性测试的能力,包括识别并解决硬件故障、软件冲突和系统稳定性问题。

任务实施

1. 下载和安装

(1) 搜索 AIDA64 并进入官网,如图 8-14 所示。

图 8-14　搜索 AIDA64

(2) 单击"下载试用"按钮,如图 8-15 所示。

图 8-15　单击"下载试用"按钮

（3）选择 AIDA64 Extreme，单击 Download 按钮，如图 8-16 所示。

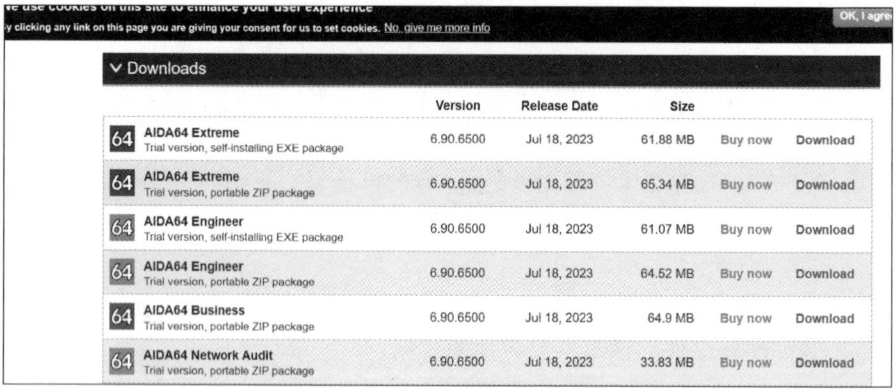

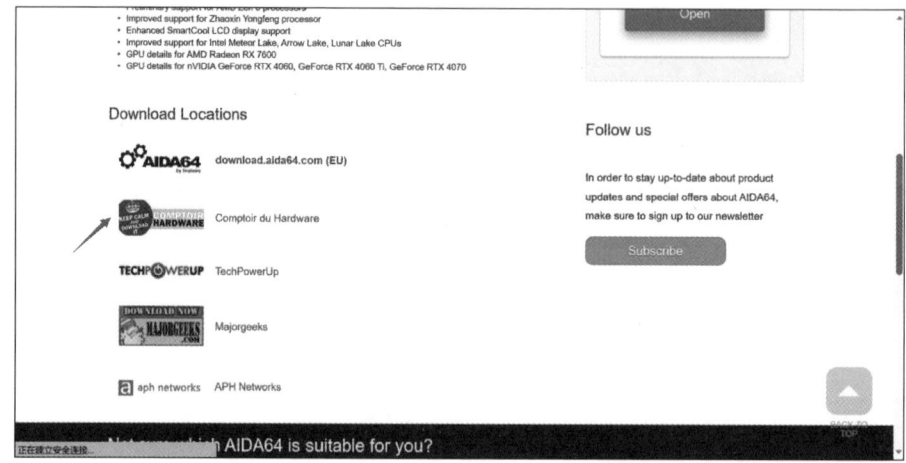

图 8-16　下载 AIDA64 Extreme

（4）单击 Comptoir du Hardware，如图 8-17 所示。

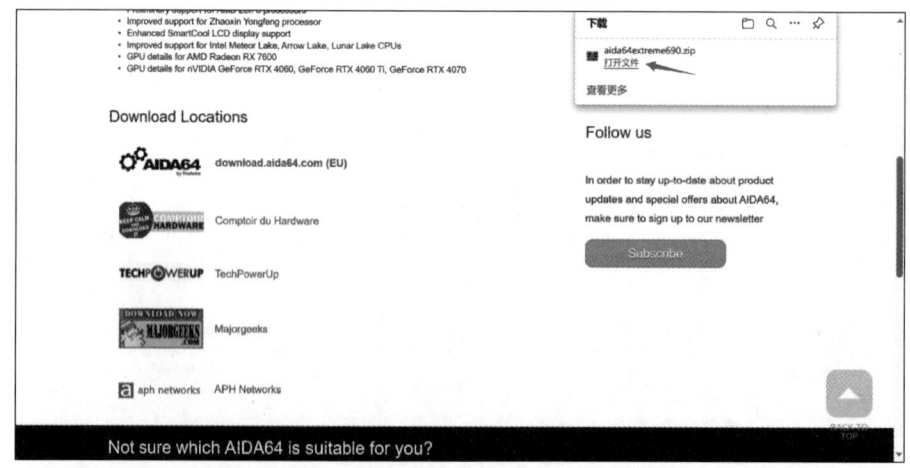

图 8-17　单击 Comptoir du Hardware

（5）在下载内容中，单击"打开文件"按钮，如图 8-18 所示。

图 8-18　单击"打开文件"按钮

(6) 在文件夹中,单击"解压到当前文件夹",如图 8-19 所示。

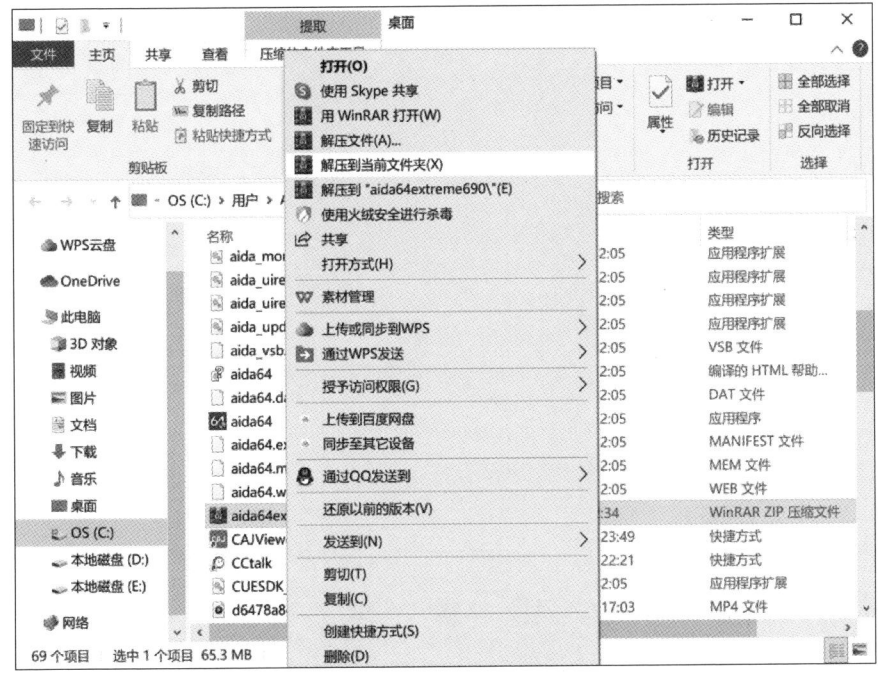

图 8-19 解压到当前文件夹

2. 基本操作

(1) 双击 aida64,如图 8-20 和图 8-21 所示。

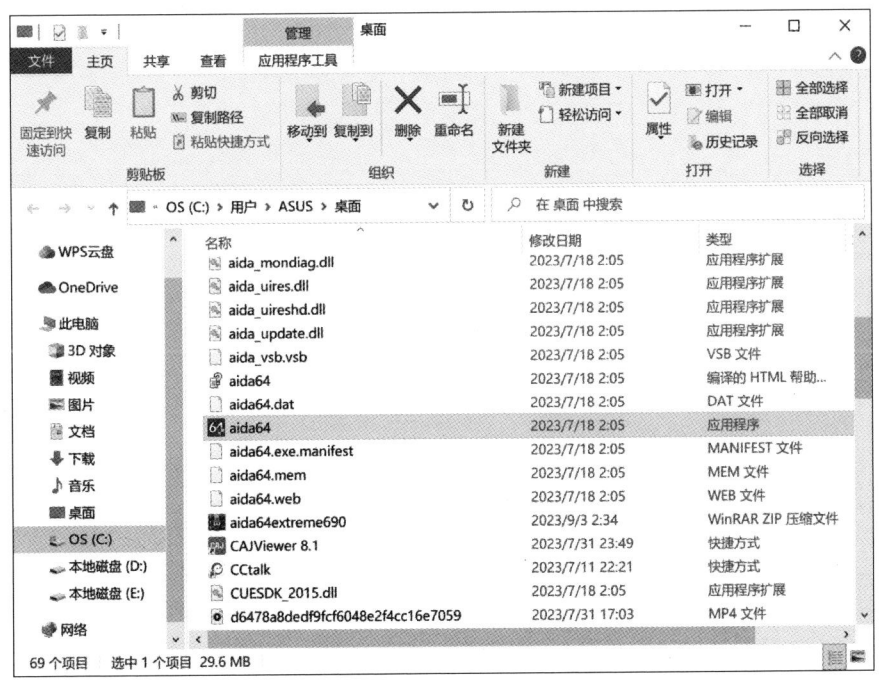

图 8-20 双击 aida64

图 8-21　运行 AIDA64

（2）进入 AIDA64 界面，如图 8-22 所示。

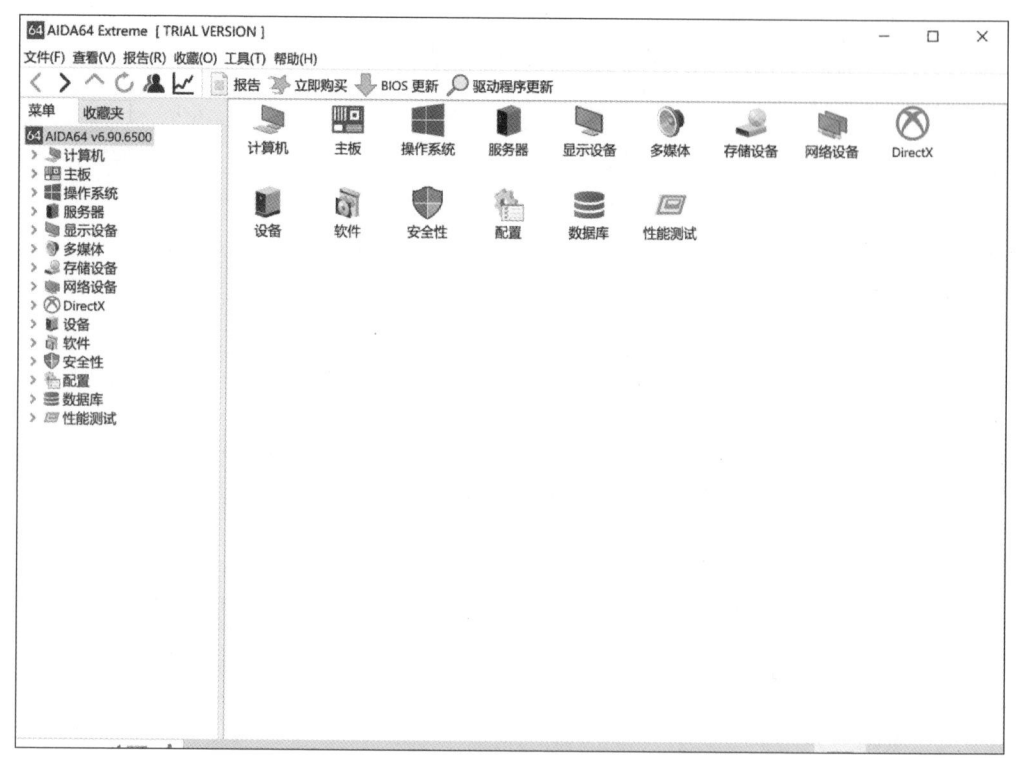

图 8-22　AIDA64 界面

（3）单击"计算机"图标，查看"系统概述"，如图 8-23 所示。
（4）单击"主板"图标，查看"中央处理器（CPU）"，如图 8-24 所示。

课后练习

练习一：使用不同方法打开任务管理器

（1）右击屏幕下方任务栏的空白处，在弹出的快捷菜单中选择"任务管理器"选项。

项目八 系统工具

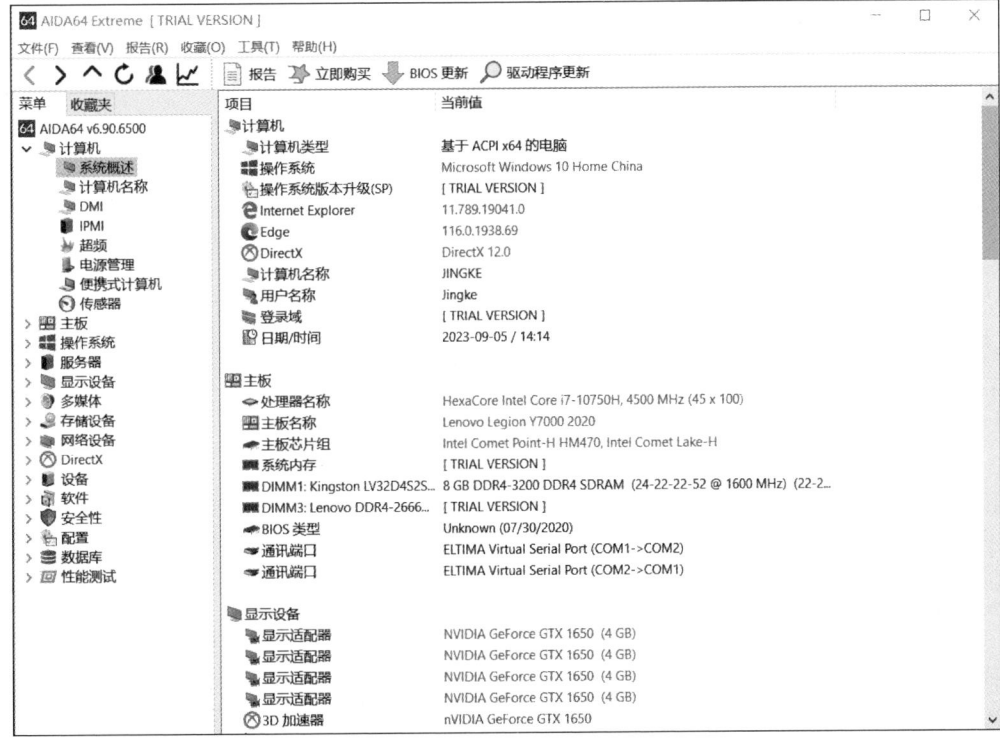

图 8-23 系统概述

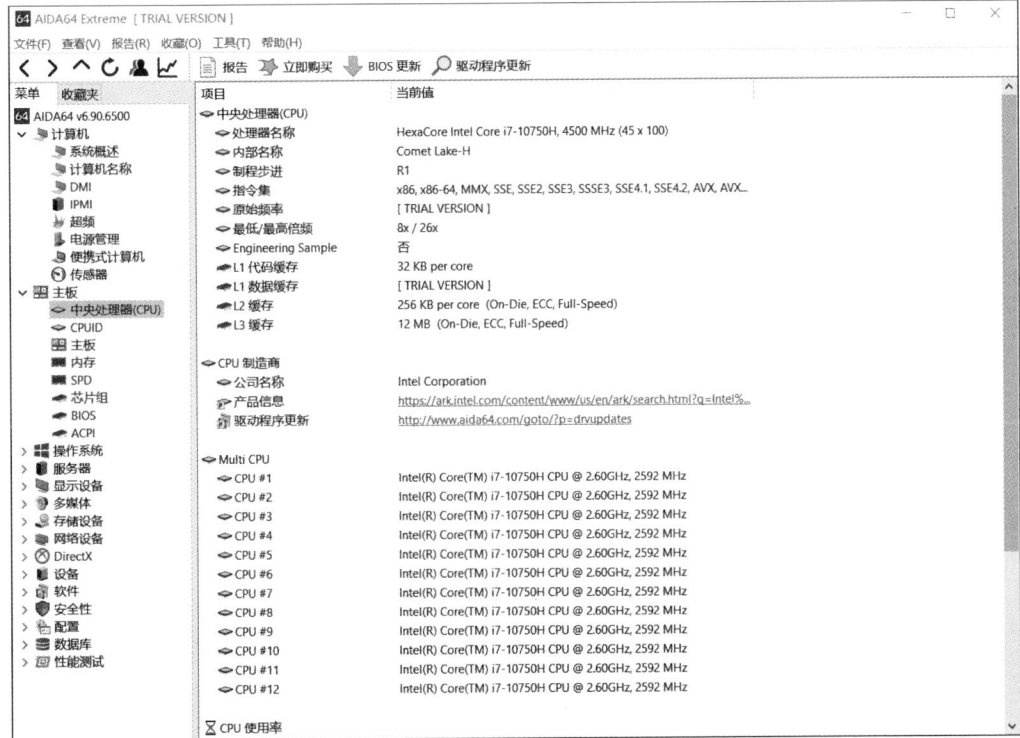

图 8-24 中央处理器(CPU)

(2) 同时按下 Win+R 键,在弹出的对话框中输入 cmd 并按回车键。
(3) 同时按下 Ctrl+Alt+Delete 键,再单击"任务管理器"。
(4) 同时按下 Esc+Shift+Ctrl 键,直接打开任务管理器。

练习二:使用 Sysinternals Suite 查看当前任务进程
(1) 从官网下载好压缩包之后,全部解压到本地磁盘。
(2) 打开 procexp,查看当前计算机所有任务的状态。

练习三:下载和安装 AIDA64

在浏览器中输入 AIDA64,在搜索结果中找到 AIDA64 的官方网站并访问。进入官网后,在主页上的导航工具中找到下载选项并单击,或者在主页上找到下载链接。进入下载页面后,有不同版本的 AIDA64 可供选择,选择 AIDA64 Extreme 版本进行下载。单击下载链接或按钮,按照提示进行操作即可完成下载。

能力提升

1. 其他系统工具

TaskInfo 个头不大但是很实用,可监视每一个进程,了解其所载入的模块、句柄、进程所打开的连接及其端口、传输情况等,以及 CPU 占用率、内存使用情况、Cache 使用率、数据传输速率以及资源警报设定等,能中断没有反应的进程,发现可疑进程后,还可通过文件菜单上 Google 查找有关信息。这一切都是以图表的形式显示的,简明易懂,还可选择性地以文本文件或 HTML 格式输出相关信息。

2. 下载和安装 TaskInfo

在搜索引擎中输入 TaskInfo 并按回车键,找到官方网站并访问。进入官网后,在导航条或导航工具中找到下载选项并单击。进入下载页面后,找到最新版本的 TaskInfo,选择适合计算机操作系统的版本并单击 Download 进行下载。按照提示进行操作即可完成下载。